U0249914

四川美术学院学术出版基金资助

烟火市集

城市更新环境设计探索与实践

黄洪波
吴小萱
朱柃颖
等 著

中国建筑工业出版社

前言

城市，作为人类文明的缩影，其发展与更新始终是社会进步的重要标志。在经济的迅猛发展推动下，城市面临着前所未有的挑战。城市更新，因此成为一个全球性的议题。《烟火市集　城市更新环境设计探索与实践》一书，正是在这样的背景下，对城市更新中的环境设计进行了深入的探索与实践。

本书从文化认知、社区活力、本土文化、生活美学、社会发展、社会包容性到社会美育等多个维度出发，全面探讨了城市更新环境设计的理论基础与实践应用。通过跨学科的视角，本书旨在为城市更新提供更为全面的思路和方法，推动城市更新环境设计理论和实践的全面发展。

在本书中，我们精选了一系列具有标志性的案例。这些案例不仅展现了城市更新的多样性，也体现了设计者对城市精神和居民需求的深刻洞察。通过对这些案例的深入分析，本书揭示了城市更新环境设计的关键要素和成功策略。

城市更新环境设计的意义，远远超越了对物理空间的改造。它关乎城市文化的传承、社会结构的优化和居民生活方式的改善。因此，跨学科合作在城市更新中显得尤为关键。本书特别强调城市规划师、建筑师、文化学者、社会学家以及当地社区居民之间的协作，以确保更新项目能够真正满足居民的需求，推动社区的和谐发展。

创新技术的运用为城市更新环境设计开辟了新的可能性。本书鼓励设计者积极探索并应用这些技术，以提升设计质量，增强城市的可持续发展能力。同时，社区参与被视为城市更新成功的核心。本书倡导以社区为中心的更新策略，确保更新项目能够真实反映居民的意愿和需求。

在总结与展望的章节中，我们不仅回顾了本书的研究成果，还对未来城市更新环境设计面临的挑战和发展趋势进行了前瞻性分析。我们期望本书能够激发更多关于城市更新环境设计的思考和讨论，为推动城市更新环境设计理论和实践的全面发展作出贡献。

作为城市更新和设计领域的从业者，我深切感受到城市更新环境设计的重要性与复杂性。本书的出版，是对城市更新环境设计领域的一次重要贡献，也是对所有致力于城市更新事业同仁的鼓舞。我坚信，通过我们的共同努力，我们的城市将变得更加宜居、包容和可持续。

2024年5月8日

目录

前言

第1章 绪论

第2章 理论探索

第3章

烟火气
文化认知与城市更新

第4章

市井像
社区活力与城市更新

第5章

在地性
本土文化与城市更新

第6章

生活味
生活美学与城市更新

第7章

时代范

社会发展与城市更新

第8章

人间情

社会包容性与城市更新

第9章

文化性

社会美育与城市更新

第10章

总结与展望

后记

第1章 绪论

1.1 背景

1.1.1 城市化进程加速

随着经济的发展和人口的流动，城市化进程不断加速。许多城市面临着老旧城区更新、城市功能优化和公共空间重塑等问题，城市更新环境设计成为解决这些问题的重要手段之一。

1. **人口增长：**城市化进程加速的背景下，城市人口持续增长。由于农村劳动力向城市的转移和城市化过程中的自然增长，城市人口规模不断扩大，城市成了人口聚集的主要地区。

2. **工业化和经济发展：**城市化进程通常伴随着工业化和经济发展的加速。工业化过程中，大量农村人口涌入城市，寻求工作机会和更好的生活条件，从而推动了城市化进程。

3. **城市功能提升：**随着城市化的加速，城市功能不断提升和多样化。城市不仅是经济中心，还是文化、科技、教育、医疗等多种功能的集聚地，吸引了更多的人口涌入城市。

4. **基础设施建设需求：**随着城市化的加速，对城市基础设施的需求也不断增长。道路、交通、供水、供电、医疗、教育等方面的基础设施建设迫在眉睫，以满足不断增长的城市人口的生活需求和工作需求。

5. **环境压力增加：**城市化加速促使环境压力增大，包括空气污染、水资源短缺、土地资源紧张等问题。这些环境问题对城市的可持续发展提出了严峻挑战，需要加强环境保护与生态建设。

在城市化进程加速的背景下，城市更新和环境设计变得尤为重要。通过城市更新，可以对老旧街区、社区和公共空间进行改造和提升，以适应城市化进程中不断增长的人口需求和城市功能的多样化。同时，环境设计的优化和创新也可以缓解城市化过程中出现的环境问题，提高城市的宜居性和可持续发展水平。

1.1.2 城市环境质量提升需求

随着人们生活水平的提高和生活方式的多样化，人们对于城市环境的品质和舒适度提出了更高的要求。因此，城市更新环境设计需要致力于提升城市环境的美观性、舒适度和可持续性，以满足居民日益增长的需求。

1. **健康与舒适的生活环境：**现代城市居民越来越重视生活环境的健康与舒适。城市更新环境设计需要注重空气质量、水质安全、噪声控制等方面问题，为居民提供清新、舒适、有利于身心健康的居住环境。

2．**多样化的休闲与娱乐空间：**随着生活节奏的加快，人们对于休闲和娱乐的需求也日益增长。城市环境质量提升需求包括对公园、广场、休闲设施等公共空间的设计与改善，创造出丰富多样、安全舒适的休闲娱乐空间，满足居民多样化的生活需求。

3．**可持续发展与生态保护：**城市环境质量提升需求需要与可持续发展理念相结合，注重生态保护和资源利用率。城市更新环境设计应该采用节能减排、绿色建筑、循环利用等策略，以实现城市环境的可持续发展。

4．**社区凝聚力与文化传承：**良好的城市环境可以促进社区凝聚力的形成，增强居民的归属感和认同感。城市更新环境设计需要注重保护和传承当地的历史文化遗产，打造具有地方特色和文化底蕴的城市环境，促进文化交流与传播。

5．**应对气候变化与自然灾害：**城市环境质量提升需求还需要考虑应对气候变化和自然灾害的能力。城市更新环境设计应该采用抗震、防洪、防灾等技术手段，提高城市的抗灾能力，确保城市环境的安全和稳定。

综上所述，城市环境质量的提升需求涉及生活环境、空间多样性、生态保护、文化、气候变化等多个方面，需要政府、城市规划设计相关部门、设计师以及社会各界共同努力，通过城市更新环境设计等方式来实现。

1.1.3　社会文化价值重视

城市更新不仅是对城市空间的物质改造，更是对城市文化和历史的传承与创新。因此，城市更新环境设计需要充分考虑社会文化价值，注重保护和弘扬地方文化，创造具有历史传承和人文精神的城市环境。

1．**历史文化传承与保护：**在城市更新环境设计中，应重视历史文化的传承和保护。通过保留和修复历史建筑、街区以及挖掘历史文化资源，可以弘扬城市的历史文化底蕴，增强居民的文化认同感和自豪感。

2．**多元文化融合与交流：**城市更新环境设计应该促进多元文化的融合与交流。通过创造多样化的公共空间和文化活动场所，鼓励不同文化背景的人们互相交流、学习，促进文化多样性和包容性发展。

3．**艺术创意与城市形象提升：**在城市更新环境设计中，应该注重艺术创意的应用，通过公共艺术装置、城市雕塑等形式，美化城市环境，提升城市的文化氛围和形象，使得城市更具艺术性和活力。

4．**社区参与与民间文化传承：**城市更新环境设计应该注重社区参与和民间文化传承。通过与社区居民密切合作，充分挖掘和利用民间文化资源，打造具有地方特色和民俗风情的城市环境，促进社区凝聚力的形成。

5．**环境教育与文化素养提升：**城市更新环境设计可以通过环境教育和文化活动，提升居民的文化素养和环境意识。通过举办文化艺术展览、城市文化节等活动，激发居民的创造力和参与度，提高他们对城市环境的保护意识和责任感。

社会文化价值的重视在城市更新环境设计中具有重要意义，可以丰富城市的文化内涵，增强城市的软实力和吸引力，推动城市的可持续发展。

1.1.4 城市更新政策支持

许多国家和地区都出台了城市更新政策，提供了政策支持和经济资金，鼓励和推动城市更新工作的开展。这为城市更新环境设计的理论研究和实践提供了良好的政策环境和经济保障。

1．**法律法规的制定与完善：**政府可以通过制定和完善相关法律法规，为城市更新环境设计提供政策支持。这些法律法规可以涉及城乡规划、土地管理、环境保护等方面，为城市更新环境设计提供明确的法律依据和规范要求。

2．**财政补助与资金投入：**政府可以通过财政补助和资金投入，支持城市更新环境设计的实施。其中，包括加大财政支持力度、实施差别化税费计收、拓宽城市更新资金渠道等形式，为城市更新项目提供资金保障和经济激励，推动城市更新环境设计的顺利实施。

3．**政策倾斜与优惠政策：**政府可以制定政策倾斜和优惠政策，吸引更多的社会资本和力量参与城市更新环境设计。这些政策包括明确建设用地使用权转让形式、改进优化用地审批、提供合理信贷支持等，为城市更新环境设计提供便利和支持。

4．**技术支持与人才培养：**政府可以提供技术支持和人才培养，提升城市更新环境设计的专业水平和技术能力。其中，包括完善地方规划和建设技术标准、采用数字化技术手段、开展城市设计专题研究等，为设计师和规划者提供必要的技术支持和专业知识。

5．**政策宣传与社会支持：**政府可以通过政策宣传和社会支持，增强城市更新环境设计的社会认可度和合法性。其中，包括加强政策宣传、建立政府、企业、产权人、群众等多主体参与机制等，建立起广泛的社会共识和支持，推进城市更新环境设计的顺利实施。

通过以上措施，政府可以为城市更新环境设计提供全面的政策支持，为城市的可持续发展和环境质量提升奠定良好的政策基础和提供制度保障。

1.1.5　学术研究和实践需求

随着城市更新环境设计领域的不断发展，对于相关理论与实践的深入研究和总结迫在眉睫。研究生们积极参与城市更新项目，通过实践探索为该领域的理论研究提供丰富的案例和经验。

1．**理论创新与方法探索：**城市更新环境设计需要不断进行理论创新和方法探索，以适应城市发展的新需求和挑战。学术研究可以探索新的设计理念、方法和技术，为城市更新环境设计提供创新性的思路和解决方案。

2．**案例分析与经验总结：**学术研究可以通过案例分析和经验总结，归纳城市更新环境设计的成功经验和教训。通过对不同城市更新项目的实践经验进行研究和比较，可以提炼出通用的设计原则和规律，为实践提供借鉴和指导。

3．**跨学科合作与知识整合：**城市更新环境设计需要跨学科合作和知识整合，涉及城市规划、建筑设计、景观设计、环境工程等多个学科领域。学术研究可以促进不同学科之间的交流与合作，整合各个专业知识，为城市更新环境设计提供综合性的解决方案。

4．**政策评估与政策建议：**学术研究可以对城市更新政策进行评估和建议，为政府和决策者提供科学依据和决策支持。通过对城市更新政策的效果评估和影响分析，可以发现政策存在的问题和不足之处，提出相应的政策建议和改进方案。

5．**社会参与与公众意见调查：**学术研究可以促进社会参与和公众意见调查，充分听取各方的意见和建议。通过开展问卷调查、专家访谈、公众听证会等形式，可以了解公众对城市更新环境设计的需求和期望，为实践提供参考和指导。

学术研究可以满足城市更新环境设计的实践需求，为城市的可持续发展和环境质量提升提供理论支撑和实践指导。

1.2　意义

1.2.1　理论研究与框架构建

城市更新环境设计的理论研究不仅涉及城市规划、景观设计等专业领域，还需要考虑到人文地理、社会学、心理学等跨学科的理论框架。通过对这些领域的深入研究和整合，可以构建出更加完善的城市更新理论框架，为城市更新环境设计提供理论支撑和指导。这样的理论框架不仅能够解决实践中的问题，还能够推动学科的发展，促进城市更新工作的科学化、规范化和可持续发展。

1.2.2 实践经验总结与案例分析

实践经验的总结和案例分析对于城市更新环境设计的改进至关重要。通过对过往实践经验的梳理和总结，可以发现其中的成功经验和失败教训，为今后的城市更新工作提供借鉴和经验积累。同时，案例分析也可以帮助研究者深入理解城市更新环境设计的复杂性和多样性，为未来的实践提供更有针对性的指导和支持。

1.2.3 城市更新效果评估与提升

评估城市更新效果不仅是对建成环境的表面评价，更重要的是对更新项目的整体效果进行深入分析和反思。通过对更新项目的各个方面进行评估，包括景观效果、社区氛围、居民满意度等指标，可以发现其中存在的问题并提出改进措施，以实现城市更新效果的持续提升。这种评估和提升过程是城市更新环境设计的重要环节，直接影响到城市更新工作的质量和效果。

1.2.4 文化保护与创新发展

城市更新环境设计需要充分考虑到文化保护与创新发展的问题。一方面，要保护和传承城市的历史文化，尊重和保护历史建筑、历史遗址等文化遗产；另一方面，也要注重创新发展，通过融合本土文化元素、推动文化产业发展等方式，实现城市更新环境设计的创新和发展。只有在文化保护和创新发展的双重支撑下，城市更新环境设计才能真正实现可持续发展。

1.2.5 社会参与与可持续发展

社会参与是城市更新环境设计中的关键环节。通过广泛征求居民意见、加强社区自治和社区管理，可以有效促进城市更新工作的可持续发展。同时，要根据社区的实际需求和发展方向，提出符合社区特点的设计方案，以实现城市更新环境设计的社会效益最大化和可持续发展。

1.2.6 未来趋势与挑战展望

展望城市更新环境设计的未来发展趋势和面临的挑战，有助于研究者和从业者更好地把握行业的发展方向和重点。未来城市更新环境设计将面临城市化进程加速、资源环境压力增大、科技创新不断推进等一系列挑战，需要积极应对。同时，要不断关注国内外城市更新环境设计的最新动态，加强交流合作，共同推动城市更新环境设计领域的不断发展和创新。

第 2 章 理论探索

2.1 城市更新概念与原则

2.1.1 城市更新的概念

城市更新是指对城市已有区域进行改造、更新和提升的过程，旨在改善城市的生活环境、提升城市形象、增强城市功能、提高城市居民生活质量，以及促进城市经济和社会的可持续发展。这一过程涉及对城市现有的老旧街区、社区、公共空间、基础设施和建筑物进行重建、改建、装修、翻新等工作，以满足城市发展和居民生活的需要。

城市更新的概念和实践通常包括以下几个方面。

1．**老旧街区和社区改造：**许多城市中存在着老旧街区和社区，建筑物老旧、功能落后、环境脏乱差等问题比较突出。城市更新通过改造这些老旧街区和社区，提升其外部环境、改善居住条件，使之焕发新的活力。

2．**公共空间更新：**公共空间是城市居民日常生活的重要场所，如公园、广场、步行街等。城市更新包括对这些公共空间的改造和提升，以创造更加宜人的休闲、交流和活动环境。

3．**基础设施改善：**包括对城市交通系统、排水系统等基础设施的改善和升级，以满足城市发展的需要，并提高城市的交通运输效率和环境质量。

4．**建筑物改造与重建：**包括对老旧建筑的装修和翻新，以及对功能落后、安全隐患较大的建筑进行拆除和重建，以提高建筑物的使用效率和质量。

5．**社会经济功能优化：**通过城市更新，可以重塑城市的经济结构和功能布局，促进产业升级和城市经济发展，提升城市的竞争力和吸引力。

城市更新是一项综合性的工程，需要政府、规划者、设计师、建筑师、社区居民等多方共同参与和协作。同时，城市更新也要兼顾环境保护、文化遗产保护、社会公平等方面，确保更新过程中的可持续发展。

2.1.2 基本原则

1．**可持续性：**可持续性是城市更新设计的核心原则之一。设计应考虑到对环境、社会和经济的影响，以确保更新后的城市不仅能够满足当前的需求，还能够满足未来世代的需求。其中，包括减少资源消耗、降低能源使用、减少污染排放，同时注重社会公平和经济可行性。

2．**社会包容性：**城市更新设计应该注重社会包容性，确保所有居民都能够分享城市发展的成果。这意味着在设计过程中需要考虑到不同社区、不同经济背景和不同文化背景居民的需求，并为他们提供平等的机会和资源。

3．**多功能性：**城市更新设计应该追求多功能性，即在有限的空间内实现尽可能多的功能。这意味着设计应该兼顾居住、商业、文化、教育、娱乐等多种功能，以满足城市居民的多样化需求，并提升城市的活力和创造力。

4．**人性化：**城市更新设计应该以人为本，注重人们的生活体验和生活质量。其中，包括创造宜人的公共空间、提供便利的交通和服务设施、保护自然环境和文化遗产等，以提升居民的生活品质和幸福感。

5．**参与性：**城市更新设计应该是一个开放、透明和参与式的过程，鼓励居民、社区组织、专业设计师和政府部门等多方参与。这意味着设计应该充分考虑到居民的意见和建议，与他们进行广泛的沟通和合作，以确保设计方案符合实际需求和愿望。

6．**创新性：**城市更新设计应该注重创新，积极采用新技术、新材料和新理念，以提高设计效率和质量。其中，包括在建筑设计、城市规划、交通管理等方面引入新的理念和方法，以应对城市发展面临的新挑战和问题。

综上所述，城市更新设计的基本原则是以可持续发展为导向，注重社会包容性、多功能性、人性化、参与性和创新性，以实现城市的长期繁荣和可持续发展。

2.2　空间形态与功能规划

关注城市空间形态和功能规划，包括对老旧街区、公共空间、社区等不同类型空间的规划与设计，针对不同区域的空间形态和功能规划原则，以实现城市空间的合理布局和功能分配。

1．**合理布局与结构优化：**空间形态与功能规划要求对城市的空间布局进行优化和调整，确保各个空间元素之间的协调性和连贯性。通过科学的规划，可以合理利用城市土地资源，避免资源浪费和环境破坏，实现城市空间的高效利用。

2．**功能分区与混合利用：**在空间形态与功能规划中，需要对城市空间进行功能分区，确定不同区域的主要功能和定位。同时，要鼓励空间的混合利用，即在同一区域内兼容多种不同的功能，以提高城市空间的灵活性和多样性。

3．**老旧街区更新与改造：**针对老旧街区，空间形态与功能规划要求进行更新与改造，以提升其环境质量和功能性。这可能涉及对街区的建筑、道路、绿化等方面进行重新设计和改造，使其适应当代的城市发展需求。

4．**公共空间设计与营造：**公共空间是城市居民生活的重要场所，因此在空间形态与功能规划中需要重视对公共空间的设计与营造。其中，包括城市广场、公园、步行街等公共场所的规划与设计，以创造舒适、宜人的环境，促进人们的社交和文化活动。

5．**社区功能与设施配置：**空间形态与功能规划需要考虑到社区居民的需求，确定社区的主要功能和设施配置。其中，包括居住区、商业区、教育区、医疗区等功能区域的规划与设计，以满足不同居民群体的生活需求。

6．**生态保护与绿色空间规划：**在空间形态与功能规划中，需要考虑到对自然环境的保护和恢复，规划合理的绿色空间和生态廊道。其中，包括城市绿地、湿地、森林公园等自然生态空间的规划与设计，以促进城市的生态平衡和环境可持续发展。

综上所述，空间形态与功能规划在城市更新中扮演着重要角色，它通过对城市空间的形态和功能进行科学规划和设计，实现了城市空间的合理布局和功能分配，提升了城市的品质和可持续发展水平。

2.3　文化认知与历史传承

文化认知和历史传承在城市更新中的作用，强调在设计中充分融入本土文化和历史元素，实现文化传承和认同感。

1．**城市身份认同的强化：**通过融入本土文化和历史元素，城市更新环境设计能够强化城市居民的身份认同。当市民在城市更新项目中看到自己熟悉的文化符号和历史景点时，他们会拥有自豪感和归属感，从而增强社区的凝聚力。在设计中呈现城市的文化特色，可以让城市在全球范围内更具辨识度，吸引游客和投资者，推动城市经济的发展。

2．历史记忆的延续与文化传承：城市更新环境设计不仅仅是对城市空间的改造，更是对城市历史记忆的延续与文化的传承。通过保护和修复历史建筑、纪念碑以及重要场所，可以让市民和游客感受到城市的历史脉络和传统文化。同时，在设计中融入历史故事和传统文化，可以激发市民对城市历史的兴趣，促进历史传承和文化教育的传播。

3．社区参与和共享的重要性：在城市更新项目中，社区参与和共享是至关重要的。这需要与当地居民密切合作，了解他们对本土文化和历史的理解与期待，以便设计出符合市民需求的城市更新方案。同时，城市更新项目也应该为社区提供共享空间和文化活动场所，让市民能够在这些场所中参与到城市文化传承和历史教育中，增强社区凝聚力和认同感。

4．创新与传统的结合：在城市更新环境设计中，创新与传统应该相辅相成。在设计中可以借鉴本土文化和历史元素，融入现代设计理念和技术手段，创造出既有传统韵味又有现代气息的城市景观。这种创新与传统的结合不仅可以提升城市的形象和品质，还能够传承和发扬城市的文化遗产，为城市更新注入新的活力和魅力。

综上所述，充分融入本土文化和历史元素在更加深入地理解城市更新环境设计中起到重要作用。这种理念不仅有助于实现文化传承和认同感，还能够提升城市的身份认同和社区连续性，为城市的可持续发展奠定坚实的基础。

2.4　社区参与与可持续发展

关注社区参与和可持续发展，提出与社区居民密切合作、听取意见建议的原则，同时强调设计方案的可持续性和社会责任。

1．社区参与的重要性：社区是城市的基本组成单位，其参与对于城市更新项目的成功至关重要。通过与社区居民密切合作，可以更好地了解当地的需求、愿景和问题，从而设计出更贴近社区实际的更新方案。社区参与还能够增强市民对城市更新项目的认同感和责任感，提高项目的可持续性。当居民参与到决策过程中时，他们会更加关注项目的实施情况，积极参与到城市的日常管理和维护中。

2．倾听意见与建议的原则：在城市更新环境设计中应该秉持倾听意见和建议的原则，充分尊重社区居民的意见和建议。通过与社区居民建立起互信关系，可以有效地解决潜在的矛盾和冲突，促进合作和共识的达成。这种合作模式有助于确保城市更新项目的顺利实施，并为未来的城市发展奠定良好的基础。

3．**设计方案的可持续性：**可持续发展是城市更新项目的核心理念之一。在设计方案中需要考虑到环境、经济和社会的可持续性，以确保城市的未来发展不会对环境造成负面影响，还要兼顾社会的公平和公正。通过采用可再生能源、节能减排技术以及绿色建筑材料，可以降低城市更新项目的能耗和环境影响。同时，还应该关注社会的包容性和公平性，确保更新项目的收益能够惠及所有社区居民。

4．**社会责任的承担：**在城市更新环境设计中应该承担起社会责任，关注社区的发展和福祉。其中，包括促进社会公平和包容、保护弱势群体的权益、促进社区的经济发展等方面。通过与社区居民密切合作、倾听意见建议，并设计可持续性的方案，履行社会责任，为城市的可持续发展做出积极的贡献。

在城市更新环境设计中，社区参与与可持续发展是关键的理念。通过与社区居民密切合作、听取意见建议，能够更好地理解和满足社区的需求，提高设计方案的可接受性和可实施性。同时，强调设计方案的可持续性和社会责任有助于实现城市更新项目的长期发展目标，促进城市社会、经济和环境的协调发展。

2.5 技术创新与实践应用

探讨技术创新在城市更新中的应用，包括新技术手段和工程实践，以实现城市更新环境设计的创新和活力。

1．**新技术手段的应用：**利用先进的科技手段如人工智能、大数据分析、虚拟现实等，可以更精确地了解城市更新项目的情况，从而提出更优化的设计方案。

2．**工程实践的创新：**在城市更新工程实践中，创新的工程技术和施工方法可以有效地提高工程效率和质量，降低成本，减少对环境的影响。

3．**可持续发展的技术创新：**技术创新与可持续发展密切相关，通过引入清洁能源、循环利用资源等技术创新，可以实现城市更新项目的可持续发展。

4．**社会互动的技术应用：**利用互联网和社交媒体等技术平台，可以增加居民对城市更新项目的参与度，促进社区的互动和共建。

5．**数字化城市管理的应用：**引入数字化城市管理系统可以提高城市运行的效率和智能化水平，为城市更新项目的规划和管理提供更好的支持。

以技术创新和实践应用为核心的城市更新理念不仅令人鼓舞，更为城市的未来发展描绘了一幅充满活力和希望的蓝图。通过不断探索和应用最新的科技手段和工程方法，能够持续提升城市更新的效率、质量和可持续性，为每一座城市的繁荣与进步贡献力量。

2.6 评估与反馈机制

建立科学的评估体系和反馈机制，通过对设计方案的评估和反馈，不断改进和完善城市更新环境设计。

1．**综合性评估方法：**在评估与反馈机制中，综合性评估方法是至关重要的。其中，包括对项目的各方面进行全面评估，如环境影响、社会效益、经济可行性等。综合性评估方法应该采用多种数据收集手段，如定性和定量数据、社会调查、实地考察等，以确保评估结果的全面性和准确性。

2．**持续性反馈机制：**评估与反馈机制应该是持续性的，而不仅仅是项目开始阶段的一次性评估。持续性的反馈机制可以及时发现问题，并进行调整和改进。这种机制可以通过定期举行会议、收集反馈意见、跟踪项目进展等方式实现。

3．**参与式评估：**参与式评估是评估与反馈机制中的一种重要形式。它鼓励社区居民、利益相关者和其他利害关系人积极参与评估过程。通过参与式评估，可以更好地理解各方的需求和关切，并确保评估结果更加客观和全面。

4．**灵活性与适应性：**评估与反馈机制应该具有一定的灵活性和适应性，以应对不同城市更新项目的特点和需求。这意味着评估与反馈机制应该能够根据项目的实际情况进行调整和优化，以确保其有效性和可持续性。

5．**透明度与沟通：**在评估与反馈机制中，透明度和沟通是非常重要的。其中，包括向社区居民和其他利益相关者清晰地传达评估过程和结果。透明度和沟通可以建立信任，促进参与，从而提高评估与反馈机制的有效性和可接受性。

6．**跨学科合作与持续改进：**评估与反馈机制需要跨学科合作，汇聚不同专业领域的知识和技能，确保评估过程的全面性和准确性。随着城市更新项目的推进，评估与反馈机制也需要不断改进和完善，以适应不断变化的城市环境和社会需求。

建立科学的评估体系和反馈机制，对设计方案进行评估和反馈，能够持续改进和完善城市更新环境设计，从而推动城市发展朝着更可持续、更宜居的方向前进。

第3章

烟火气

文化认知与城市更新

3.1　文化认知与城市更新

3.1.1　认知理论与文化认同

认知科学是一种正在蓬勃发展的跨学科性研究，是心理学与其他相关学科交叉渗透的产物，横跨了心理学、人工智能、信息论、计算机科学、语言学乃至生物医学等众多领域。认知科学的产生是现代社会发展需要的产物，尤其是第二次世界大战时对人的认知与决策提出了更高的要求。第二次世界大战以后心理学的自身发展和信息时代的来临加速了认知科学的发展进程。一般认为，认知是一种心理活动，包括信息的获得、存储、转化和应用。在心理学研究中，早期行为主义的理论只强调人的行为，不考虑人的意识，把人的所有行为都看作由“刺激—反应”间的连接形成的。后来，有些心理学家逐渐放弃行为主义的研究视角，转向研究人的内部心理，由此产生了认知主义，并开启了认知科学的先声。随着认知科学的发展，认知主义也主张通过观察客观行为来研究主观经验，行为主义逐步开始重视人的内部心理研究，二者出现了融合的趋势。总之，认知理论通过研究人的认知过程来探索人的学习和知识获取规律，重视个体心理内部过程的研究。人的认知过程影响个体的情绪和行为，同时人的认知因素与环境、行为相互作用。

认知理论对于文化认同的探索与研究有着重要的借鉴意义和参考价值。从人类学的观点来看，文化是无处不在的。人类学家泰勒这样定义文化：“文化是一个复杂的整体，包括知识、信仰、艺术、道德、法律、风俗以及作为一个社会成员的人所获得的任何其他能力和习惯。”这个定义不仅指出了文化在社会生活中的渗透性，也表明文化是人类的一种生活方式，并且是习得的。认同在哲学和逻辑学中一般意味着“同一性”，表示两者之间的相同或同一。弗洛伊德最早将认同作为心理学术语开展研究，在他的早期著作中，“认同这个词的意义主要是指在某些方面从心理上成为或者变成另外一个人。”弗洛伊德认为，从人的本能角度出发，认同是个人与他人或群体在感情上、心理上的趋同过程，个人通过投向他人的认同来创造出自我的身份认同。文化认同可以理解为“一种肯定的文化价值判断”，是社会主体对于所属文化以及文化群体认可和接受的态度，同时也是获得、保持与创新自身文化的社会心理过程。兰德曼认为：“文化是人的‘第二天性’。每一个人都必须首先进入这个文化，必须学习并吸收文化。”

由此可见，文化是人类社会特有的现象。认知和认同都属于人类主体的心理活动范畴，是人类由内在心理到外在行为的统一体，二者有着自然的紧密联系。认知的核心在于选择和过程，认同的形成是个体认知选择的必然结果。从个体文化认知的视角来反思并重建当代中国文化认同，就是按照认知科学理论，把握个体认知规律，提升个体文化认同，消除文化认同危机，进而重建全体社会成员的文化认同。

3.1.2 文化认知的概念

文化认知是指文化背景对个体认知过程和心理活动的影响。它强调了个体所处的文化环境如何塑造了其感知、思维、记忆、注意和解决问题等认知过程。文化认知研究探讨了不同文化背景下人们对世界的理解方式、价值观念、语言使用、问题解决策略等方面的差异。

文化认知的概念包括以下几个方面。

1. **价值观念和信念系统：**文化背景会塑造个体对于价值观念和信念系统的接受程度和理解方式。不同文化中的价值观念和信念系统会影响个体对于道德、伦理、社会规范等方面的认知。

2. **语言和语言使用：**语言是文化认知中的重要组成部分，不同文化对于语言的使用方式、词汇表达、语法结构等方面存在差异，这些差异会影响个体的思维方式和信息处理方式。

3. **认知风格和解决问题策略：**文化背景影响了个体的认知风格，例如个人主义文化倾向于强调逻辑分析和个人独立思考，而集体主义文化倾向于强调合作和群体决策。这些认知风格差异会导致个体在解决问题时采取不同的策略。

4. **情绪表达和情感体验：**不同文化背景下的人们对于情绪的表达方式和情感体验存在差异。文化认知研究探讨了这些差异的原因以及对个体心理健康和社会交往的影响。

3.1.3 文化复杂性和城市多样性

城市作为一种聚落形式，集聚着大量的人口。城市中个人的兴趣、能力、需求等千差万别，并且在城市生活目的驱使下，个人与群体之间相互适应，形成了复杂的城市功能以及多样化的城市空间。这种城市环境的复杂性显示了文化的复杂性，文化的复杂性则是“城市多样性”在文化领域的具体表现。简·雅各布斯提出：“多样性是大城市的天性（Diversity is Nature to Big Cities）”，唤起了对复杂多样的城市生活的热爱。“城市多样性”的思想在城市更新中日益受到重视。“多样性”作为一种系统观，认为具有多样性的系统是稳定的，而趋于单一的系统则是失衡的，抗干扰能力比较弱。因此，城市的稳定成长必须高度重视对文化多样性的传承与塑造。

3.1.4 文化认知与城市更新

文化认知与城市更新是指在城市更新过程中，重视并运用当地的文化元素、历史传统和居民生活方式，以实现对城市空间的更新与改造。这一概念强调了文化的重要性，认为文化是城市发展的灵魂和核心，应当成为城市更新的重要考量因素之一。以下是关于文化认知与城市更新的一些要点。

1．**文化传承与保护：**文化认知与城市更新强调对当地文化的传承和保护。在更新过程中，需要保留和重建具有历史意义和文化价值的建筑、街巷、文化遗址等，使其成为城市的文化符号和精神载体。同时，也要注重保护和传承当地的传统工艺、节庆习俗、口头流传等非物质文化遗产，以维护城市的文化多样性和独特性。

2．**文化因素融入设计：**在城市更新的规划与设计中，应当充分考虑当地的文化因素。其中，包括在建筑设计、公共空间规划、景观布置等方面融入当地的建筑风格、传统装饰、民俗特色等，使更新后的城市空间具有鲜明的地域文化特色和人文情怀。

3．**文化体验与活动：**文化认知与城市更新倡导通过文化体验和活动来丰富城市居民的生活。在更新后的城市空间中，可以设置文化展览馆、艺术中心、文化街区等文化设施，举办传统文化节庆、艺术表演、手工艺市集等文化活动，提升居民的文化素养和生活品质。

4．**社区参与与共享：**文化认知与城市更新强调社区居民的参与和共享。在更新项目的规划与实施中，应当充分听取居民意见，尊重他们的文化需求和利益诉求，鼓励居民参与到文化活动和文化景观的塑造中，使更新成果更加符合当地居民的实际需求和文化认同。

综上所述，文化认知与城市更新是一种注重文化传承、文化因素融入设计、文化体验与活动以及社区参与与共享的城市更新理念，旨在实现城市更新与当地文化的有机融合，为城市居民创造丰富多彩的文化生活空间。

3.2 烟火气营造：城市老旧街区更新与改造研究案例分析

案例：山地城市老旧街巷空间更新设计研究——以重庆九渡口下街为例

冯　巩

1．山地城市老旧街巷空间特征及现状问题分析

1）山地城市老旧街巷空间特征分析

（1）形态特征

①平面形态

不同于平原城市街巷规整的“棋盘状”或“放射状”，山地城市老旧街巷的平面形态更加复杂多样，走向更加蜿蜒曲折，具有主次更加分明的街巷层级。在漫长的历史发展中，由于地形地貌的客观因素以及人为活动的塑造，山地城市老旧街巷多呈现出树枝状或条带状的平面形态特征，处于缓坡地带的多条街巷交错连通，进而还会形成不规则的网状形态。

②立体形态

为了适应地形，山地城市老旧街巷除了发展出曲折蜿蜒的平面形态，还呈现出高低错落的立体空间形态，街巷建筑布局错落无序，内部巷落多由梯道或坡道相连。以等高线作为基准，山地城市的老旧街巷在立体空间上往往呈现出三种状态：平行于等高线、垂直于等高线、斜交于等高线。其中，与等高线平行的街巷形态最为常见，因其跨越等高线较少，所以交通便利性更高，且改造成本相对更低；与等高线垂直的街巷形态往往上下高差较大，通常为步行梯街，主街与巷道多呈“十”字形交叉或“丁”字形相连；与等高线斜交的街巷形态则通过转折迂回的方式克服陡峭地形，整体呈“之”字形，这种街巷形态的生成多是为了降低建筑及道路的修建难度，通行便利性则相对较弱，却为街巷空间增加了更多的游览趣味性和体验性。

③界面形态

街巷底界面是划分空间属性的基础界面，往往跟随地形起伏呈现抬升或下降的趋势，形成丰富的层次变化，给人以灵动而富有生命力的感受。街巷底界面应对地形起伏的方式主要有坡道和梯道，坡道通常处

于相对平缓的地形，梯道则用于应对更为陡峭的地形。街巷侧界面主要是由建筑、围墙、堡坎、植物等空间要素共同建立的围合面。山地城市的老旧街巷普遍用地紧张，街巷拓展和延伸的过程中常常遇到不利地形冲突或无序排布的建筑物阻挡，街巷空间因此呈现出收缩、扩张、弯曲或转折的趋势，街巷侧界面在避让不利因素的同时形成了丰富的变化，而不是单调地连续和重复，使人乏味。山地城市老旧街巷顶界面的空间要素主要有建筑挑檐、挑廊、树冠或其他构筑物。顶界面具有遮风避雨或遮阳的功能，不仅影响着街巷形态，还在一定程度上影响着人的行为活动和街巷的使用属性。

④街巷尺度

不同的街巷尺度会给人带来不同的视觉和心理感受，日本著名建筑师芦原义信在其著作《街道的美学》中通过引入街巷底界面宽度与侧界面高度的比值（即D/H值）直观反映出街巷的尺度关系，并进一步研究得出：当D/H值接近1时，街巷尺度较为匀称，可以提供给人最为舒适的感受；当D/H值大于1时，数值越大，疏离感越强；当D/H值小于1时，数值越小，压抑感越强。笔者经实地调研发现，山地城市老旧街巷的主街宽度多介于7～14米，平均D/H值约为0.8；次级巷道宽度介于1.4～2.4米，平均D/H值约为0.4。由此可见，山地城市老旧街巷的空间尺度普遍较为局促，建筑密度较高，邻里环境紧密，部分空间略显压抑。

（2）活动特征

①交通联系

山地城市老旧街巷对外交通联系方式与平原城市的区别主要在于：平原城市的街巷网络规整有序，通达度较高，往往一处功能区便可连通多条街巷，街巷居民有多种选择路径。然而，山地城市老旧街巷空间的布局受制于地形约束，多呈树枝状或条带状，不同功能区之间往往不超过两条街巷联络，甚至仅通过单一路径相连，因此造成街巷内部交通活动更加频繁且密集。山地城市老旧街巷对内交通联系方式以步行交通为主，步行活动既可能基于必要性的活动目的，比如步行买菜或者步行上学等；也可能基于自发性的活动目的，比如散步等，步行交通为街巷内部联系提供了最为灵活的方式。因此，山地城市老旧街巷的道路设施多基于步行的交通方式建设，通过大量的台地和梯级应对地形高差问题，不但打破了地形阻碍，而且强化了山地城市的地域特征。

②休闲交往活动

老旧街巷的空间功能大多以生活性为导向，因此承载着多种休闲娱乐与社会交往活动。山地城市的特殊地形地貌塑造了老旧街巷丰富多变的界面形态，因此街巷内部产生诸多梯坎、台地和檐廊等空间要素。而在街巷空间尺度相对局促的条件制约下，居民便自发利用这些边角空地或檐下空间形成活动场所，在此下棋、打牌、聊天、喝茶、锻炼身体等。此外，老旧街巷的沿街商铺多为商住混合性质，当商铺敞开时，生活空间与外部空间相互渗透，各种休闲交往活动也得以蔓延，例如，老旧街巷的邻里之间在闲暇之余经常倚门攀谈，无须聚集便使得街巷内部笑声朗朗，回荡悠长，营造出亲切热闹的街巷氛围。无论是群体聚集的社会交往活动还是个人自发的休闲娱乐活动都是山地城市老旧街巷独特的风景，对于维系老旧街巷活力和增强空间向心力都发挥着重要作用。

③商业交易活动

山地城市老旧街巷的商业活动形式多样，可分为三种类型：第一种类型是沿街呈线性分布的商铺，大多商铺为社区底商或由一层住宅改造，所有权往往归属于街巷本土居民并由商铺业主直接或间接参与经营，比如饭馆、茶楼、杂货店等，他们是构成商业街巷的主体；第二种类型为沿街设立的固定摊位，这些摊点既可能是街巷商铺的延伸，也可能是进入街巷经营的外来商贩，该类摊点一般有固定经营时间和场地，比如烧烤摊、果蔬摊等；第三种类型为穿梭于街巷之间叫卖的移动摊点，往往采取推车或者肩挑背扛货筐的形式进行售卖，顾客随叫随停，比如小吃车、糖担子等，此类商业活动具有较高的随机性和灵活性。

④日常家务活动

相对于商业主街，背街巷道的商业价值较弱，往往生活气息更为浓厚。由于山地城市老旧街巷用地紧张，因此许多居民的日常家务便延伸到巷道中，洗衣、晾晒、种菜等劳作活动常常在这里发生，是当地居民充分利用街巷零碎空间的另一种活动方式。日常家务的外露作为山地城市老旧街巷的显著特征，模糊了街巷空间的公共性与私密性，居民在巷落内进行日常家务活动的同时还增加了邻里之间相互交流的机会，实现家务活动向交往活动的转化，进而有助于提升街巷空间的人情味和烟火气。因此，一系列外露的日常家务活动既塑造着山地城市的地域风貌，又是提升街巷活力的重要源泉。

⑤文化交流活动

随着物质生活水平的提高，人们越来越重视精神生活的需求。山地城市老旧街巷不仅有展现传统民俗的节日集会，例如重庆山城巷每年国庆期间举办的天灯节；也有地方组织或商家联合发起的美食节，例如2023年元旦期间重庆杨家坪街道举办的火锅年欢节；还有一些少数民族聚居的街巷会在特定节日举办祭祀、祈祷等活动，例如黔江等地土家族聚集的老旧街巷每年正月初的“摆手”调年或过“社日”活动……这些文化活动形式各异、包罗万象，不仅丰富了街巷居民的精神生活，提升了街巷空间活力，还共同构成了山地城市独特的文化面貌和地域风情。

（3）文化特征

山地城市老旧街巷的文化内涵包括物质文化与非物质文化两个方面。一方面，文化特征通过独特的空间形态、建造材料和装饰元素等物质载体呈现，比如老旧街巷底界面中的青石板或土坯砖、侧界面的门头招牌或斑驳的院墙、顶界面的大红灯笼或老树枝蔓，以及散落在街角的老物件等都在共同诉说着街巷的历史，展示着人文的印记，均具有深厚的文化底蕴和强大的文化凝聚力。另一方面，山地城市老旧街巷的文化特征还反映在日常生活、娱乐消费、社会交往等行为活动之中。尤其饮食文化，当属山地城市老旧街巷特色文化之中一枝瑰丽的奇葩。比如，西南地区老城居民在街头巷尾充分利用零碎的平地，支几张桌子、摆几把竹椅便搭设而成的露天茶馆，却孕育了从20世纪初流行至今的“坝坝茶”文化，与之形式类似的还有在川渝等地流行的夜啤酒文化等，这类饮食文化脱胎于山地城市特殊的地理环境，均带着几分“江湖”气息和“野性”气质。近年来，随着人们物质生活水平和精神生活需求的提升，创意咖啡厅、潮流酒吧也纷纷开进老旧街巷，老茶馆与咖啡厅、老酒馆与酒吧等业态和谐共生，老旧街巷的饮食文化又呈现出极大的包容性。

这些物质载体与行为活动共同沉淀了山地城市老旧街巷的文化内涵与特征，同时在接纳和吸收新兴文化的过程中重新塑造了街巷的形态与活动特征，街巷文化与街巷的形态及活动方式之间呈现出一定的互为性。独特的地域文化彰显着山地城市老旧街巷的场所精神，使街巷空间充满活力与生机，也增强了街巷居民的认同感和归属感。

2）山地城市老旧街巷现状问题分析

（1）环境风貌破坏

山地城市老旧街巷大多建造年代久远，受当时建造技术限制，缺乏统一规划设计，且后期缺少整体维护，再加上城市发展过程中经历多次加建或改建，因而街巷建筑与环境设施出现大面积陈旧和衰败的景象。

（2）交通组织混乱

①车辆停放问题

山地城市老旧街巷大多建造年代为汽车普及之前，随着街巷居民私家车数量增加，原本就拥挤闭塞的老旧街巷难以提供足够的停车空间，导致车辆乱停乱放，严重影响了街巷道路的通畅性与交通安全，因此引发车辆频繁鸣笛，还会导致街巷空间的噪声污染。

②人车不分流问题

山地城市老旧街巷空间内部大多为居住型建筑，整体容积率较高，人口较为密集。上下班高峰时段，机动车与非机动车流量较大，然而受地形和不规则的建筑布局限制，多数巷道较为狭窄，难以实现人车分流。外出买菜的老人、步行上学的学生等人群行动缓慢，与车辆混行会造成较大的安全隐患。

③“断头路”问题

受地形限制，山地城市老旧街巷内部道路蜿蜒崎岖，交通路网错综复杂，加之老旧街巷空间无序加建、私搭乱建等现象频繁，致使不少道路阻断，形成较多“断头路”。整体不贯通的路网结构，严重影响了山地城市老旧街巷内部功能区之间的通达性，同时降低了街巷与外部区域之间的连通度，还陡增了街巷居民的出行路程。

④交通设施问题

山地城市老旧街巷因地形限制或规划欠缺，多处道路缺乏无障碍设施，不利于残障人士出行。同时，老旧街巷内部道路的标线、标牌等导视设施比较欠缺，且鲜有交警进行指挥，所以内部交通多由自主调节，存在极大的不安全因素。由于导视设施不足，还会导致外部陌生车辆进入街巷后无法正常按导航行驶，增加了车辆绕行距离和停留时间。

（3）服务设施不足

根据调研统计结果显示，老旧街巷建设初期因缺少商业规划，后期亦缺乏统一的商业运营管理，所以普遍存在商业服务欠缺的问题。首先，商店、超市等零售型商业设施欠缺的问题反馈超过六成（占比64%），餐饮、理发等服务型商业设施欠缺的问题反馈超过五成（占比51.5%）。其次，因山地城市用地紧张、老旧街巷空间尺度局促，所以运动健身空间及儿童娱乐空间设施欠缺的问题也较为突出，反馈人数均在五成上下（占比分别为57.5%、48%）。除此之外，还有超过三成的受访者反馈老旧街巷空间的文化交流和医疗卫生服务设施欠缺等问题。可见，山地城市许多老旧街巷的服务配套设施越来越难以满足街巷居民日益增长的物质与精神生活需求，而服务设施的欠缺又会导致街巷公共活动与群体交往频率和质量的降低，进而有碍山地城市老旧街巷的发展活力。

（4）安全问题严峻

老旧街巷是城市居民重要的生存空间，街巷的安全度是衡量城市生活幸福感的重要标准，也影响着人们的活动和街巷的活力。如果空间无法满足居民的安全需要，人们势必会减少户外活动乃至脱离街巷生活。山地城市老旧街巷的安全需求问题主要体现在两个层面：一是难以提供可靠的人身安全保障；二是无法使人建立足够的心理安全感。

（5）文化内涵流失

山地城市老旧街巷的物质文化与非物质文化均是经过漫长的历史演变，在山地环境和城市居民的共同作用下形成的，承载着人们浓厚的地域情怀与精神归属。老旧街巷空间的文化是联系人与城市的情感纽带，也是一座城市发展的内在驱动力，对于塑造城市特色具有重要价值。然而，随着社会经济不断发展、城市化进程不断深入、人们的生活方式不断迭代，山地城市老旧街巷的文化内涵与地域特色正在无序改建与模式化更新中逐渐流失，具体体现在环境特色流失与人文特色流失两个方面。

2．山地城市老旧街巷空间更新设计策略

1）更新设计原则

（1）尊重自然，顺势而为的原则

中国古代便有“道法自然，天人合一”的哲学思想，《齐民要术》中也指出“顺天时，量地利，则用力少而成功多”。由此可见，尊重自然、顺应自然是中华民族自古遵循的传统思维。山地城市老旧街巷独特的空间形态和地域风貌离不开山地居民在适应地形地貌的过程中发展出的顺应自然、改造自然的能动性。正如钱学森先生提出的山水城市论，将人居环境与自然环境之间的能动关系概括为五个基本特征，分别为：共生、共存、共荣、共乐、共雅，这些特征也充分反映了“道法自然、天人合一”的思想。自然环境是山地城市老旧街巷的基底，影响着街巷空间的整体布局、立体形态和景观序列，脱离了地形地势，街巷空间势必会流失关键特色。因此，在山地城市老旧街巷空间的更新设计中既要顺自然之形，又要借自然之势。

（2）以人为本，功能复合的原则

人是街巷空间的主体，人们展开形式丰富的活动持续为街巷注入生命力，山地城市老旧街巷空间更新设计首先应坚持以人为本，以满足街巷居民新时代背景下的现实活动需求为前提，应充分考虑人的活动方式以及街巷空间的服务功能。然而，如前文所述，山地城市老旧街巷的建筑密度较高，内部空间尺度普遍局促，使得街巷空间的活动类型十分丰富。因此，在山地城市老旧街巷空间更新过程中应将空间功能进行一定程度地复合，从而提高山地城市有限空间的利用率，同时维持老旧街巷的空间活力。

（3）文脉延续，情感共鸣的原则

留住在地记忆和寄托地域情感是老旧街巷空间更新所要发挥的重要作用之一。在更新设计之前，应对老旧街巷的建筑、景观要素统一梳理，针对有特殊历史价值的建筑空间及装饰元素应予以保护利用和提炼转化。老旧建筑的保留和修缮应避免对历史特征的“篡改”，保持整体空间的原真性，结合整体布局和具

体需求赋予老旧建筑新的功能，比如，借此打造展示空间、活动空间等。历史元素的提取则应基于形态、色彩、意向三个方面的考量，综合三者特点对元素进行设计转化和创意演绎，以达到延续老旧街巷历史记忆的目的。例如，在重庆工业文化博览园的更新设计中，利用场地内原钢铁厂遗存的梁柱结构打造为一座工业博物馆，通过文物展陈的方式传递其辉煌的工业历史，并在园区多处结合景观雕塑、艺术装置营造不同主题的体验空间，重新唤起厂区的历史记忆。

经过长期的社会历史演变与地形地貌的刻画，山地城市老旧街巷形成独具特色的文化活动，包括地方民俗、饮食文化、休闲娱乐等方面，这些活动形式具有普遍的共性与广泛的传习性，共同构成山地城市的文化习俗，而文化习俗的传承是增强居民归属感和认同感的又一必要路径。在更新设计之前，应充分调研老旧街巷的独特习俗，针对不同文化活动的运作特征和参与者的行为方式进行不同的功能划分、路径安排和环境装饰，通过功能引导促进街巷居民及游客开展自发性的文化交流活动，比如商品售卖、棋牌对弈、艺术展览等。

2）自然导向下的空间格局更新

（1）平面形态的梳理

街巷的平面形态是通过建筑布局及交通路网的图底关系呈现出来的，一定程度上反映着城市的自然规律，是地域特色的重要体现。如前文所述，山地城市老旧街巷的平面形态主要有三种：树枝状、条带状以及多条街巷组合成的不规则网状。树枝状的街巷一般主街的首尾高差较大；条带状的街巷往往主街的两侧发展受限；而不规则网状的街巷所处地势则相对平缓。更新过程中，应针对街巷的不同平面形态及街巷之间的要素构成关系具体分析，因地制宜地采取相关改造措施，既要延续山地城市老旧街巷的形态特征，又要优化街巷内部的交通路网。

（2）立体结构的维系

经前文分析，在山地城市老旧街巷的立体形态中，与等高线垂直或斜交的街巷空间立体感更强，因其内部高差较大，在街巷建设过程中自然形成了许多梯级、台地、堡坎、斜坡等空间。这类空间不仅具有乱中有序、错落有致的地貌特色，还承载了老旧街巷的多种生活场景，是塑造街巷活动和孕育街巷文化的重要因素之一。因此，在山地城市老旧街巷空间更新设计过程中，要深入分析街巷的地形环境，结合不同类型的地形要素打造各具特色的功能空间。首先，针对老旧街巷空间内的梯级、坡道等竖向交通逐一摸排，对老化的建造材料统一修缮或进行创新性的材料更替。其次，充分利用台地、堡坎等地形的侧界面，结合艺术与科技的手段，打造垂直绿化、文化景墙或其他设施，弱化该类地形导致的街巷侧界面的单调和空洞，丰富街巷的立体景观。除此之外，还需重点关注老旧街巷建筑与地形的立体空间关系，可以通过适当调整场地标高以调节外部空间与不同建筑楼层之间的连通关系，充分利用建筑屋顶或架空局部楼层打造交通空间及其他活动空间，从而延续山地城市的立体结构特征。

3）人本导向下的空间功能更新

（1）交通路径的优化

①落实人车分流，划定步行街区

山地城市老旧街巷因受地形限制且缺乏前期规划，许多内部道路尺度不具备划定双向人行通道的条件。因此，在更新设计中应将建筑空间纳入整体考虑范围，可利用建筑既有门廊、骑楼、挑檐等底部空间适当退让出人行通道。此外，在更新设计的前期规划时，根据具体情况可将机动车道改至街巷外围，将建筑密集、道路狭窄的街巷核心区域划定为步行街区，原路径仅保证临时性运输或消防应急需求，使人流和车流在进入高密度街区之前完成疏散。当部分区域被划定为步行街区，应在步行街区外部腾置空间集中设置车辆停放或换乘区域，可在靠近街区出入口的位置利用纵向空间打造立体车库等设施，从而在满足街巷居民或外来人员的出行及停车需求的基础上，进一步提升整体街巷空间的安全度与舒适度。

②根据坡度决定步行路径方式

梯道和坡道是山地城市较为常见的两种步行路径方式，也是山地城市地域特色的重要体现。然而，老旧街巷空间中尚有许多居民自发修筑的梯道和坡道因坡度问题导致通行体验较差。如问卷调查结果所示，有接近四分之一的受访者反馈街巷的梯道和坡道登爬吃力。因此，在对山地城市老旧街巷进行路径优化时应重点推敲人性化尺度，改造梯道和坡道时须结合场地坡度（$i=h/l$），即场地相对高差与水平距离的比值。相关研究结论表明：当场地坡度不高于15%（即$i \leq 15\%$）时，梯道或者坡道均可灵活适用；当场地坡度介于15%～40%（即$15\% < i \leq 40\%$）时，须采取梯道的路径方式解决高差；当场地坡度大于40%（即$i > 40\%$）时，须设置双跑梯道保障通行便利。

③增设交通辅助设施

山地城市特殊的地形条件衍生了一些特殊的交通工具，比如索道、缆车等均被作为山地城市交通运输的补充或辅助设施。除此之外，运用于商业空间或公共建筑的自动扶梯与升降电梯在山地城市的街头巷尾也十分常见，且相较于索道和缆车，其灵活性更高、运载力更强。在山地城市老旧街巷更新中，针对地势落差较大无法满足梯道或坡道建造条件且人员流动密集的区域，可以结合场地情况增设自动扶梯或升降电梯，此类交通辅助设施既有助于克服地形不利因素、节省用地空间，又有助于提高交通运载效率，是优化山地城市老旧街巷交通路径行之有效的方式。

④完善交通标识和导视设施

山地城市老旧街巷空间的车辆行驶混乱或乱停乱放问题不仅仅是空间局促、用地紧张的原因，一定程度上还与内部道路缺乏交通标识和导视设施有关。因此，在更新设计中，应与交通管理部门紧密配合，完善车道标线标识、车位划线、导视牌等交通设施，并严格执行相关规范。同时，结合系统化的导视设计，在街巷显著位置增设整体交通平面图、功能区交通指引等，为居民和游客提供更加清晰明了和方便快捷的交通路径，从而提升山地城市老旧街巷的宜居、宜游水平。

（2）空间尺度的控制

山地城市老旧街巷空间内部尺度变化丰富，不同的尺度会带给人不同的空间感受。正如前文所述，街巷底界面宽度与侧界面高度的比值（即D/H值）可以反映街巷空间的基本尺度关系。经笔者实地调研并测量发现，山地城市老旧街巷因建筑密度较高，空间尺度普遍较为紧凑，呈现出聚拢的视觉效果，但部分巷道会使人感觉压抑。因此，在更新设计中应保证街巷空间的收放有度，既不破坏老旧街巷的整体空间形态，又要提升具体空间的使用感受。

首先，在街巷建筑层面的更新改造中，针对街巷底界面过于狭窄，可以采取底层架空或内退的方式，不仅能够延伸街巷底界面宽度以获得更佳的空间感受，在不具备人车分流的路段还可以开辟出新的人行通道；当无法通过建筑底层改造延展街巷宽度时，可以通过调整建筑檐口高度或增加挑檐、门头的方式调节街巷侧界面的视觉高度，进而影响人的心理感受；抑或在满足规范及经济指标的前提下，拆除或新增部分构筑物以保证街巷建筑与整体空间的尺度和谐，即街巷D/H值接近1。其次，还需针对山地城市老旧街巷不同路径的通行方式，合理控制路径尺度，从而提升通行舒适度和安全度，例如参照“交通路径的优化”方法中提到的坡度范围衡量相关路径的合理性，并遵照建造设计规范，预留充足的消防通道宽度和高度、人行通道宽度和坡度、阶梯踏步的宽度和高度等。

（3）空间功能的复合

①模糊功能界限

山地城市老旧街巷的原始空间便存在许多功能界限模糊的情况，比如沿街商铺的外摆和家务活动的外露。因此，在更新设计过程中不妨强化这一特色，采取弹性灵活的设计手法进行空间功能布局，使交往、交易、家务活动空间彼此交融、相互渗透，为空间功能的复合提供机会，例如在建筑室内与街巷道路之间建立灰空间，作为室内外活动空间的过渡，便于展开不同形式的交流活动。

②空间分时利用

分时利用是缓解山地城市老旧街巷空间用地紧张的另一种更新设计方法，即同一空间内分时段进行不同功能的活动，也可以理解为不同类型的活动在同一空间内依次发生。这种方式结合了街巷居民不同时间的空间利用需求，可有效避免不同活动在同一时空下进行可能产生的互相干扰，使活动空间得到更加充分和极致的利用。例如，白天的晾晒空间也可转化为晚上的夜市摆摊或广场舞空间；步行街区可根据人流量变化开放通车时段，以应对不同人群在不同时间的行动需要。

③多功能引导

在山地城市老旧街巷的更新设计中，还可以通过在单一功能的空间设置多功能的设施来引导不同功能和不同形式活动的发生，从而提高街巷空间的功能复合化程度。例如，通过沿街空间设置序列平台或地面画线，引导摆摊设点的商业零售功能；通过在路边桌凳印刻棋盘纹路，引导下棋对弈的交往功能；通过结合连续梯级打造花池和座椅，引导停歇观景的休闲功能等。

（4）公共设施的完善

公共设施是在老旧街巷空间中为人们提供便利和舒适体验的关键要素，可以补充街巷空间的服务功能、提升街巷空间的视觉魅力、增加空间的导向性和可识别性，还可以为老旧街巷赋予空间活力和个性，更在一定程度上反映着街巷的文化特征。因此，在山地城市老旧街巷空间更新设计中须重点关注公共设施的完善，具体包括服务设施的完善、景观设施的完善和照明设施的完善。

4）文脉导向下的空间形象更新

（1）在地材料的延续与创新

山地城市老旧街巷早期建造时所用的材料多取之自然，惯用青石板、毛石、木材、竹子等，这些材料不仅体现着街巷的历史记忆与文化特征，更具有鲜明的在地属性。因此，在更新设计中，无论是对新、旧材料的应用，还是对废弃材料进行创新和再利用，均须契合或反映街巷的在地属性，从而继承老旧街巷空间的文化基因。

（2）文化元素的提取与转译

山地城市老旧街巷有别于历史传统街巷，在更新过程中如果一味地模仿或照搬传统文化元素，则不利于街巷文脉延续，更难以引发人们的精神共鸣。为避免风貌趋同与文化流失，提取和转译老旧街巷的文化元素要坚持具体问题具体分析，应充分结合街巷周边的自然环境和城市环境。首先，元素提取应建立在山地城市的独特地域风貌和习俗文化之上，通过对街巷空间建造特点和生产生活痕迹进行提炼，确保其具有足够的标志性和代表性，足以承载街巷居民的群体记忆。其次，结合新的设计手法和工程技术将这些元素转译为设计语言，运用到建筑结构与装饰、景观构筑、艺术装置的形式之中，从而赋予这些空间要素的在地文化属性。

3．设计实践——以重庆九渡口下街更新设计为例

1）项目概况

（1）项目背景

2020年，重庆市把打造“长江艺术湾区”在内的六张城市名片写进政府工作报告，以求带动艺术教育、艺术产业、文化旅游等公共事业的发展。根据《重庆市中心城区长江文化艺术湾区控制性详细规划》，“长江文化艺术湾区”包括九龙坡“美术半岛”、钓鱼嘴“音乐半岛”以及两个半岛之间的滨江景观带。九渡口下街恰好处于该滨江景观带之上，是隶属于“美术半岛”的重要组成部分，为顺应整体城市片区的开发与改造，需对现有老旧街巷进行一定程度的空间优化和风貌提升。

（2）地理概况

九渡口下街位于重庆市九龙坡区黄桷坪街道，地处九龙半岛长江之滨，紧邻老成渝铁路干线（已规划改道），背靠重庆发电厂工业遗址。半岛内文旅资源聚集，囊括了四川美术学院、重庆当代美术馆、黄桷坪涂鸦街、重庆501艺术基地等文化地标。场地公共交通设施齐全，街区内部现有223号公交线终点“九渡口站”，距离在建中的轨道交通18号线“电厂站”约600米。区域商业基础良好，与杨家坪商圈直线距离仅4千米，距大坪商圈7千米。综合来看，项目地理条件比较优越。

（3）场地现状

①建筑形态各异，环境品质较差

九渡口下街伴随重庆电厂和九渡口码头的产业带动曾经繁盛一时，但是，随着电厂关闭以及跨江大桥的建成通车，老旧街巷的产业不再具有优势，逐渐呈现出衰败的趋势。场地内原始建筑与环境设施出现多处老化，街巷空间面临着严重的危机。而且，当地居民早期自行修建的许多建筑缺乏规划与设计，临时搭建的棚子、低矮的单墙民房、摇摇欲坠的屋檐……各种要素交织使得街巷整体呈现结构简陋、空间拥挤、材料混杂的状况，导致地域特色和风貌衰退。同时，街巷内部公共环境缺乏维护，路边的坡地被杂草覆盖，紧缺的平地被用来堆放废弃材料，卫生状况也十分堪忧，无法满足街巷居民更高品质的生活需求。

②地势落差较大，步行通达性弱

九渡口下街的空间层次丰富，具有典型的山地城市街巷空间特征，街巷的起伏、收放、转折在这里体

现得淋漓尽致。建筑根据中心道路的走向排布，由西向东汇聚成为一条主街，南北走向衍生出若干条次级巷道。街巷的地势为西高东低，北高南低，东西两端高差为7米，南北向最大落差则达15米。由于地势高差，交通发展受到限制，因此，街巷平面呈现出不规则的带状布局形态，街巷内部坡地和台地众多，衍生出“梯”“坎”“坝”等具有山地属性的空间要素，加之部分老旧建筑的私搭乱建，以及废弃物料的随意堆放，部分巷道被迫形成“断头式”道路，导致街巷空间步行路径不通畅。

③商业空间欠缺，公共空间匮乏

随着当地居民人口的流失，九渡口下街经营环境每况愈下。笔者经实地调研发现，街巷内部商家寥寥无几，仅有的1家药房和1家招待所已关闭，目前仍在营业的商家仅包括5家餐馆、3家小卖铺和1家理发店，不仅难以满足现存居民的生活需求，更难以承载作为美术公园的商业配套设施用于接待往来游客的功能。同时，街巷内部可供公共活动与交流的空间极少，现存的少量开放空间也几乎被菜地或杂物侵占，商店门前的马路被部分中老年居民开辟为聚集交流的场地。

④缺乏文化特色，情感维系不强

九渡口下街紧邻重庆电厂工业遗址和九渡口码头，承载着与工业生产及客货运输活动息息相关的浓厚历史与群体记忆。但是，随着产业的衰落和时光的迁移，街巷内部建筑环境严重老化，加之长期以来的随意加建和无序改建活动，建造材料和工艺也相对简陋。所以，就物质空间层面而言，九渡口下街不具备显著的文化特色，更缺乏对工业文明与码头文化的回应与延续。老旧街巷物质空间的整体环境衰退，加之文化黏性较低，无法维系人们对街巷空间的情感归属，以至于九渡口下街原来的电厂职工、依托码头谋生的工人和商业经营者纷纷搬往新城区或其他街巷，这也使得九渡口下街呈现出严重的老龄化与空心化，进而造成街巷场所记忆的断层。

2）重庆九渡口下街更新设计构思

（1）延续山地与江滩肌理

本次更新设计着重于强化九渡口下街的山地特征，在设计工作前期，从街巷空间形态出发，对平面形态和立体结构进行统一梳理，将被破坏的平面关系和空间结构进行修缮。首先，顺应地势高差，疏通东西向的主街与多条南北巷之间的梯道，延续高低错落的交通关系与建筑格局，从而使九渡口下街内部空间具有较高的通达性。其次，巧借江景资源，利用江滩区域打造街巷集中的休闲与观景空间；最后，通过场地标高与交通路网优化，延伸街巷内部观景的视线。从而使山水之境与九渡口下街内部景观更好地融合，实现人与街巷空间以及自然环境的和谐共生（图3-1）。

图3-1　九渡口下街的自然轮廓

（2）满足业态与活动需求

九渡口下街商业业态十分欠缺，且公共空间较为匮乏，整体服务功能薄弱，难以满足街巷居民的基本需求，更不具备对外来人口的吸引力。因此，本次更新设计充分立足于街巷居民的现实诉求，根据不同人群的活动特征对街巷空间功能布局进行整体调整，并对现有服务功能种类进行补充。因九渡口下街公共空间有限，所以在对商业业态和活动空间规划时，首先，提高对街巷闲置空间和边角空间的利用效率，充分置入新功能；其次，提高不同功能空间的复合程度，比如将生活场所与商业业态复合、经营空间与休闲设施复合，以促进不同活动人群之间发生联系与交流，从而达到激发街巷空间活力的目的。

（3）传承工业与码头文化

九渡口下街的文化体系主要来源于原重庆发电厂生产活动孕育的工业文明和九渡口老码头运输活动塑造的码头文化，电厂始建于中华人民共和国成立初期，是苏联“一五”期间援助建设的国家重点工程；而码头的历史则更为久远，于民国二十七年（1938年）兴建，是重庆第一座拥有机械设施的“洋码头”。电厂与码头共同见证了九渡口下街的历史兴衰，承载着街巷居民的群体记忆。因此，本次更新设计重点关注工业文明与码头文化的传承，在深入分析电厂遗址与老码头的历史文化背景，并充分挖掘电厂生产活动与码头运输活动中的物质材料及标志性元素的基础之上，将文化空间展示、景观元素融合、文旅产业引入设计实践，从而使九渡口下街的文化脉络得以延续。

3）重庆九渡口下街更新设计表达

（1）延续街巷形态，优化空间布局

①有选择地保留、改造与拆除

本次更新设计为延续山地城市老旧街巷地域特色，尽量避免“大拆大建”，首先对九渡口下街现存的建筑结构与形态特征进行梳理，并结合街巷尺度、功能布局与交通动线，根据结构状况和空间需求对原有建筑进行三级分类，确定了保留17栋建筑、改造14栋建筑和拆除9栋建筑。其中，针对保留建筑采取“微更新”的方式，仅做结构和装饰的保护性修缮；针对改造建筑，将其尺度和形态进行适度调整，再经由结构工程专业评估与深化使其与街巷空间建立新的联系；针对拆除建筑后的场地，本次更新设计作了两方面的考量，一方面将释放出的空地用于打造开放性活动空间，另一方面则是在局部空间建立起新的构筑物，共同为街巷置入新的服务功能。此举最大程度减少了更新过程中的成本浪费，并最大限度延续了街巷空间的形态和肌理。

②贯通“三横九纵”的交通动线

对九渡口下街空间形态和活动需求的优化还体现在对其交通动线的疏通和连接。根据现场调研结果，笔者发现九渡口下街与山地城市多数老旧街巷类似，部分巷道受地势高差或受残损建筑堵塞而形成“断头路”，使街巷交通受到限制。本次更新设计基于整体的空间规划和功能布局，通过拆除部分残损建筑和增加坡道、梯道等立体交通的方式，将堵塞的巷道打通，形成9条南北纵向巷道，1条东西横向内街，提升了街巷内部空间的通达度。同时，因设计规划的主街原始尺度无法满足人行通道与机动车道并行，故将九渡口下街南侧的机动车岔道与中心的主机动车道于主街的首尾进行连通，形成2条横向街道。此举在满足过往车辆通行的前提下，将街巷中心区域划定为步行街区，且主街尺度依然保证了消防应急需求，从而实现了街巷内部空间的人车分流，提升了九渡口下街的舒适性与安全性（图3-2）。

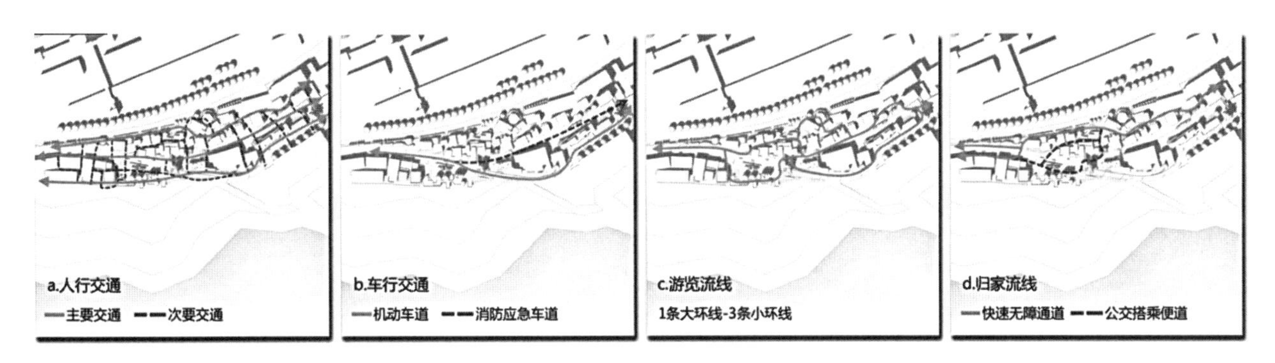

图3-2　九渡口下街的交通动线梳理

（2）补充服务类型，重塑空间功能

本次更新设计充分结合九渡口下街的功能需求及上位规划，为完善商业配套设施、增加公共活动空间、引入文化创意产业，于是综合空间尺度、环境资源、地形特征、活动方式等因素对街巷空间进行了功能复合与重塑，划分了集中商业区、商住混合区和文化创意区三大功能区，并置入开放市集、观江平台、休闲运动、儿童游乐、露天剧场、文化长廊六大服务空间节点（图3-3）。

①开放市集空间

该节点是利用原街巷废弃建筑拆除后的空间而增设的，扩大了九渡口下街的零售型商业。因其位于街巷前端，可通过商业零售活动吸引人流并营造热闹的环境氛围。空间形态的设计采用了风雨廊架和高低台组合的方式，既满足了联络内街的交通导向功能，又在廊架内部实现了售卖功能与休憩功能。

图3-3　九渡口下街的功能节点置入

②观江平台空间

该节点是公交站场的集散地，也是整个九渡口下街最为开阔且景观资源最佳的位置，于是本设计充分发挥其景观优势，调整植被种类和疏密关系，打开观江视野。同时，结合原始陡坡的地形高差搭设滨江木栈道，塑造了三级台地，并合理退让出无障碍的人行坡道，使该节点同时满足了街巷交通集散与观江休闲的双重功能（图3-4）。

③休闲运动空间

该节点利用了拆除高危建筑释放出的台地，因场地较为平坦和开阔，且处于内街位置，相对安静，适

图3-4　观江平台空间效果图

宜置入休闲运动功能。于是，该设计根据空间的平面和立体形态排布了多种运动设施，并结合堡坎的侧界面打造景墙与互动装置，结合台地的护栏设置整排休闲座椅，从而满足多样化的运动和休闲需求。

④儿童游乐空间

该节点则是利用了建筑拆除后形成的基坑和堡坎，因场地围合性较强，给人以较高的空间安全感且不易对其他区域造成干扰，适宜置入儿童游乐功能。于是，该设计根据堡坎高差设置了滑梯和攀爬设施，并在原建筑基坑填充细沙，将其打造成儿童游乐沙坑，同时增设风格统一的景观坐凳，以满足儿童游乐与家长看护的功能需求。

⑤露天剧场空间

该节点利用了街巷原始建筑围合形成的院落，具有较大的空间尺度且最为静谧，适合举办演艺活动或其他公共交流活动。于是，该设计根据空间的平面和立体形态新增了双层环形的剧场构筑，原建筑之间自然形成的两条狭窄巷道恰好可开辟剧场的进出通道。

⑥文化长廊空间

该节点依托于原始建筑改造形成的灰空间，既包含了连接主街与内街的竖向交通，也是沿街开放的历史文化展厅，可同时满足交通联系和宣传教育活动的空间需求。文化长廊空间设置在街巷尾段，位于文化创意区内，有助于给创意工作者和游览结束的外来游客留下深刻印象和文化记忆。

根据不同需求和空间特征置入的不同功能节点，将街巷内部空间连接成活动路线，形成了丰富的空间节奏和紧密的空间秩序，以点连线，以线成面，从而整体带动九渡口下街的活力提升。

（3）保留场所记忆，提升空间形象

①自然材料与工业废料的延续利用

九渡口下街更新设计所选取的材料均具有较强的在地属性，建造材料主要来源于自然开采或厂区与老旧民房的废旧材料回收，自然材料具有鲜明的地域特征，建筑废料则具有时间的厚重感，反映了街巷历史的演变。对自然材料的沿用和废旧材料的再利用，是坚持顺应自然和可持续发展理念的体现，也是保留街巷场所记忆和延续在地文化脉络的重要方式之一。

②工业元素与码头元素的设计转译

通过分析电厂遗址与老码头的历史文化背景，本次更新设计提炼了电厂生产活动和码头运输活动中的标志性元素，将其转译为设计语言并与街巷空间景观节点相融合，通过回应九渡口下街过往的生产与生活记忆发挥延续街巷文化脉络的作用。例如，在市集廊架、公交站等构筑物的设计中提取了工厂桁架的元素作为支撑结构，具有显著的形式美感；在景墙、树池、座椅以及景观构筑的设计中融入了机械部件、金属管道、齿轮等元素，强化了景观节点的工业感；在主街首尾两处石拱门的设计中将工厂桁架与码头起重机吊臂的元素进行结合，打造出独具特色的悬挑观景台；在环形露天剧场的设计中提取了工业轴承元素作为构筑物形态的灵感来源；集中商业区临时构筑物的形态灵感则来自于码头堆叠的集装箱……这些在地元素的提炼与转译，不仅提升了街巷空间的艺术性和独特性，同时回应了九渡口下街的工业文明与码头文化。

4．总结

在新的时代背景下，老旧街巷空间的更新设计研究为山地城市发展开辟了新的视角，为提升旧城居民的物质生活与精神文化水平提供了新的思考方式。山地城市老旧街巷空间具有一定的特殊性，不可直接套用平原城市更新设计策略和经验。通过对相关研究成果的梳理和归纳，基于实地调研情况，研究了更贴近山地城市老旧街巷空间的更新设计策略。

首先，对城市更新的相关理论以及山地城市空间设计的相关理念进行梳理，归纳了有机更新理论、场景理论和共生理论的基本内涵，提炼出了生态优先、多维集约和整体协调的基本理念。其次，总结归纳了山地城市老旧街巷形态、活动、文化三个维度的空间特征，以及街巷在不同维度下表现出的五类主要问题，即环境风貌破坏、交通组织混乱、服务设施不足、安全问题严峻、文化内涵流失，不同的问题表征反映出不同的空间诉求，也决定了更新设计的价值导向。最后，基于理论基础、空间特征、现状问题三方面

的认识与推导，概括性地提出了山地城市老旧街巷空间更新设计的策略体系，其中包括“尊重自然，顺势而为”“以人为本，功能复合”“文脉延续，情感共鸣”三项设计原则，以及“自然”“人本”“文脉”三个维度导向下的具体设计方法，并且以重庆九渡口下街为例，通过已建构策略体系的理论转化，将设计原则与方法一一对应到设计实践中，完成了九渡口下街的更新设计，验证了本次研究结论的应用价值和指导意义。

第4章

市井像

社区活力与城市更新

4.1　社区活力与城市更新

4.1.1　“社区活力”解析

1．社区与活力

“社区”一词为外来语，德国社会学家F. 滕尼斯于1881年首先使用“Community”这一名词（一般译为共同体、团体、集体、公社等）。20世纪30年代中国社会学家在翻译英文学术著作时，将“Community”译作“社区”，因其与区域相联系，社区有了地域的含义，意在强调这种社会群体生活是建立在一定地理区域之内的。1955年美国学者G. A. 希莱里对已有的94个关于社区定义的表述做了比较研究，发现其中69个有关定义的表述都包括地域、共同的纽带以及社会交往三个方面的含义，并认为这三者是构成社区必不可少的共同要素。“活力”一词在《当代汉语新词词典》中有两层含义：一为旺盛的生命力，二为借指事物得以生存、发展的能力。

2．社区活力

著名城市设计理论家凯文・林奇曾经提出用于评价优良城市形态的五个关键要素——活力、感受、适宜、可及性和管理，活力被放在第一位。结合“活力”在《当代汉语新词词典》中的释义，则可以把“社区活力”解释为使社区能够持续生存和发展的旺盛生命力。

4.1.2　社区活力的概念

社区活力是指社区内部的生机、活跃度和可持续性。它涉及社区居民之间的互动、参与程度、资源利用效率以及社区内部的发展动力和创新能力等方面。具体来说，社区活力包括但不限于以下几个方面。

1．社区互动和社交网络：社区活力体现在居民之间的互动频率和质量上，包括社交活动、邻里交流、合作与共享等。健康的社交网络可以促进信息传递、资源共享和相互支持，增强社区凝聚力和归属感。

2．居民参与和自治能力：社区活力也表现在居民参与社区事务和决策的程度。当居民拥有决策权和自治能力时，他们更有动力参与社区事务，并且更能够满足自身需求，促进社区的发展和改善。

3．资源利用效率和可持续发展：活跃的社区能够有效地利用资源，包括物质资源、人力资源和社会资本，实现资源共享和循环利用，从而提高社区的可持续性，减少资源浪费和环境负担。

4．文化活动和创新能力：社区活力还涉及文化生活和创新能力的丰富程度。有活力的社区通常拥有丰富多样的文化活动和艺术表现，同时也具备创新和创业的氛围，能够吸引人才和创意，推动社区的发展和进步。

4.1.3 城市活力理论与社区要素

城市活力的研究深受现代主义规划思想的影响，当代城市设计大多仍然停留在空间物质形态、视觉美观、交通效率和机动车出行，而步行与自行车构成的城市慢行系统被无限挤压，城市街道变成了机动车穿行的马路。简・雅各布斯的《美国大城市的死与生》认为，短的街道、足够的人流密度以及建筑年代和功能的混合是城市多样性的必要条件；扬・盖尔的《交往与空间》认为，整合、汇聚、开放的空间有利于形成高活力的街道。国内学者叶宇从街道可达性、功能混合度以及城市密度高低等方面建立起一套对城市活力高低评价的理论体系；龙瀛以城市街道为主体，通过街道上人的活动，对街道活力进行评价。

面对大马路划分的大街块用地单元，适宜人活动的小街道大多在大街块内部社区，而社区内部人的生活不仅限于街道，而应该是街道与社区融为一体，因此研究以社区为对象，将社区划分为最小的街块单元进行研究。通过对上述城市活力理论进行总结，将社区要素概括为街道多样性、社区功能混合以及适宜的高密度。

1．街道多样性

街道的复杂多样性意味着更多的选择和便捷的交通，较窄的街道和较密的路网有利于慢行交通系统的形成，也能使人与机动车和谐共存。“窄马路，密路网”意味着将街块划分得更小，道路交叉口增多，一个交叉口意味着一次选择，更多的交叉口带给人更多的选择，街区和交叉口的数量在一定程度上反映出了空间的复杂性和多样性，使人们行走在此类街区中能够体会到多样的变化和不同的选择，街坊和街道距离变得更近，更容易形成融为一体的高活力社区。

2．社区功能混合

高的功能混合度意味城市多种功能集中在同一单元地块，可以解决社区内部人口居住和工作，减少远距离出行，缓解城市交通压力。功能混合度的高低可以用功能混合模型来度量，模型将城市功能划分为居住、工作和服务三大类，其中工作包括商业或行政办公、生产活动，服务功能则包括城市所有生活配套设施，如商业服务网点、文化教育、休闲娱乐和市政交通设施。

3．适宜高密度

传统的城市肌理通常会出现极高的密度，分散的独立住宅或点式高层往往呈现较低的密度。院落围合式建筑最适合用于获取太阳辐射，在层数并不高的条件下可以创造出较高的容积率。

4.1.4 社区活力与城市老旧社区更新

1．**社区活力指导设计理念：**社区活力是城市更新改造设计的重要指导方向之一。设计师在进行城市老旧社区更新改造设计时，需要深入了解社区的文化、历史、人文等方面的特点，充分考虑社区居民的需求和期望，以激发社区的活力为设计目标。设计理念应当强调如何通过设计手段提升社区的活跃度、吸引力和凝聚力，使其成为居民生活的核心场所。

2．**活力元素融入设计策略：**设计过程中，应当将提升社区活力作为一个重要考量因素，并将活力元素融入设计策略中，例如可以通过增加公共活动空间、设置文化艺术设施、设计有吸引力的公共景观等方式，营造出有活力的社区氛围。设计应当注重在空间布局、景观设计、建筑形态等方面体现社区活力，以提升居民的满意度和归属感。

3．**多元化功能与活动设计：**设计应当通过多元化的功能和活动设计，满足不同居民群体的需求，激发社区的活力。在设计过程中，可以充分考虑社区居民的年龄、文化背景、兴趣爱好等因素，设置适合不同人群的公共设施和活动场所，创造出丰富多彩的社区生活场景。

4．**社区参与与共建设计：**社区活力的提升需要社区居民的积极参与和共同努力。因此，在城市老旧社区更新改造设计中，应当重视社区居民的参与和共建，听取他们的意见和建议，将其需求融入设计。通过与社区居民的密切合作，可以更好地理解社区的需求，设计出更具包容性和吸引力的空间环境。

5．**历史文化保护与更新设计结合：**老旧社区往往具有丰富的历史文化积淀，保护和传承社区的历史文化是城市更新改造设计的重要任务之一。设计应当在保护传统文化的基础上，通过更新改造设计，使历史文化与现代活力相结合，实现传统与现代的有机融合。这种融合不仅能够增强社区的文化底蕴，还能够为社区注入新的动力和活力。

综上所述，社区活力与城市老旧社区更新改造设计之间相互影响、相辅相成。通过合理的设计策略和手段，可以实现社区活力的提升，推动城市老旧社区的更新改造，为居民创造更加宜居、宜业、宜游的社区环境。

4.1.5 人文关怀视角下的城市老旧社区更新设计

人文关怀视角下的社区活力与老旧社区更新改造设计着重关注社区居民的情感需求和人文关怀，从人性化、温馨、互助、包容等方面出发，通过设计提升社区的活力和居民的生活品质。以下是在人文关怀视角下进行老旧社区更新改造设计时应考虑的几个方面。

1. **保护社区文化和历史：**人文关怀视角强调尊重和保护社区的文化遗产和历史传统。在更新改造设计中，应当充分考虑到老旧社区的历史性和文化特征，合理保留和修缮具有代表性的历史建筑和文化景观，以此弘扬社区的文化底蕴，增强居民的归属感和认同感。

2. **提升居住环境品质：**人文关怀视角注重提升居民的生活品质和幸福感。在设计中，应当重视改善社区的居住环境，包括提升住宅建筑的舒适性、优化公共空间的布局、改善交通和基础设施等，使居民能够享受到更舒适、安全、便利的生活环境。

3. **创造社区互助与共享空间：**人文关怀视角强调社区的互助与共享精神。在设计中，应当注重创造出具有互动性和共享性的社区空间，例如社区公园、休闲广场、活动中心等，为居民提供互相交流、互助支持的场所，促进社区居民之间的联系和融合。

4. **关注弱势群体的需求：**人文关怀视角倡导关注社区中的弱势群体，如老年人、残障人士、低收入家庭等。在设计中，应当特别考虑到这些群体的需求，为他们提供无障碍设施、社区医疗服务、文化娱乐活动等，以减轻他们的生活压力，提升他们的生活质量。

5. **鼓励社区参与和自治：**人文关怀视角强调社区居民的参与和自治权利。在设计中，应当鼓励居民参与到更新改造的决策过程中，听取他们的意见和建议，共同制定社区发展规划和愿景。通过居民的参与，可以增强社区的凝聚力和活力，实现社区自治的目标。

人文关怀视角下的社区活力与老旧社区更新改造设计密切相关，通过关注社区的文化传承、居民的生活品质、社区的互助共享等方面，可以实现对老旧社区的全面提升和改造，促进社区的可持续发展和居民的幸福感。

4.1.6　场所记忆视角下的城市老旧社区更新设计

场所记忆视角下的社区活力与老旧社区更新改造设计强调了社区历史和文化的传承，以及居民对于社区场所的情感认同和记忆体验。以下是在场所记忆视角下进行老旧社区更新改造设计时应考虑的几个方面。

1．**保留和再现历史记忆：**场所记忆视角要求尊重社区的历史和文化，因此在更新改造设计中应当保留和再现社区的历史记忆。可以通过保留具有历史意义的建筑、街道布局、文化景观等元素，以及设置历史标识、纪念碑等方式，将社区的历史记忆呈现给居民和访客，加强他们对社区的情感认同。

2．**重塑场所情感连接：**场所记忆视角注重居民对于社区场所的情感连接和归属感。在设计中应当注重营造具有情感共鸣的场所，例如那些与居民生活经历、文化传统紧密相连的地方，通过设计元素的运用和情感体验的创造，加强居民对社区的情感认同和归属感。

3．**挖掘场所故事与传承文化：**场所记忆视角鼓励挖掘社区的故事和传承文化，使其成为社区更新改造的重要资源。可以通过开展社区历史讲解、举办文化活动、策划文化展览等方式，向居民和游客展示社区的独特魅力和历史内涵，提升社区的文化认同和吸引力。

4．**借鉴传统元素进行设计：**场所记忆视角鼓励在更新改造设计中借鉴和利用传统元素，以保留和传承社区的文化特色。可以通过融入传统建筑风格、文化符号、民俗活动等方式，使更新后的社区既具有现代功能，又保留了传统韵味，让居民和访客在社区中感受到历史与现代的交融之美。

5．**注重居民参与与共享：**场所记忆视角强调居民对社区场所的参与和共享。在设计中应当积极倾听居民的意见和建议，让他们参与到更新改造的决策和实施过程中，共同打造具有集体记忆和共享情感的社区场所，从而增强社区的凝聚力和活力。

场所记忆视角下的社区与老旧社区更新改造设计是一种注重社区历史和文化传承的设计理念，通过保留历史记忆、重塑情感连接、挖掘传承文化等方式，实现对老旧社区的更新改造，并为居民提供一个充满情感共鸣和归属感的社区场所。

4.2 市井像体现：城市社区公共空间更新与改造的研究案例分析

案例：场所记忆视角下重庆城市老旧社区环境更新设计研究——重庆南岸区黄桷垭社区更新设计

晏晶晶

1. 重庆城市老旧社区的场所记忆的延续

1）重庆城市老旧社区承载的特殊场所记忆

（1）“厂区大院”的成长记忆

自1891年设关开埠以来，重庆工业发展历史悠久。它迅速成为中国近代西部地区的工业先驱，并在“国统区”中崛起，成为近代西部最大的工业基地。随着工业化进程的加速，重庆在中国西南地区的地位日益凸显，吸引了众多重要工厂和企业纷纷落户。工业化时代，为了满足工厂职工的居住需求，许多企业兴建了家属院和社区，这些社区多位于工厂附近，为工厂职工提供便利的居住条件。家属院内的建筑多为简易的砖木结构，规划布局上注重工人住宅与工厂的配套，形成了相对独立的生产、生活一体化片区，再次强化了城市的组团式发展结构。此外，一些设计精美的别墅式住宅也为当时的建筑风格和居住环境增添了别样风采。

①厂区大院建筑风貌

重庆工人村的核心组成部分是住宅，其风貌特征塑造了工人村的景观形象。受不同时期政策和建筑技术的影响，重庆的工人住宅呈现出时代性和多样化的风格。总体而言，重庆的工人住宅在建筑层数、外立面风格、屋顶形式等方面表现出明显的时代特征，可以划分为4种时期类型。

通过样本分析总结发现，重庆工人村的整体住宅风格与建设时间密切相关。建设年代较为集中、建设时长较短的重庆工人村通常体现某一特定阶段的布局特征，例如重庆渝中区双钢路钢院宿舍，其住宅风貌较为统一。而建设时间跨度较长的交机厂，则集合了多个发展时期的建筑布局形态，呈现出混合多样的建筑特征。

②厂区大院工业小品

工业文化在工人村中的融入主要体现在工业标志性元素上，这些元素凸显了工人村的独特形象，使其与其他普通社区有所区别，进而强化了工人村的可识别性。通常，工人村的标志性构筑物包括大门、工厂标志、雕塑雕像等。这些构筑物和雕塑不仅是工业文化、企业文化和工人精神的传达媒介，也是工厂特色和工业文化精神的凝练和集中反映，承载着强烈的时代印记和审美特点，具有独特的象征意义。在样本中，一些典型的例子包括：探矿机械厂工人村曾通过设立工人村大门来界定明确的管理范围，尽管随着单位制管辖取消，大门不再具有原始功能，但它仍然成为历史的见证。而在嘉陵厂工人村中，位于中心广场的工厂标志雕塑以及交通路口的工人形象雕像，展现了工业文化的魅力和工人精神。另外，铁路局工人村的社区入口处设置了以铁路局标志为主题的雕塑，彰显了铁路工业的重要地位和工人的自豪感。

③厂区大院文体活动

在重庆的城市建设和发展过程中，工人村被视为一种融合了现代生产和传统聚居的社会化家族系统。工人村的出现在一定程度上促进了居住人群形成家族化和业缘化的特点。在这种居住模式中，工人在工厂中工作，其家属随之聚居，子女则在工厂附属学校就学，形成了围绕产业工人身份的居住模式。这种模式建立了普遍相似的家庭结构和社会网络，进而促进了工人村共同意识形态的形成。居住于同一工人村的居民通常培养出极为相似的生活方式和生活记忆，形成了独特的邻里关系、生活形态以及文化记忆，与其他普通社区有着显著区别。

在建设时期，随着重庆工厂生产建设的繁荣，工人村的生活曾经历了丰富多样的阶段。类似的身份认同使得工人村文化生活建设拥有了良好的发展基础。以单位为组织结构，形成了多样化的文化活动团体。此外，重庆的工人村拥有优越的公共设施配套条件，成为工人文化生活的重要场所，例如工厂定期在影剧院、文化广场等地放映电影，举办联欢会等文艺活动。同时，重庆的工人村也定期举办游园会、工人运动会等竞技娱乐活动，丰富的业余生活成为工人村重要的集体记忆。

（2）“爬坡上坎”的生活记忆

城市空间的格局在重庆表现得十分鲜明。这座山地城市背山面水，高差变化明显，展现了典型的立体空间布局，呈现出滨江社区山体的分层分台格局。重庆凭借其独特的地理条件，塑造了独具特色的社区场景，这种地形特征为城市的发展和居民的生活留下了深刻的烙印。坡坎坝院是重庆的一个典型特征，承载着居民丰富的生活体验和独特的场所记忆。爬坡走坎、穿梭于错落有致的民居之间已经成为这座城市的常态景象，将人们与地形紧密联系在一起，形成了与生活息息相关的独特记忆。这些地形特征不仅是城市风貌的标志，更是社区文化的承载者。在城市更新中，必须充分考虑地质安全、生活便利和景观融合等因素，以传承和弘扬这些特殊的场所记忆。保护这些地形特征不仅是保护城市的历史文化，更是对居民生活方式和文化传承的尊重。

（3）“老房子”的形象记忆

重庆以山城闻名，其建筑早期随着山体顺势而建，因地制宜。随着时代的发展，其建筑有受西方文化影响具有中西结合的风格；有受抗战文化影响，具有抗战风格的建筑；还有受现代主义影响的极简建筑风格。这些建筑风格或多或少地存在于重庆，构成了重庆这座具有魔幻都市的独特环境。而现有重庆老旧社区的建筑多为现代化的居住建筑，呈现排列式，沿街而造。

重庆传统建筑有传统巴渝建筑风格、西式建筑风格、新古典主义建筑风格、现代主义风格、折中主义建筑风格。这些历史建筑与社区居民楼共存，形成了独特的场所环境，将不同历史时期的文化特征融合在一起，例如重庆老双碑、游艺楼。以建筑本身的特色为主，双碑自由村各个时期的特色建筑融合在一起。从豫丰里筑在这些老房子里，可以感受到时光的流转，聆听历史的低语，体验老重庆的独特韵味。这种共存的环境，不仅展现了城市的多样性和包容性，更为居民们提供了与历史亲密接触的机会，让他们在熟悉的社区中感受到文化的温度和魅力。

2）重庆城市老旧社区环境更新过程中场所记忆的缺失

（1）历史文化特色丧失

在历史文化特色丧失方面，重庆老旧社区呈现出了两个主要现象。首先，一些本来具有独特历史文化特色的社区，如一些原有的厂房家属院、配套设施和仓库等，随着时代的发展、人们对历史遗迹的漠视以及大量人口的搬迁，这些历史痕迹逐渐消失，特色文化也随之消失。其次，一些老旧社区的建筑风格受到西方现代主义思想的影响，普遍采用混凝土结构和砖墙立面，这种风格并非仅存在于重庆，而是全国普遍采用的建筑风格。然而，这种风格反映的是当时的时代背景，无法真正体现出所在地区的历史文化。因此，这些老旧社区在改造过程中需挖掘其社区背后的故事或者其社区亮点，以及周遭的文化背景等来寻回历史文化特色。

（2）厂区大院发展模式单一

重庆厂区大院的发展模式相对单一。对于已经进行过更新或者正在进行更新规划的工人村来说，主要集中在老旧社区改造方面。这种改造主要侧重于基础环境治理和社区空间美化，包括修复老旧建筑墙面、修补工人村道路、增设休闲健身设施等。然而，这些改造的效果趋于同质化，缺乏特色化和多样化。

工厂的易地搬迁往往会导致大量当地居民离开，这一过程更多的是由于工厂发展中的大型事件所引发的被动性结果。此外，由于生产效益下降导致工厂破产，或者工厂居住环境受到污染或品质下降等问题，也会促使部分居民自发性外迁。这些主动外迁和被动外迁的共同影响，使得重庆厂区大院传统的人居结构发生了改变。原本繁荣的工人村住宅被闲置或出租给城市低收入人群，导致社区面貌和居民结构的进一步变化。

（3）区域空间系统被零散割裂

重庆的社区结构以三横八纵的形式形成错落有致的布局，展现出独特的地域性美感，同时也承载着丰富的历史文化。这种布局不仅激发了社区空间的活力，提升了其品质，还为城市空间提供了多样化的感官体验，唤起了人们对日常生活的记忆。

重庆的老旧社区在城市规划和历史原因的影响下，存在着区域空间系统的零散割裂问题。这些社区是在历史进程中逐渐形成的，缺乏统一的规划和设计，导致了社区空间的碎片化和不连贯性。具体表现为社区内部道路布局混乱、建筑风格不统一、公共设施分散等。

这种零散的空间布局给社区居民的生活带来了诸多不便。首先，社区内部交通不畅，道路狭窄、曲折，车辆和行人通行受阻，影响了居民的日常出行和物资运输，降低了社区的整体交通效率。其次，由于社区空间的割裂感，居民之间的联系受到了限制，社区凝聚力和邻里关系较弱。缺乏集中的公共活动场所和社区中心，使得居民之间的互动和交流受到影响，社区的凝聚力较低。

此外，零散割裂的社区空间也影响了社区的整体功能性和美观性。公共设施分散布局，服务范围有限，不能满足居民的各种需求。建筑风格不一致，造成了视觉上的不协调，影响了社区的整体形象和品质。

2. 场所记忆视角下重庆城市老旧社区环境更新设计策略及方法

1）场所记忆视角下重庆城市老旧社区人文环境更新指导原则

（1）场所记忆延续性原则

①在地性原则

场所记忆的地域性体现在特定地理区域和空间范围内，这些区域由其独特的生态、民俗、传统、习惯等文化元素构成。这些文化特征和形态是历史积淀与留存的结果，例如上海新华街道、广州·旧南海县社区、深圳·南头古城等社区，因地域差异，在社区的日常生活和场景意向上各具特色，形成了独特的场所记忆。因此，在改造人文环境时，应考虑当地的气候条件、空间特点、建筑特色和生活方式，以有效延续和强化这些场所记忆。这种方法不仅保持了社区的独特性，还有助于加强居民的归属感和社区的凝聚力。

②感知性原则

社区更新应尊重其真实环境特征，包括地理位置、历史背景、建筑风格等，例如在成都猛追湾片区的改造中，项目团队采用了“修旧如旧”的方法，保留并强化了该区域的工业记忆和“城市乡愁”。这种方法不仅保留了社区的历史印记，同时也使其与现代设计元素和谐共存。

重庆老旧社区更新设计时应考虑居民的视觉、听觉、嗅觉、触觉和味觉等多种感官体验，例如Yuri Suzuki为伦敦设计的“Sonicbloom”公共装置，主要聚焦于听觉体验，旨在通过创造偶然的听觉时刻，促进社区内部的联系与交流。

另一个案例是“感官花园”，通过设计创造一个互动体验空间，刺激人们的触觉、嗅觉、视觉和味觉。这种设计不仅提供了与场所之间的感性对话，还通过融合当地自然元素，为居民提供了一次全方位的感官之旅。

重庆老旧社区更新应遵循场所记忆的感知性原则，即在尊重社区环境特性的同时，充分考虑居民的多感官体验需求。这种方法不但有助于保持社区的独特性和历史连续性，而且能够增强社区居民的生活质量和社区的整体吸引力。

③生活性原则

重庆老旧社区环境更新中，坚持生活性原则是至关重要的。这一原则强调社区生活与场所之间的密切关系，强调真实的生活事件和体验对场所记忆的形成。日常活动，如穿梭、散步、健身和社交等，以及偶发性的社区活动，如文化展览和节日庆典，都在日常重复中形成深刻的记忆。在重庆老旧社区更新过程中，应尊重并保留居民的日常生活习惯，同时举办有纪念意义的活动以增强重庆老旧社区的凝聚力和归属感，比如成都市玉林东路的“巷子里”项目体现了这一原则。该项目提供了休息和社交的空间，同时也考虑了包容性，为残障人群创造了便利的活动场所。这种改造方法不仅增强了社区的文化特色，还提升了居民的归属感和社区的整体活力。

（2）场所记忆遵循共享与包容性原则

①协同性原则

重庆老旧社区更新中的场所记忆协同性原则体现了多方合作的重要性。在老旧小区更新项目中，政府与居民通过公开沟通和反馈确保改造符合实际需求，并与城市发展规划相一致。一些城市中，政府、开发商和居民三方合作，政府提供政策支持，开发商实施任务，居民积极参与决策以保护自身利益。非政府组织在项目中发挥桥梁作用，协助政府了解社区需求。更新过程中，协同性不仅传承社区历史文化特色，还创造符合居民记忆和文化价值的社区空间。这种多方合作不仅更新了物理空间，还增强了社区凝聚力和归属感，确保了场所记忆的传承和发展。

②多样性原则

重庆老旧社区更新过程中，遵循场所记忆多样性原则。不仅考虑老旧社区的物质空间元素，例如建筑风格和街道布局，还考虑社区的精神文化元素，比如社区的历史传统、居民之间的情感联系和社交习惯。作为城市的一部分，社区的发展与城市整体的发展息息相关，呈现出丰富多彩的特征。场所记忆的多样性不仅体现在社区的文化和历史上，也包括社区居民的多样化特征、生活方式和价值观，以及各种丰富多样的活动和事件。这些因素共同构成了社区的独特魅力，为社区注入了生机和活力。

（3）空间塑造人文性原则

①参与性原则

参与性原则认为空间的活力和意义是通过人们的互动与参与来体现和塑造的。这个原则不仅指出了人与人之间的互动对于构建社区文化的重要性，也强调了人与空间之间的相互作用。这一原则在城市规划、建筑设计和历史保护的领域都比较适用。在空间设计和规划中考虑多样化的活动、商业业态以及可互动的装置，从而创造条件以满足不同群体的需求，促进人与人、人与场所之间的交流与互动。

重庆老旧社区更新中遵循参与性原则可以更好地保护和强化社区的身份感和连续性，同时为城市环境的包容性和参与性提供支持。参与性原则不仅是关于空间的物理布局，更是关于如何通过设计和规划来促进社会、文化和历史背景对特定地点的共享理解和情感连接。这种原则在现代城市发展中起着至关重要的作用，旨在创造更加活跃、互动和人性化的空间。

②共鸣性原则

在重庆老旧社区的空间塑造中，共鸣性原则，旨在深入理解和响应居民的心理和情感需求，以促进他们对社区空间的深层次认同和共鸣。这种方法不仅关注物理空间的改造，还涉及将居民的历史、记忆、文化和生活方式融入空间设计中，例如深圳玉田社区的“握手”装置通过引入像素化“emoji”元素和手势装置，创造了一种视觉和感官刺激，同时唤起居民对童年游戏的回忆，增强了情感共鸣和社区归属感。这种共鸣性的空间塑造不仅是物理环境的改善，更是文化和情感的再生。通过这些元素的植入，社区改造能够在居民的身体感官层面引发共鸣，进而提升到精神心理层面的认同。这种综合方法不仅提升了社区的物理环境，还增强了社区的凝聚力和居民的幸福感，使老旧社区转变为充满活力和情感联系的社区，营造了良好的社区文化氛围。

③归属性原则

居住场所的“归属感”是居民在日常生活中对其生存环境建立起来的一种内心意识，这种意识包括舒适感、满足感和容纳感。这种意识来源于与社区成员的互动和体验，反映了个人对社区的情感连接和参与度。归属感的重要性在于它对个人福祉和社区整体健康多方面的积极影响。它增强了社区凝聚力，提高了个人的安全感和信任度，促进了社交网络的建立。强烈的归属感还鼓励居民积极参与社区活动和决策过程，对社区发展产生积极影响。此外，归属感对于个人的心理健康和幸福感至关重要，它能显著提高个人的自尊心和满足感。同时，社区归属感也有助于保护和传承传统文化，对于保持社区的独特性和多样性至关重要。因此，通过增强归属感，可以建立一个更加团结、健康和积极向上的社区环境。

2）基于“场所”“记忆”下的重庆城市老旧社区环境更新设计策略

（1）社区结构特殊关联构建

①街巷型老旧社区在空间上，街巷网络复杂密布，少量高层建筑和历史建筑点缀其中。针对这类型社区：完善空间立体结构，在社区景观地貌下，增加绿化覆盖率，拆掉违章建筑或者恢复私有化的空间，还原自然地理特征；找寻社区的剩余空间，将剩余空间作为更新过程的节点，能够与社区的公共空间进行关联。

②单位大院型老旧社区：以行列式布局，以楼梯道路组织交通，公共空间形态相似，识别性差。针对这类型社区可采用打造步行绿道、用景观软化人行步道、开阔视野等方式。更新过程中考虑立体停车场区域，社区能够更好地满足居民和访客的出行需求，提升社区的整体形象和生活品质。

③商品房型建筑：增强空间结构的丰富性和条理性，厘清人车道路系统，明确社区出入口、广场、庭院等节点的序列，使其具有层次感。

（2）保护和活化建筑历史记忆

保护和活化历史遗迹对于重庆老旧社区至关重要。首先，保护历史建筑可以传承和延续城市的历史，保留城市的文化记忆，让子孙后代从中汲取历史的精神和智慧。其次，通过活化这些历史遗迹，赋予其新的功能和活力，使其成为城市文化生活的一部分，为城市增添独特的人文魅力。同时，活化历史建筑也可以促进城市经济的发展，带动周边产业的繁荣，实现历史遗迹的经济与社会价值的双赢。

在城市老旧社区改造过程中，重庆以保护和活化历史遗迹为重点。对于历史建筑，采取结构加固、外观翻新、内部改造等措施，尊重其原有风格和面貌。具有历史价值的建筑进行修缮，保留历史痕迹；不适用于原有功能的建筑进行功能性转变，如将旧仓库改造成艺术画廊、老工厂改造成文化中心，为社区注入新的活力。在需要时，将现代设计元素和技术与历史建筑相结合，满足现代使用需求。

对于没有历史纪念价值的建筑，社区通过留下居民的回忆创造新的场所记忆。这些场所不仅具备建筑本身的功能，还承载着居民之间的记忆，例如重庆万州吉祥街的改造，运用现代化的镂空钢板景墙展现老城风貌以及社区居民对江南月影的记忆。

总之，保护和活化历史遗迹不仅是对城市历史文化的尊重和传承，更是对城市发展的有力推动。在城市更新过程中，重庆将继续注重保护历史遗迹，激发其活力，实现历史与现代的融合，为城市的可持续发展注入新的动力。

（3）重拾工业场所记忆

在重庆厂家大院的更新过程中，除了简单地保留建筑外观外，还应该注重内部结构和细节的保护。历史建筑的修复需要专业的技术和工艺，以保持其原有的风貌和历史感。对于一些废弃或破损严重的建筑，可以进行部分重建或仿建，以补充和完善整体格局。

在功能转型方面，除了将建筑转变为传统的文化创意产业园、艺术工作室等功能外，还可以考虑将其打造成为社区文化中心、历史陈列馆等公共设施，为当地居民提供丰富多彩的文化娱乐活动。通过赋予这些场所新的功能，可以实现其在城市更新中的延续利用，促进其再次焕发生机。

在环境改善方面，除了注重绿化和景观设计外，还应该考虑公共设施的完善和交通便利性的提升。加强院落内部的景观设计和功能布局，创造出宜居、宜游的环境，为居民提供舒适的生活空间。

另外，在重庆厂家大院的更新中，工业文化的视觉传达也是至关重要的。工业文化的展现可以通过工业标志性元素来体现，如大门、工厂标志、雕塑等。这些构筑物成为工业文化、企业文化和工人精神传达的重要载体，具有独特的象征性，强化了工人村的可识别性。在工人村中，细部装饰也承载着特定时期的技术和审美特点，通过图案纹理的重复与变化以及不同材料的运用，反映出工人村建设时对环境设计的巧思和历史印记。工人村中的植物景观也是重要的视觉元素之一，特别是以黄葛树和爬山虎等本土植物为代表的景观，为工人村增添了历史和景观风貌。通过保留和强化这些工业文化的视觉传达元素，可以更好地延续重庆厂家大院的地域文化记忆，丰富居民的生活体验。

（4）延续地形生活记忆

为延续重庆老旧社区的地形生活记忆，可以通过合理的地形处理创造出可视化的以及不同空间感受的景观空间，从而提升老旧社区的场所记忆。其中包括利用地形的高低起伏进行景观空间的区域分割，如开放空间、半开放空间和私密空间等。

在实现这一目标的过程中，城市更新可以采取一系列措施。首先，需要加强地质安全的监测和防范，确保居民生活在安全的环境中。其次，改善交通设施，合理规划道路和步行街，使居民在生活中更加便利。同时，设置休闲场所、公共空间和景观节点，为居民提供休息和交流的场所，丰富他们的生活体验。

而重庆地域性的特殊性决定了其烟火气息更加浓厚，老旧社区的主要人群多为老年人，他们具有热情、洒脱的性格，喜欢聚在一起聊天、打牌。这些场景是居民自发形成的场所记忆的一部分。在更新过程中，保留老旧社区的景观小品，并进行二次设计，延续居民的生活习惯和场所记忆，有助于保留和强化老旧社区的特殊地形记忆，提升居民的生活品质。

3）基于场所记忆中“主客体”下的重庆城市老旧社区环境更新设计方法

（1）多样性和包容性设计

针对重庆社区设计，应充分考虑居民的多样性需求和不同的文化背景。其中，包括尊重和反映不同文化背景，通过建筑风格、公共艺术品等展现多元文化；提供多样化的社交空间，既能满足集体活动的需求，也考虑到个人的休憩；设计丰富多样的功能设施，如购物中心、健身房等，以满足不同人群的生活方式和需求；同时确保社区环境对所有人友好，包括设置无障碍通道等设施，以提升居民的生活质量和幸福感。在包容性设计方面，要注重社区居民的心理需求，细致考虑每个人的感受。通过细致的设计，加深居民对于空间的感知，提升他们的幸福感、归属感和认同感。材料选择应针对不同人群和场合的特定需求，如为老年人设计鹅卵石健康步道，为儿童乐园选用安全的塑胶、橡胶或木材。无障碍设施的设计要考虑老年人的出行安全，采用防滑材料，并设计通道以满足不同人群，包括轮椅用户的需求。全面思考社区设施的易用性、易达性、易识别性、安全性、独特性和可交往性等，真正将设计做精做细，充分体现人性化。在基础设施上，要考虑到健全人的生活需要，也要考虑到残障人士的活动需求；既要考虑年轻人群需要，又要考虑老幼群体需求。现代小区的景观座椅到地砖铺设都从人的角度出发，体现了对居民生活质量的深刻理解和尊重，营造了一个既舒适又宜居的社区环境。

（2）情感和心理细节设计

①青少年和孩童：重庆社区设计应重视青少年和孩童的需求，包括提供安全的环境、教育和娱乐，并促进其自我表达和自信心的发展。设计方面，可设置观察场所、激发场所、撤离场所、个人场所和探险场所，以满足孩子们的成长需求，如提供观察区域、创意活动区域和安全撤离通道等。

②老年人：针对重庆老旧社区的老年人需求，重点应关注社交、健康、休闲和文化需求。为此，可以

设立社交场所、运动场所、休息场所、文化教育场所和绿化治愈场所，以提供老年人交流互动、健身锻炼、休憩放松和文化学习的场所，满足其身心健康需求。

③成年人及其他人群：社区应为成年人、独居人群、残疾人士和移民人群提供全方位的支持和服务。为此，可建立多功能社区中心，提供丰富的休闲选择；设置适合不同人群的运动设施，包括无障碍设备；定期组织各类社区活动，增进社区凝聚力；为特定群体设立支持小组和网络，促进社交互动；举办文化交流和教育活动，推动社区文化融合；提供心理健康支持和咨询服务，关注居民的心理健康；鼓励居民参与志愿者项目和社区服务，增强社区参与感和归属感。

（3）社会参与和互动设计

多功能文化体验空间：将一部分重复的商业和居住空间改造成文化展示和体验场所，如艺术画廊、手工艺工作室或文化历史展览馆。这些空间不仅可以提供文化娱乐体验，还能成为社区居民交流和展示才能的平台。

①社区节日主题活动：定期举办与国家节假日相关的社区主题活动，如妇女节庆祝活动或元宵节灯笼制作等。通过这些活动，不仅能增强社区凝聚力，还能让居民共同庆祝传统节日。

②主题市集和美食节：定期举办具有重庆特色主题的市集活动，比如美食节、手工艺品市集或物品交换市场。居民可以展示和销售自制的食品或工艺品，或交换闲置物品，不仅活跃了社区氛围，还能增加居民的收入。

③民俗活动的现场演绎：策划和举办各种重庆民俗活动，如唱花灯、剪纸、祭孔仪式、山歌演唱、板凳龙舞等。这些活动不仅展示了地方文化，还能吸引居民和游客参与，增加社区的知名度。

④历史故事的融入和传播：在活动中融入当地的历史故事和文化元素，通过生动的表演或者手绘的形式提升观众的文化体验。

通过以上方法，重庆老旧社区可以通过居民的积极参与，创造充满文化氛围和历史记忆的社区环境，增强社区的吸引力和居民的归属感。

（4）保留与整合的更新设计

基于场所记忆客体方面，重庆社区公共空间设计的目标不仅是提高社区人居环境的质量，还要注重创造和传承场所记忆。在社区更新过程中，需要综合考虑规划和实施，以创造更具活力和意义的公共空间，需要从挖掘现有空间的潜能、增加使用功能以及引导新的生活方式等方面进行整合。

首先，挖掘现有空间的潜能意味着保留和修复重庆社区内具有历史意义的建筑物、景点或文化遗产，以激发居民对社区历史和传统的记忆的认同感。同时，通过增加使用功能，设计多功能的公共空间，如休闲广场、文化艺术中心、健身区等，为居民提供丰富多彩的社区活动和体验，从而加强对社区的情感联系。

引导新的生活方式则可以通过创造宜居、便利的社区环境，促进居民采用更健康、环保的生活方式，从而形成新的社区文化和记忆。整合这两个理念，重庆社区更新不仅仅是单纯的空间设计，而是在保留历史文化的同时，打造出具有现代氛围和活力的社区环境，为居民提供更丰富的生活体验，促进社区的可持续发展和文化传承。

（5）营构日常生活场景设计

①提升社区设施多功能性，满足多元群体活动需求

重庆老旧社区公共空间一般用地狭小且不规则，因此应当复合地利用社区设施，来满足社区群体不同的交往需求。休闲设施自身可以兼具多种功能，不仅本身作为休息交流的设施，同时也可以作为链接室内外空间的节点，打破原有空间格局，例如林茨艺术与工业设计大学的公共座椅。公共座椅从室内链接室外，加强展览空间与室外的联系，不仅可以吸引人群驻足欣赏，也可成为具有导向性、辨识度的景观标识。

②增强休闲设施趣味多样性，吸引同人群互动参与

重庆老旧社区休闲设施大部分只是满足基本的功能需求，普遍存在单调、缺乏趣味性的问题。因此，可以通过提升休闲设施的趣味性，来促进不同人群互动参与，例如设置弹性的活动设施、具有跷跷板功能的长椅等，或者具有创意外形的座椅，或者根据居民的行为方式设置具有多个趣味空间连接的设施等。

（6）活力业态植入设计

在重庆老旧社区商业复苏计划中，活力业态的引入至关重要。这意味着不仅要维持现有商铺，还要积极引入新兴商业形式，以激发社区的活力和吸引力。

可以通过引入具有创新性和吸引力的商业业态，如独立咖啡馆、创意甜品店、书店和文化创意体验店等，以此丰富商业环境。这些新业态不仅能吸引年轻客群，还能为社区注入新的活力和文化氛围。

结合商业和旅游元素来激活商业环境。通过打造独特的文化主题街区或商业区域，如艺术街区、文化创意中心等，吸引更多游客和居民前来体验和消费，从而促进商业的繁荣。

在设计中融入社区历史和文化元素，使新建或更新的空间保留老社区的传统韵味。例如，在商业建筑的外观设计中融入传统的建筑风格或装饰元素，或者在商业区域设置文化艺术展示区，展示当地的历史和文化特色，以增强社区的认同感和吸引力。

（7）可持续性和环保设计

根据场所记忆相关内容，可持续设计和环保设计与重庆社区公共空间的建设密切相关，它们都着眼于创建更健康、更宜居的环境，并在设计过程中考虑到社区的历史、文化以及居民的需求和情感联系。

①保护和利用现有资源：可持续设计和环保设计都倡导最大限度地利用现有资源，减少对自然资源的消耗。这与场所记忆的概念相符，因为通过保护和利用社区现有的历史建筑、景点和文化遗产，可以传承社区的历史记忆，并在新的设计中体现出来。

②生态环境的保护：可持续设计和环保设计都注重生态环境的保护和恢复。通过建立生态友好型的公共空间，如绿地、植被覆盖区域和生物多样性保护区，不仅可以改善社区的生态环境，还可以提升居民对自然环境的感知和记忆。

③能源效率和资源循环利用：在可持续设计和环保设计中，注重提高能源效率，减少能源消耗，并鼓励资源的循环利用。这样的设计方式不仅有助于减少对环境的负面影响，也有利于降低社区的运营成本，从而为社区的可持续发展提供支持。

可持续设计和环保设计与场所记忆密切相关，它们共同致力于创建更健康、更宜居的社区环境，保护和传承社区的历史和文化，并通过促进社区参与和互动，增强居民对社区的认同和情感联系。

3．设计实践——以重庆南岸区黄桷垭社区改造设计为例

1）项目概况

（1）项目背景

2015年召开的中央城市工作会议提出了“城市双修”的概念，“城市双修”指的是生态修复和城市修补。其中，城市修补主要是对城市风貌进行更新，“修补”城市景观和环境、完善城市配套服务设施；而生态修复则主要是“修复”城市中被破坏的自然环境。2023年6月8日，重庆市公共资源交易网发布《南山街道黄桷垭片区新建街老旧小区楼栋改造工程》招标公告，其中提到了项目概况及建设规模。为顺应城市的发展以及更好地为居民提供便利的服务，需要对现有老旧社区进行一定程度的空间优化和风貌提升。

（2）地理概况

南岸区是重庆中心城区之一，地处长江、嘉陵江交汇处的长江南岸，西部、北部临长江，与九龙坡区、渝中区、江北区隔江相望，东部、南部与巴南区接壤。该项目所涉及的黄桷垭小区位于重庆市南岸区崇文路1号。该小区周边靠近黄桷垭老街以及重庆邮电大学等丰富的教育和旅游资源。综合来看，该小区地

理条件比较优越。

（3）设计范围

该项目为黄桷垭小区的建筑风貌和景观改造，地块内均为2000年建筑。共6栋，520户，约1664人，总建筑面积约6.4万平方米。本次改造保留6栋建筑，并在原有基础上进行风貌改造，主要以3个院落的景观改造为主，搭配社区其他沿街和店面以及景观改造。

（4）场地现状

黄桷垭小区，项目位于南山街道社区，北邻黄明路，南靠重庆邮电大学，西邻崇文路。小区共计22栋老旧居住建筑，分为新建街1号、3号、5号、7号、9号。新建街1号共4个单元住户，新建街3号共2个单元住户，新建街5号共3个单元住户，新建街7号共4个单元住户，新建街9号共9个单元住户。南岸区地处长江、嘉基地位于南岸区南山街道。南岸区地处长江、嘉陵江交汇处的长江南岸，辖区面积262.43平方千米。西部、北部临长江，与九龙坡区、渝中区、江北区隔江相望，东部、南部与巴南区相接。南山街道位于重庆主城南山风景区的核心区。

基地地处崇文路、黄明路两公路交会处。周边交通便利。基地周边教育、医疗、商业、公园配套齐全，生活氛围浓厚，但部分设施老旧、部分基础设施缺少、空间利用和管理仍存在不足，需进一步进行提升与整治。

南山街道的旅游景观十分多样化，有老君洞、文峰塔、老龙洞、宋代瓷窑遗址、陪都遗址、黄桷古道、涂山雕塑园、一棵树观景台、贵州商会馆、云南商会馆等名胜古迹。

教育资源丰富，背靠重庆邮电大学，北邻黄桷垭小学，周边有广益中学、重庆第二外国语学校。

2）重庆市南岸区黄桷垭社区人文环境问题诊断及改造策略

（1）重庆南岸区黄桷垭人文环境问题诊断

①环境风貌：重庆黄桷垭社区有诸多问题，包括建筑维护不足（如外墙砖脱落、电线杂乱）、公共空间缺乏规划（空间被闲置或过于狭窄）、地面铺装缺乏统一风格，以及步行和车行道路系统狭窄且拥挤，导致通行困难。此外，由于地形高差和缺乏无障碍设施，限制了残障人士或行动不便者出行。这些问题综合影响了社区居民的日常生活质量和社区的整体环境。

②生态建设：重庆黄桷垭社区的居民对种植极感兴趣，使得社区的绿化环境既丰富又茂密，但由于管理不善，出现了一些问题。部分居民在公共空间私自种植蔬果，违反了公共空间共享原则，影响了社区美观和他人使用权。同时，规划的绿化区域时常被踩踏，作为捷径使用，或者将绿化区域随意丢垃圾，毁

坏环境，损害植被并对环境造成潜在负面影响。这些情况反映了社区在绿化管理和居民行为规范方面需要加强。

③人文关怀：重庆黄桷垭社区在人文关怀方面存在显著不足，主要体现在居民认同感低、社区服务缺失、对弱势群体的考虑不周以及邻里交流的局限性。由于社区环境问题多且管理机制缺乏有效沟通渠道，居民抱怨增多，认同感降低。社区的物业管理缺失，尤其影响了中老年人和儿童这两个弱势群体，使得他们的出行面临安全性和便利性挑战。尽管社区中年人群体较大，促进了一定程度的邻里交流，但这些交流活动并未能有效改善社区整体的生活氛围和提升居民满意度。

④历史文脉：黄桷垭社区拥有丰富的历史文化底蕴，其历史可以追溯到清光绪十五年（1889年）。这个区域经历了多次行政区划和名称变更。从最初的崇文场、文峰场，到民国时期的崇文乡、文峰乡，再到黄棉堙镇和黄确堙乡的设立，每一次变化都反映了时代的发展和社会的变迁。1954年建立的黄桷垭街道，1961年的文峰公社和南山公社的成立，以及后续的更名和合并，都标志着这个地区的行政和社会结构的演变。直到2006年，黄桷垭镇和南山镇的撤销以及南岸区南山街道的成立，都是这一历史进程的组成部分。然而，尽管社区周边的黄桷垭老街以其抗战文化、火锅文化和驿站文化吸引着人们的注意，社区本身的历史文脉在这些变迁中似乎逐渐模糊和缺失。这种历史文脉的缺失可能影响了社区居民对自身文化身份和历史传承的认同感。

⑤服务设施：黄桷垭社区的生活设施存在着很多不足，休息设施不足且简陋，甚至许多居民自发性地将家里的板凳放在公共空间，健身设施十分缺少，三个院落中只有一个院落有几个健身设施供老年人使用。娱乐设施几乎没有，孩子在社区里玩瓷砖的现象令人心酸。这些基础的设施需要添加或者改进，同时针对社区的弱势群体，也没有考虑到相应的无障碍设施。

⑥文化内涵：黄桷垭社区不同于其他社区，其社区不仅是拥有传统的居住小区，同时更是融合了商业文化的综合小区。黄桷垭小区本身所具有的生活记忆，生活氛围感是其文化内涵体现，但是因社区的环境风貌的破坏、生态建设的缺乏、人文关怀的不足、历史文脉的漠视、服务设施的不足等导致社区的文化内涵没有真正体现出来。

（2）重庆南岸区黄桷垭社区改造设计策略

针对上文梳理总结的城市老旧社区人文空间现存问题，并基于第4章的原则策略，从场所记忆、人文方面、空间活动三个方面提出人文环境改造策略（图4-1）：

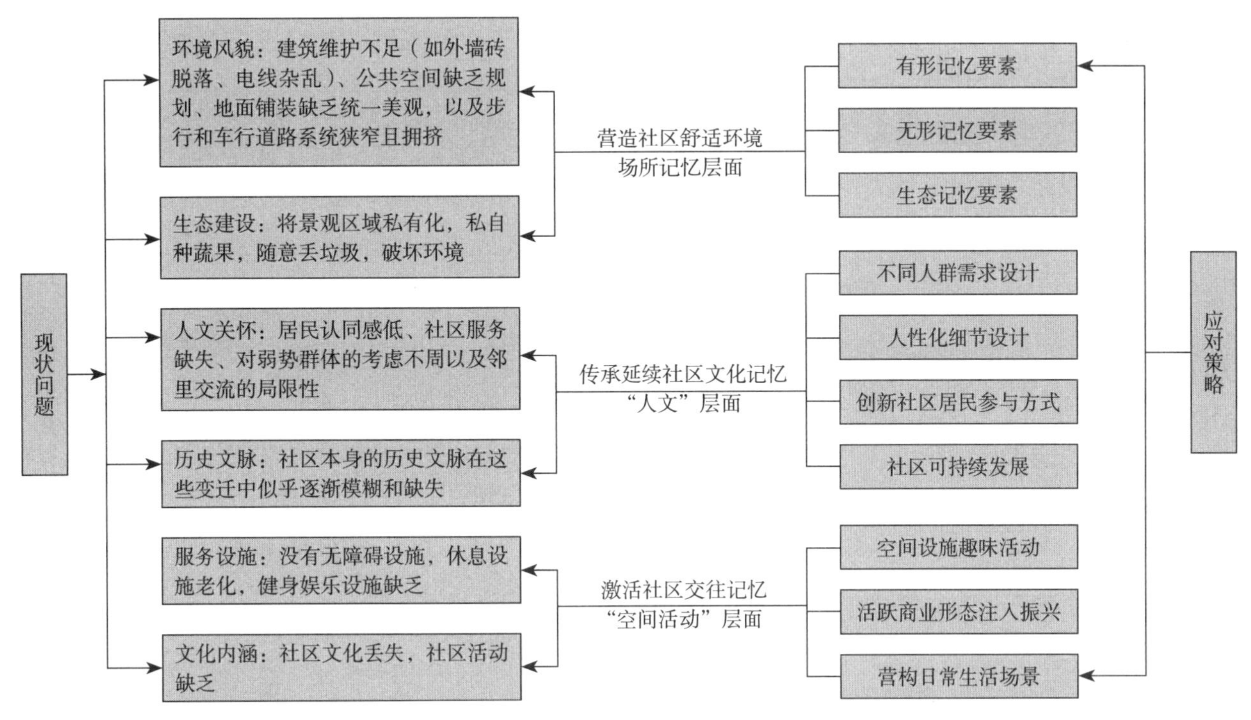

图4-1　黄桷垭社区改造策略

3）场所记忆视角下黄桷垭老旧社区人文环境改造设计实践

（1）黄桷垭老旧社区人文环境定位与设计理念

黄桷垭老旧社区人文环境定位：寻场所记忆，持烟火气息。这一份生活气、烟火气以及老旧社区的场所记忆，就是在时间的洗礼下一点一点形成的，这份场所记忆也是作为延续社区文化与保留居民生活方式的主要载体。以乐为主题，在社区里找到8个场所，去实现个人的自娱自乐、同伴的欢声笑语、孩童的童趣之乐、家人的阖家欢乐，最后呈现出社区的安居乐业状态。

根据理念，找到社区中的休憩场所、娱乐场所、邻里交流场所、社区生态场所、居民生活场所、文化场所、历史记忆场所、健身场所，并根据这8个场所进行设计定位。

将这8个场所分别对应黄桷垭社区的3个院落，并根据每个院落的特点进行定位。例如，院落1被定义为友好社区，以邻里交流场所为主；院落2被定义为文化社区，以历史记忆场所为主；院落3被定义为生态社区，以社会生态场所为主（图4-2）。

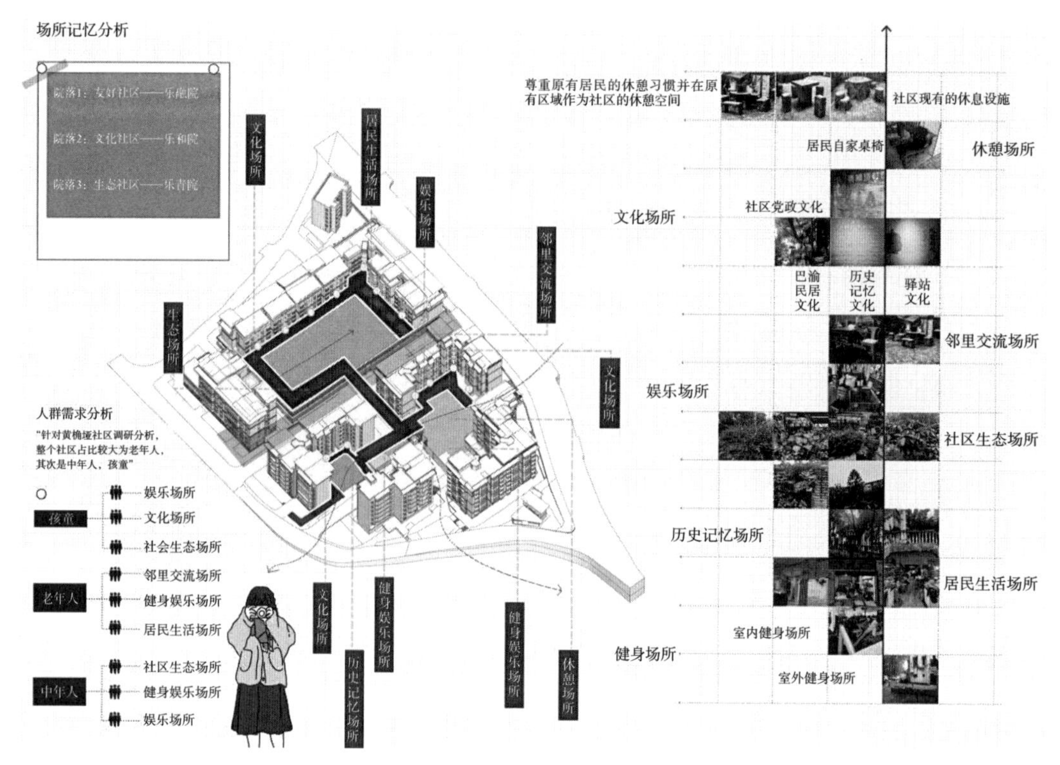

图4-2 黄桷垭社区院落愿景

（2）织补社区空间形态——营造场所记忆空间

在对重庆黄桷垭社区进行人文环境定位和设计理念规划的基础上，本次改造的核心目标是在尊重并保留社区原有院落结构的前提下，进行精细化和文化性的场所改造。这意味着在不显著改变社区原始布局的情况下，对现有空间进行优化和升级，以填补社区中缺失的设施，并对老化的设施进行必要的翻新和完善。具体而言，改造将着重于增添和完善休闲、娱乐和健身等设施，同时融入地方文化元素，以增强社区的文化氛围。通过这些改动，旨在创造出既舒适又充满地方特色的公共空间，促进居民与社区间的互动和联系，从而培育出独特的场所记忆。

这样的改造不仅提升了社区的功能性和美观度，还有助于加强社区成员的归属感和认同感，使社区成为居民生活中不可或缺的一部分，丰富其日常生活体验。通过细致入微的改造和升级，黄桷垭社区将成为一个更加和谐、充满活力的居住环境。

院落1和院落2场所改造：根据居民的日常活动进行点状式场所记忆植入（图4-3 ~ 图4-7）。

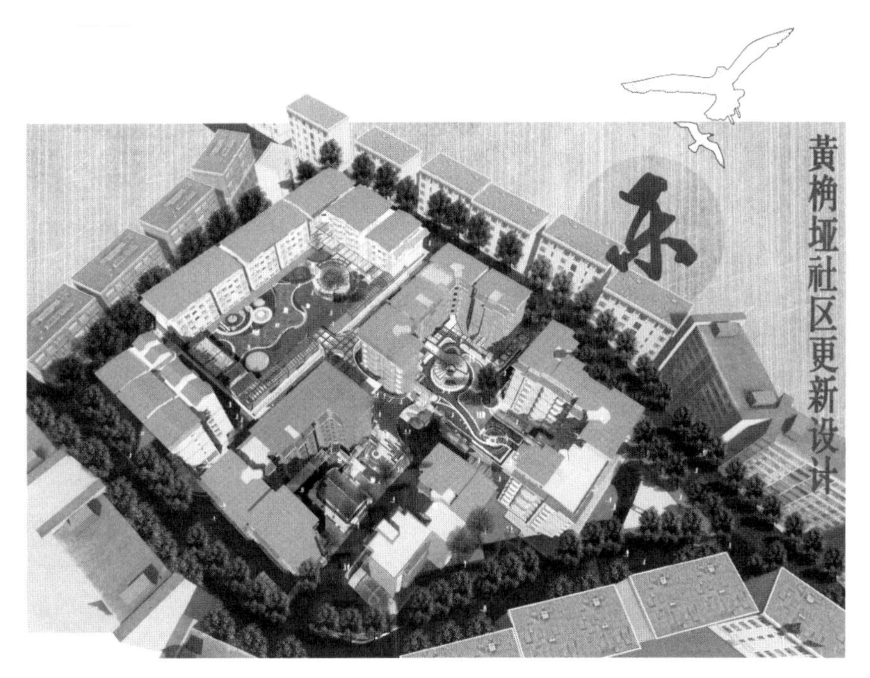

图4-3　黄桷垭社区院落1场所改造-1

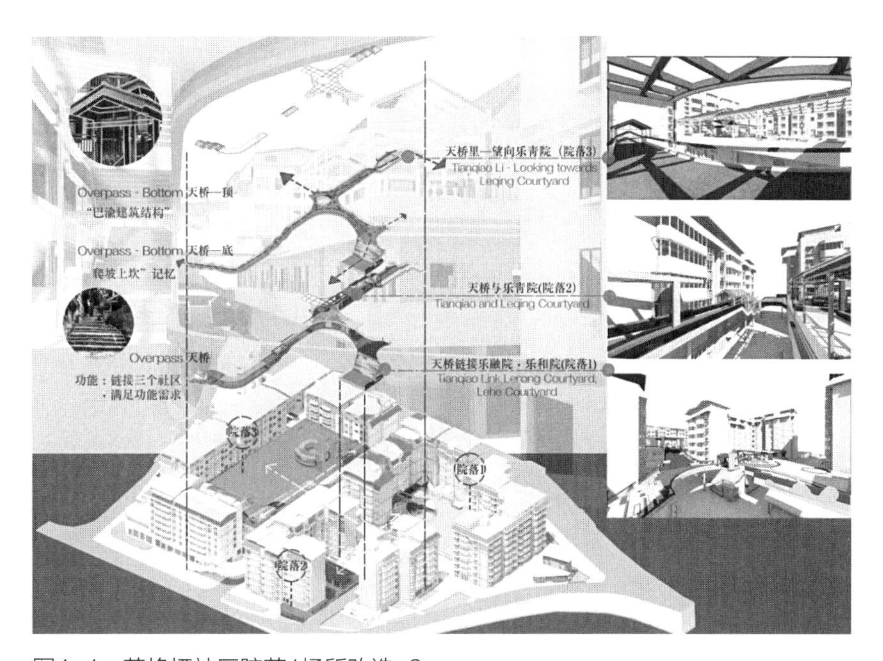

图4-4　黄桷垭社区院落1场所改造-2

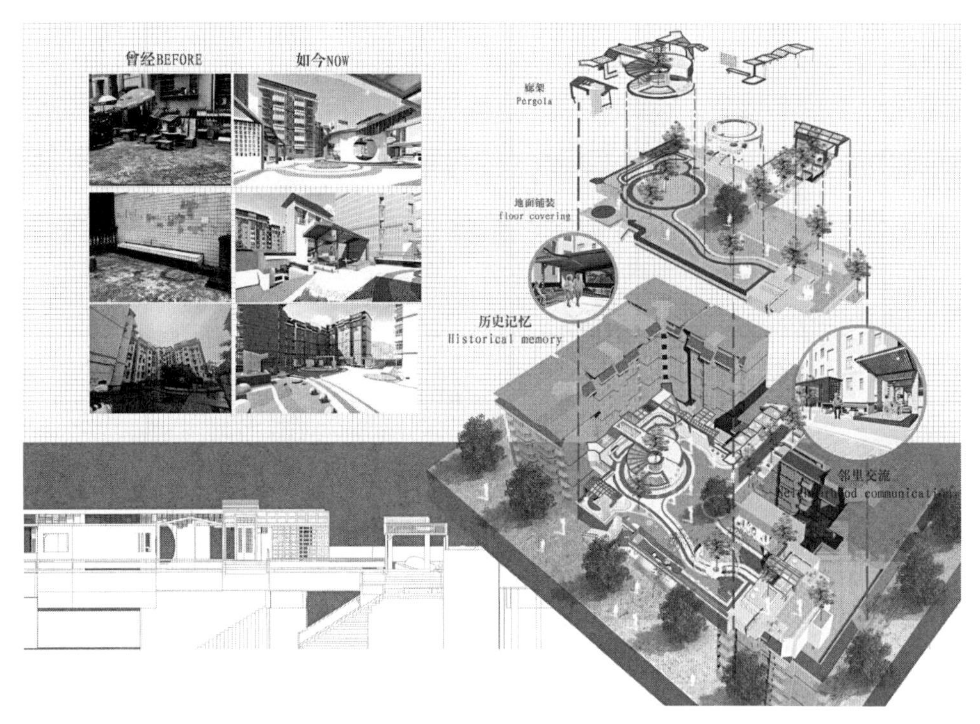

图4-5　黄桷垭社区院落2场所改造-1

图4-6　黄桷垭社区院落2场所改造-2

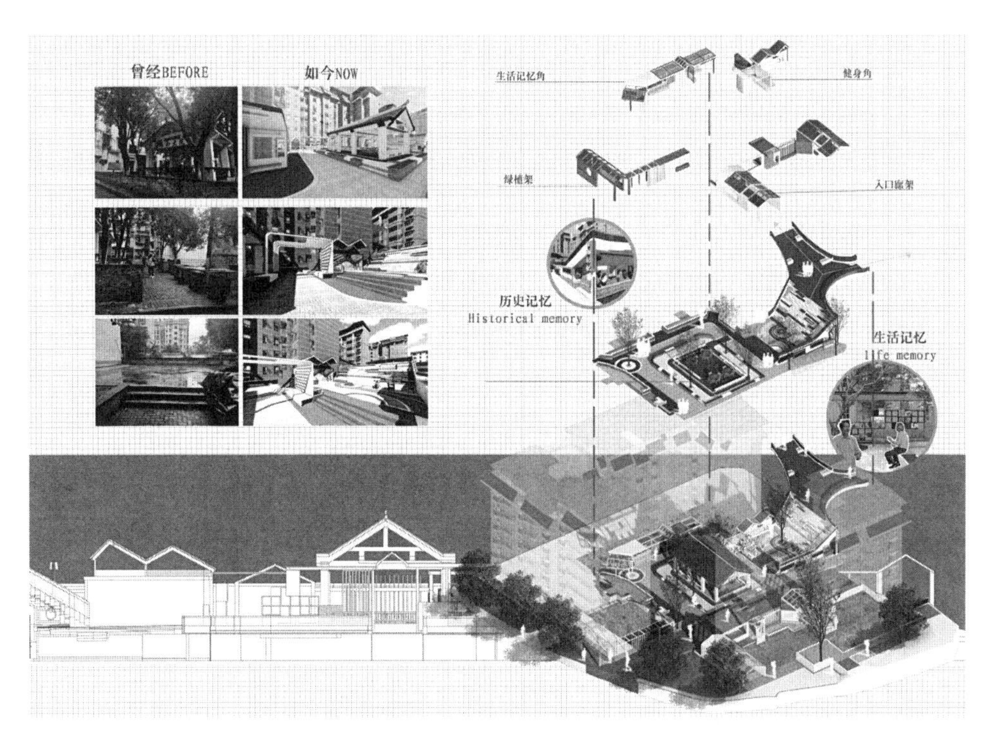

图4-7　黄桷垭社区院落3场所改造-3

第5章

在地性

本土文化与城市更新

5.1 本土文化与城市更新

5.1.1 本土文化概念解析

1．文化

“文化”一词的来源可以追溯到拉丁文中的“cultura”，它原本指“耕种”或“栽培”土地的行为和过程。在古罗马时期，这个词汇被用来描述农业活动，后来逐渐扩展到形容其他形式的培育和发展。随着时间的推移，“文化”一词的含义逐渐发生演变，涵盖了人类社会各个方面的发展和进步。现代对文化的理解更为广泛，它不仅包括文学、绘画、音乐、舞蹈等艺术形式，还包括社会制度、价值观念、习俗风俗、宗教信仰、科学技术、生活方式等方面。因此，从最初的农业耕作的含义扩展到现在的多元化和广泛性，文化一词已成为描述人类社会各个方面的综合性概念。

在环境设计学中，文化被视为城市空间的重要组成部分，影响着空间的布局、设计理念和使用方式。威廉·J. 米切尔在《城市设计的复兴：数字城市规划和新技术》一书中提到：“文化是城市设计的重要因素之一，它反映了人们对城市空间的理解、感知和使用。”埃德温·赖明在《城市设计：原理与方法》一书中解释道：“文化在城市环境中具有多重意义，它影响着城市空间的形态、功能和氛围，体现了城市居民的生活方式和社会习惯。”

2．本土文化

本土文化是指特定地域或社区内形成的独特文化形式和传统，反映了当地人民的历史、生活方式、艺术和习俗等。本土文化强调了地域性和民族性，是地方社会精神和文化认同的体现。它通常反映了特定地区的地理环境、历史背景、社会结构和人们的生活经验，具有浓厚的地方特色和民族风情。本土文化的相关理论包括多个学科领域，如人类学、社会学、文化研究、民俗学等，主要研究本土文化的形成、演变、传承和变迁，探讨本土文化与全球化、现代化、多元化等因素的关系，以及本土文化在社会发展和文化认同中的作用和意义。

5.1.2 本土文化与城市更新

城市更新通常被视为对城市基础设施、社区和经济进行改善和发展的过程。然而，这个过程可能会对本土文化造成一定程度的影响，有时候可能会导致本土文化的消失。本土文化可以在城市更新的进程中增强居民对城市的认同感和归属感，反映城市的历史和文化，维护城市的历史连续性和文化传统。因此，为了确保城市更新的成功，必须考虑到本土文化，并在更新过程中加以保护和促进。

1. **文化调研与认知：**在开始城市更新项目之前，进行本土文化的调研和认知工作至关重要。应了解本土文化的历史、特点，以及当地居民对本土文化的认同和情感连接。

2. **保护本土建筑与遗产：**重视和保护具有本土文化特色的历史建筑和遗产，是保护本土文化的重要措施。在城市更新中，应该设立相应的政策和机制，加强对本土建筑和遗产的保护与管理。

3. **融合本土建筑元素：**在新建和改建项目中，融合本土建筑风格和元素，是保留和弘扬本土文化的有效途径。可以借鉴传统建筑造型、材料、色彩和装饰等元素，体现本土文化的独特魅力。

4. **利用本土材料与技艺：**在城市更新的建筑和景观设计中，优先选择使用本土材料和技艺。这有助于减少对外来资源的依赖，同时促进本土材料和技艺的传承和发展。

5. **宣传推广本土文化：**加强对本土文化的宣传和推广，有助于增强居民对本土文化的认同感和自豪感。可以通过文化教育、宣传展览、文化节庆等方式，向公众展示本土文化的历史、传统和价值。

6. **举办本土文化活动：**在城市更新项目中，举办各种本土文化活动是促进本土文化传承和发展的重要方式。可以组织传统节庆、民俗表演、手工艺展销等活动，吸引居民和游客参与，散发本土文化的魅力。

5.2 在地性保护与创新：城市历史文化区更新与改造研究案例分析

案例：乡土文化在重庆渝西南小城镇风貌设计中的应用研究——以西彭长石老街改造为例

莫　阳

1．乡土文化理论下小城镇风貌设计策略

1）乡土风貌设计原则

（1）地域特色原则

地域特色原则是强化小城镇间的特色，增强小城镇的可识别性，发挥小镇文化建设中的差异化建设，将乡土文化的差异性应用到小城镇建设的差异中，避免“千镇一貌”。进一步强化地域内小城镇的历史文化、民俗文化，并将其融合、提炼，应用到小城镇差异化建设和发展中，以此来体现小城镇的鲜明特色。

（2）乡土风貌资源维护原则

乡土风貌资源是小城镇特色风貌发展的基础。以文化来强化地域特色、展现魅力。构建特色小城镇，在乡土风貌资源的维护上应结合小城镇具体现状，保护当地原有的风貌资源，“去粗取精”，应用科学的方法将这些风貌资源进行合理规划和布局。

（3）生态环境优先原则

在生态环境日益恶化的背景下，小城镇风貌设计应首先考虑生态原则。要把“绿水青山就是金山银山”这一理念融入特色小城镇的建设。就小城镇发展过程中的生态问题，应整合、利用当地已有自然生态资源，提出合理、高效的生态发展要求。在具体的规划设计过程中，应尊重地区自然景观和生态发展模式，尽可能做到不开山、不填湖、不伐古树。在考虑优化保护生态环境的同时，丰富地区的特色景观要素，以此体现出小城镇风貌的多样性。

（4）适宜性与实用性原则

对小城镇进行设计改造时，不应该直接照搬、照抄经济发达地区的城市风貌塑造模式，应该更多地结

合该地区小城镇区域状况、经济实力、居民、诉求等。同时，应结合当地的历史文化和民俗文化，提取和保留兼具实用性和审美性的特色文化要素，如建筑的结构、建筑的装饰、建筑的色彩、民风民俗、戏剧等。以提升居民生活质量为基础，具体风貌实施问题具体分析，以此突出适宜性和实用性。

2）保存小城镇乡土文化肌理的人文特色景观

（1）小城镇空间及尺度的再营造

①广场空间

广场的核心是人，从人的角度出发，充分考虑人在广场中的心理需求。总的来说，小城镇广场不宜规划过大，面积1～2公顷为宜。在广场空间的营造中需要考虑广场的尺度和比例。

依据人对环境的感受和交往空间，可分为以下4种尺寸：即25米的空间尺寸，在这个范围内，反映了人“面对面”的尺度范围，这是人与人之间观看彼此面部表情的最大距离，该距离给人较为亲切之感；110米左右的场所尺寸，这是我们较为常见的广场尺寸范围，也是较为适合小城镇广场空间的尺度；当尺寸大于110米时，过大的空间就会使人产生空旷的感觉，不但不能营造出亲切的氛围，还会使人自觉渺小。当达到390米左右的领域尺寸时，是超大城市的中心广场尺寸，给人一种宏伟、深远的感觉，在小城镇广场中这样的超级大尺寸不太适用。广场一般采用硬质铺装，使其成为人流聚集和展示小城镇历史文化风貌的最佳场所。

②街道空间

街道协调着人与人、人与车、车与车的关系，同时也有助于街道空间和城镇风貌的营造。街道内外人车流线的互不干扰在小城镇街道空间的营造街道中尤为重要。将人车分流，人与车各行其道，注重街道与周边建筑尺度的合理性，激发街道活力，增强街道空间的归属感。

在小城镇街道空间规划时，应考虑街道两侧建筑高度和街道宽度的比值，该比值不宜太大，否则街道空间的界定感变弱，产生空间分散感，使人感到自身渺小、场地空旷。小城镇街道两侧建筑物的高度和街道宽度比例为1∶1～1∶2为宜。当街道两侧建筑物的高度和街道宽度相当时，街道空间的界定感很强，给人以安定感；当街道两侧建筑高度和街道宽度的比例为1∶2时，建筑与街道的关系密切，产生较为积极的街道空间。

确保街道空间内整体的建筑形式和建筑风貌协调统一。人行走在街道空间中，优美的绿化景观设计可以延长人在空间中的活动时间，提升整体街道空间的活力。同时，沿街的绿化景观设计应结合当地的地形和地势加以考虑。

③公园空间

与小城镇的广场和街道空间相比，对公园空间影响最大的是自然环境和地形地貌。因此，在小城镇公园空间的营造中，对山、水等自然景观加以合理地规划创造，巧妙地利用现有地形地貌结合建筑物、构筑物、植被等丰富空间，突出人与场所的关系，使之更具有活力。在保持公园空间风貌与小城镇整体风貌协调统一的同时融入乡土文化。采用创新思维手法，考虑公园空间中休闲场所的构建，以人的行为规律和习惯为设计标准，设置具有该地区象征性、符号性的雕塑、座椅、廊架以及构筑物。

（2）建筑形态及外观的乡土化整治

在建筑的形式上部分受相关法律法规保护的文保类建筑，一般不得进行改造。改造主要针对与该地区小城镇整体风貌不符合的新建砖混结构建筑，即“小洋楼”式砖混结构建筑。改造建筑多参考该区域传统的民居建筑，从中提炼出最具有代表性元素将其符号化、图像化，并与现代建筑材料和建造手法相融合。

保持整体建筑风貌的视觉效果，呼应自然山体的轮廓线，提升建筑与建筑、建筑与环境之间的层次感，维持原有建筑的高度，确保建筑与自然环境的和谐。笔者认为，小城镇的建筑实际高度一般不应超过10米，标志性的构筑物高度宜控制在15米以内。保证街道两侧建筑的高度和街道的宽度比在1：2的范围内，这样的比例关系有助于营造良好的城镇风貌，使人、建筑、街道的关系更加密切。

在自然环境、传统建造工艺以及人居舒适度的影响下，传统小城镇的建筑体量整体不会过大。小城镇的乡土色一般为灰色系。灰白色的墙面、灰色的屋顶、棕褐色的门窗、搭配青灰色或黄褐色的装饰。建筑整体与自然环境对话，与自然相融。

3）挖掘乡土文化深层次内涵

（1）传统与现代的结合

在小城镇特色风貌的营造中，一方面将“乡土文化”理念融于小城镇建设的始终。“乡土文化”理念的特色是由该地区的历史和民俗所造就的，应对其进行合理地组织，以体现区域文化特色；另一方面，应尽可能满足新时代条件下小城镇居民对生产生活环境提高的期望与需求。应用现代的新型材料、施工手法来改善建筑及周边环境，满足居民的生活需求，提高居民居住的舒适性。

传统和现代结合可以从以下几个方面加以思考：材料的现代化、结构形态现代化、施工工艺及表现现代化以及技术的传承性。将现代新型材料应用于小城镇的建设，现代新型材料的易塑性、轻便性、可再生性等，可以节约小城镇的建设成本；将当下的新兴技术应用到建筑的结构形态中，可大大降低结构对空间利用率的影响，同时也可以较好地解决通风和采光等一系列问题，使居民对空间功能的使用需求得到进一步满足；施工工艺伴随着科学技术发展和建造水平的提升，在效率和施工的完成度上都可以得到保障，这样也有利于对小城镇乡土风貌的还原和再现，保证小城镇风貌的可持续性发展；技术的传承性，可以理解为人们在应用现代的建造技术时，也不断地从传统的建造技术中学习，并将学习到的建造技术与现代的建造技术相结合，这样使传统的建造技术精髓得以传承和延续。传统和现代结合，不只是为了简单地追求小城镇风貌建设的形似或者神似，而应该追求其更深层次的内涵。传统文化和现代思维相结合的倾向性将会决定小城镇乡土风貌最终的展现效果。从相关管理部门的角度思考，当下应因地制宜地完善对不同地区的建设管理，保护传统风貌地区和历史街区；进一步加强对小城镇新建建筑形式的监督和把控，鼓励小城镇居民在建设中应用现代材料，沿用传统技术。现代材料的应用，可大大减少对山体的开采和树林砍伐，且新型建筑材料多为工业化流水线产物，外观高度一致，整齐划一，且易塑、轻便、可再生，可以节约小城镇的建设成本。

（2）多角度开发乡土文化景观

自然环境是一个地区最容易被直观观察的，在进行小城镇景观风貌规划开发时，应全方位、多角度地对这一区域自然环境进行分析调研。同时，结合小城镇的整体布局、资源配置和居民的生活需求，科学合理地规划，以此作为小城镇开发乡土文化景观的基础与前提。

伴随着社会发展，每个地区都形成了独一无二的历史文化观念。这一文化观念影响着世世代代生活在此地的居民，深入到他们生活的各个方面。只有把握好该地区的历史文化背景，将其文化内涵融入到风貌设计之中，尽可能多地让该地区居民参与到特色小城镇乡土文化风貌的建设中，让居民在参与中得到最大利益。

乡土文化景观的利用与开发是一项漫长而复杂的工程，政府应该出台一系列传承与发展措施，为乡土文化景观风貌的开发工作作出指导和调节。政府有关部门参与规划与管理，做好组织与引导工作。给小城镇乡土文化景观的开发和发展创造出良好的条件。

乡土文化元素是乡土文化最基础的概念。我们要研究乡土文化这一概念时，就需要从它的每一个元素出发加以分析与研究，最终才能呈现出一个完整的乡土文化体系。乡土文化是一个抽象的概念，将抽象的乡土文化融入到极具可视性的景观作品中，并应用到小城镇乡土文化风貌的建设中，是非常有意义的。

（3）丰富乡土文化内涵

在实地调研中寻找小城镇的历史演变，强调小城镇历史文化的传承性和创新性，乡土文化在小城镇风貌建设中应首先考虑小城镇居民的生活环境，并将其放在小城镇风貌建设的始终。把该地区居民的生活因素放在首要的位置加以思考，营造出适应于该地区居民生产生活的空间环境，使之成为温馨、便捷、具有浓郁地方特色的生活空间。

包容多重文化对小城镇乡土风貌建设的影响，吸收这些文化中适应本地区小城镇发展的因素，将丰富的艺术形式和该地区传统文化相结合，激活文化产业的发展。在丰富该地区乡土文化内涵的同时，使小城镇乡土风貌建设朝向更加健康的道路上发展。

4）构建精神诉求、展现生活品质

（1）小城镇乡土特色资源凝练

乡土文化是小城镇风貌设计的重点，是发挥区域特色的思想文化源泉。因此，需要对小城镇乡土特色资源进行提炼。通过对小城镇留存的历史古迹，以及当地居民口口相传的故事、野史、怪谈加以探索。在小城镇乡土风貌设计中应用历史资源，以载体的形式将历史具象化、可视化，应用到小城镇乡土文化风貌的建设中，如修建景墙，将小城镇的历史以文字、图像或雕塑的形式置于景墙之中，当居民走过景墙时，小城镇的“沧海桑田”尽收眼底，使该地区特色的乡土文化风貌得以延续。

维护乡土文化的原真性是创造小城镇特色风貌景观的根本。一方面，建筑在改造或新建时应该保留原有的建筑形式，如建筑的布局、外立面等。在对具体小城镇乡土风貌设计规划时，将新旧材料结合，在回收当地传统建筑材料“以旧修旧”的同时也融入现代的新型材料，用新材料、旧工艺修建乡土风貌感强的新建筑，达到整体乡土风貌的统一；另一方面，保护文化的原真性，保护该地区的历史文化遗产，它反映出了一个时代的文化，是当地居民的精神寄托，应合理有效地对其进行传承和发展，尽可能地了解和应用民风民俗。民风民俗是乡土文化在人文关系中的集中体现，它深刻地反映出该地区的历史文化底蕴。民风民俗是一个长期的演进过程，乡土文化不断发展，风俗习惯不断变化更新。设计者需要做的就是在具体小城镇风貌规划中，为民风民俗保留或提供合理的空间，让其可以进行良性发展。

（2）空间感知与民俗活动

在具体的空间营造中，应用文化元素将抽象的传统符号和现代景观元素相结合，应用到空间营造中，当该地区的居民看见这个“符号”时，会有亲切感和归属感，并引发人的无限遐想，延长在该区域的逗留时间，提升景观空间的利用价值。

小城镇的乡土文化与人类初始的农业活动有着千丝万缕的联系，并且农业社会的人文关系和生活状态也与乡土文化难以分割。因此，要从生活场景中通过具体的时间和事例再现乡土文化“非物质”方面的传统。如早上的田间耕作、晚上的屋内纺织，这种淳朴的田园生活就是最好的刻画和体现；早春田间的播种情景、夏季院落的炊烟袅袅、秋季金黄的收获季节、冬季热闹的节庆时刻；通过对这些每日、每月甚至每年的日常生活模拟和再现，唤醒人们对于传统文化的记忆，使该地区居民内心深处产生共鸣。对于空间的感知和民俗活动的结合，可以模拟和再现传统的生活场景，并将其融入到具体的景观建筑之中，可以是真实、细致的一比一还原——对传统日常生活模式的模拟和延续；也可以是发挥想象力创造性抽象模拟——利用文字、图像、雕塑对这一生活模式的可视化模拟和延续。不仅可以体现出设计者的文化认同，更体现了文化的生命力和创新力，使渝西南小城镇在风貌设计上更具乡土文化特色。

2．渝西南小城镇乡土风貌设计策略的应用

1）渝西南古镇调研与分析

（1）案例分析——九龙坡区走马古镇

走马古镇概况：走马古镇“国家级历史文化名镇”是重庆市九龙坡区辖镇，地处重庆西南部，距重庆市中心21千米，从主城区出发大约20分钟可达走马古镇。走马古镇历史文化悠久，自明代以来便是成渝路上的重要驿站。

走马古镇风貌规划策略：走马自古有“一脚踏三县”之称，交通区位优势非常明显。走马古镇整体风貌原汁原味，以展示古镇悠久的走马文化。古镇恢复多个传统历史建筑群，修复古成渝驿道，打造驿道文化区。修建非物质文化遗产展示厅，展示走马古镇独特的民间文化。独特的风貌也为周边居民提供了观光、旅游的景点。

（2）案例分析——巴南区丰盛古镇

丰盛古镇概况：丰盛古镇是重庆市巴南区辖镇，地处重庆西南部，距重庆市中心60千米。丰盛古镇历史源远流长，文化积淀深厚，《巴县志》中记载宋朝已建镇。

丰盛古镇风貌规划策略：丰盛古镇较好地保存了明清时期巴渝古朴的城镇风貌，四合院、宫、殿、堂等中国古建筑散布其中。政府在保护古镇的同时改善基础设施，提高城镇品质，开发旅游资源。丰盛古镇利用当地丰富的历史文化资源开发当地文化产品，促进古镇发展，如古镇的美食以展示活动的方式，吸引游客前来品尝，以旅游带动古镇发展，弘扬古镇文化。

（3）案例分析——江津区中山古镇

中山古镇概况：中山古镇俗称“三合场”，又名“龙洞场”，是重庆市江津区辖镇，地处重庆西南部，距江津城区56千米，距重庆市中心96千米。古镇历史文化积淀深厚，在《清溪龙洞题名》碑刻中记载中山

古镇有八百多年的历史，2002年被评为“重庆市历史文化名镇”。古镇老街沿笋溪河而建，是迄今西南地区保存规模最大且最完整的山地民居建筑群。

中山古镇风貌规划策略：以古镇老街及老街周边的院落为景区建设的核心，打造老年产业园；北部以“爱情天梯”及四面山为景区建设的核心，推出以“爱情”为主题的民俗文化活动；东部以石天井及大园洞为景区建设的核心，打造古镇森林氧吧。

2）渝西南小城镇乡土风貌的特征

（1）地域性特征

渝西南地区内水系丰富，地势起伏多变，地形以山地和丘陵为主，整体日照充足，雨量丰沛，动物资源和植物资源相对丰富。良好的自然条件使渝西南地区小城镇在生态环境方面以及自然景观方面呈现出独特的自然风貌。受自然环境的影响，渝西南地区常见的传统建筑为吊脚楼，其形式多为坡屋顶、青瓦白墙、木质结构和穿斗式拉网构架，黏土和糠夹竹篾支撑墙面，青砖和岩石用于基础墙体。渝西南地区小城镇风貌的地域性对特色小城镇的建设和发展具有重要的指导意义。

（2）传统性特征

渝西南地区小城镇乡土风貌的传统性起源于农业社会，在漫长的历史中得到不断地发展和传承，是渝西南地区劳动人民为了更好地适应在该区域的生产生活，在和大自然的抗争过程中进行文化的创造和积累。它记录着我们祖先的智慧，烙下深厚的传统文化印记。

在传统节日方面，春节前的“转转饭”，初一的“子时香”，正月十五的“千米长宴”，春节期间的龙灯、花船表演等；在建筑方面传统的装饰雕花、细部构件等。对渝西南地区挖掘乡土文化传统性中蕴含的积极因素，加以合理应用，有利于推进中国特色小镇建设发展。

（3）包容性特征

历史上渝西南地区受“湖广填四川”运动的影响，吸收了中原文化、荆楚文化、南粤文化、古越文化、滇文化乃至儒、释、道诸多文化，呈现出一定的文化包容性和多元性。中华民族的伟大正是在于其在文化层面的包容性上。乡土文化在发展的过程中，对于外来文化采取的是求同存异的态度，以自身强大的文化影响力消化和吸收它们并为己所用，从而避免由排异文化引起的冲突。在渝西南地区，小城镇的文化推动了小城镇历史的发展，小城镇历史的发展又组成了小城镇的记忆，小城镇的记忆进而造就了小城镇的独特认知，成为小城镇居民日常生活的一部分，从而构成了渝西南地区独具特色的小城镇风貌。

包容性是渝西南地区特色小城镇建设和发展的“不二法门”，只有这样才能使渝西南特色小城镇的建设朝向更加健康的道路上发展。

3）乡土风貌在渝西南小城镇设计中的表现手法

（1）体验式空间的营造

①人与街道景观元素的沟通

在渝西南地区小城镇街道景观风貌设计中应当结合各种景观要素来营造人对街道环境的感知体验。通过建筑、道路景观、雕塑以及植被等要素给予人视觉、听觉、触觉、嗅觉等直观感受，使在此环境中的人留下深刻印象。

如九龙坡区的走马古镇，明朝时期便设有驿站，是往返川渝地区商人的必经之路。古镇统一的吊脚楼建筑、青石板道路铺装、黄桷树绿化，以及较为合适的住宅与街巷比，营造出舒适、温馨的生活空间。古镇通过浮雕和圆雕相结合的形式对小镇曾经的生活方式以可视化模拟和延续，将古镇悠久的“茶马古道”历史演绎出来。行走其中，踏在被历史打磨得光滑而圆润的青石板上，看着雕塑演绎出曾经发生的故事，听着村民在黄桷树下的茶馆中谈笑风生，让人沉醉此景中。通过协调各种环境要素对人感官的影响，形成人对街道空间环境的认同感，也凸显了小镇的特色。

②创造多样的活动空间

设置多样的活动空间让居民参与进来，可以有效增强环境与人之间的互动性，让人可以直接参与到该空间中进行体验。以街道为轴线将其串联起来，合理塑造道路两侧的景观，利用该地区独特的地形地貌、道路形态和植被，为居民营造出一个舒适、宜人的活动空间。

如中山古镇，古镇坐落在山脚下，靠山面水，地势临山高、沿河低。合理利用了地形地貌，在山腰处设计了一条围绕古镇的廊道。廊道和古镇均依山势而建，因此在廊道中行走可以俯瞰古镇全景。为古镇居民和来此旅游观光的游客提供了一个舒适的休闲、漫步、观景空间。让人们可以直接参与到这个空间中进行体验，形成了空间与人的友好互动。

在走马古镇的茶馆中，会有说书人为茶客讲述走马的历史故事，让走马古镇的历史文化以这样一种“戏说”的方式，口口相传。营造出人与人交流和互动的活动空间，并让走马古镇的乡土文化得以传承。

（2）建筑与景观环境的融合

吊脚楼是渝西南地区传统的建筑形式，具有很高的观赏性。建筑通过与山地环境、历史文脉、地域文化的对话来确认其自身与景观环境的融合。并通过借鉴、模拟自然的方式，与周边景观环境建立起联系，依山而建，与自然环境相融合。

石头和植物的应用在整个建筑和景观环境中也具有重要作用。石头取自于自然，易被人开凿成石材，应用于建筑自身以及建筑外部空间；植物伴随季节的动态变化以及其外形的易修剪性，使之成为外部空间环境的重要元素，且植物本身也会给予人安稳之感。石头和植物的应用，可以更好地使建筑与景观环境相融合。在对渝西南地区建筑与景观环境的研究中，还应该从其建筑的层高，植被的布置、色彩以及住宅与街巷的比例，甚至建筑的观赏方式和角度上加以思考。

（3）地形结合植物

渝西南地区地势起伏多变，地形以山地和丘陵为主。植物和多变地形的结合就变得尤为重要，通过结合当地的自然地貌，营造出更加和谐的景观环境。

以走马古镇为例，古镇出入口的休闲广场处，地形与植物的结合就较为明显。入口广场和道路有十几米的高差，将地势起伏所造成的高差，以退台或绿化的形式作为广场空间中的休闲区和绿化带，这样既弱化了原有的地形高差，又以堡坎的形式加固坡地，降低了安全隐患。为了给居民提供良好的休闲活动区域，让居民行走其中不会因为过大的高差而感到不安，充分结合场地的地形、地貌，切实做到顺应自然、返璞归真、追求天趣。

4）渝西南地区小城镇乡土风貌的构成要素

（1）建筑风貌

①建筑结构

渝西南地区小城镇建筑主要可以分为两大类，即木结构和砖混结构。

受地形因素影响，渝西南传统建筑大多采用吊脚楼的形式，依山而建，整体错落有致。这种建筑形式是渝西南传统民居的精髓，具有独特的建筑文化特征。该地区于20世纪50～60年代开始修建楼房，主要公路沿线村落中预制结构的小楼房及城镇中砖混结构的多层楼房与日俱增。

传统渝西南地区建筑构架采用穿斗式结构。沿河、临江建筑多采用吊脚楼，街区主要采用二层的板壁木楼，或挑出形成阁楼，或横跨整个街道形成独特的过街楼。所谓穿斗式结构，是继承和发扬干栏式建筑结构体系，梁柱式木架承重结构，这种结构简易明确，受力传递清晰，构架间既相互联系又相对独立，构件组合简洁明快，加减适当，无论是水平方向的扩展还是竖向延伸均具有较为灵活的弹性。

②建筑材料与装饰

渝西南传统建筑材料以土、木、竹、石为主。传统建筑普遍青瓦白墙，使用木头作为其屋架构件，黏土和糠夹竹篾支撑墙面，青砖和岩石用于基础墙体。整个街区采用木质结构和穿斗式拉网构架。在沿河、临江一侧，建筑常以木板为材料修建挑楼和挑阳台等形成丰富的层次感。室内的门槛、楼梯、床、物柜一律使用木质材料。

渝西南传统建筑的装饰风格简单朴素、落落大方。通常情况下加以雕饰的部位有门窗花格、门头饰、柱头、柱基石、檐板、挑枋、走廊栏杆、转角吊柱等，其中门窗花格、挑枋、走廊栏杆、转角吊柱、吊瓜等部位为雕饰重点。雕饰的图案生动活泼，多生活化。

③建筑色彩

渝西南地区传统建筑色彩均以材料本身色泽来表达，其色调主要包括青、白、褐三色，如青灰色的瓦和石板路、石灰白或土黄色的墙面、上了桐油的棕色木构架，整体呈现出一种简约、恬淡、融于自然的亮灰色调。

（2）道路景观

道路景观展现了小城镇的整体风貌。在对道路系统规划时，需考虑道路的通达性和观赏性：通达性，可以更好地疏解小城镇内部和外部交通；观赏性，结合功能需求，营造富有特色的道路景观。

一般来讲，可以将小城镇街道类型分为交通型、商业型、漫步型、住区型四种类型。

走马古镇、丰盛古镇、中山古镇是住区型和商业型的结合体，其道路景观应该设置足够的绿地、座椅等必要的休闲设施，以满足居民和行人的交往和休憩需求。

渝西南小城镇道路景观应在考虑通达性和观赏性的基础上，定位街道类型，突出该区域的文化特色，合理控制街道界面空间规模、优化植物景观，增加公共活动场所和增设公共休闲设施，同时提炼乡土元素，将其符号化、抽象化，凸显出其本区域的特色。

（3）植物景观

植物在小城镇风貌设计中占重要地位。在渝西南小城镇植物景观规划设计中，要充分了解地区的自然条件，考虑植物的冠幅、习性以及生长速度，结合植物本身的现状、色彩和姿态进行合理搭配。保留已有古树，结合道路景观，并赋予其象征意义。渝西南地区较为常见的乡土树种为黄桷树和小叶榕。同时，可以将废弃的猪槽、马槽、陶罐作为门前种植花草的器皿，美化环境的同时也让废弃的老物件焕发出新的生命力，使之乡土氛围更浓郁。

（4）环境设施

小城镇环境设施应将功能性和形式性相结合。在环境设施的设计中应该体现出渝西南小城镇人文历史和乡土人情，同时也应该遵循经济适用与人性化等原则。

照明设计方面以保证人与车辆的基本通行为前提，丰富居民夜间休闲活动。夜间古镇街道的照明物以灯笼和竹编的灯具为主，满足街道基本照明的同时也使街道的乡土气息更浓郁。

标识设计方面，首先要发挥其在环境中的基本功能，如指引方向、介绍说明、安全提示等；其次在造型、材料和颜色上加以思考，整体造型上不宜太复杂、材料上就地取材、颜色上不突兀于整体环境。古镇中的标识多以木材和石材为主要材料，整体造型是对古镇建筑元素的提取，颜色统一于整体环境之中。

环卫设施设计方面，其实就可以简单地理解为容纳垃圾、污物的地方，规划时尽可能地避免这些设施影响到环境。若在不影响景观的同时还可以成为景观环境的一部分，那当然是锦上添花了。古镇中的垃圾桶整体造型也提取了古镇建筑元素；道路排污方面在原有青石板道路铺装上凿出镂空花纹，满足其功能的同时也增强形式美感。

（5）民风民俗

①传统节庆

春节是中华民族的传统节日。从腊月开始亲戚间要相互请吃具有“团圆”意味的“转转饭”；初一凌晨，放爆竹送年，随后要在自家屋檐下烧香，祭拜天地；春节期间喝“春酒”；大年初一早上，要去古井边烧香，并挑回一担水，寓意“银水朝屋流”；大人小孩吃汤圆，着新衣，上坟祭祖；春节期间宾客“讨茶”；正月十五元宵节在街道上摆“千米长宴”打盆上菜，村民共食；春节期间街道上轮番表演龙灯、花船等节目。

清明节祭祖扫墓的传统习俗。族长带着族人到祖坟上扫墓，“挂青”（黄白纸系于竹竿上，插于坟头），然后聚餐。村民多采野菜和糯米面做清明粑食。

端午节，西彭地区有包粽子、吃盐蛋、做香包的习俗。家家户户在门上挂艾草，还用艾草、菖蒲等草药熬水饮用或洗澡，将大蒜汁和雄黄酒洒于屋内阴暗的角落和屋前屋后，防疫除菌，有的人用雄黄酒涂在小儿额头上，保“无虫蝎之患”。

中秋节，阖家团圆之时，居民吃月饼、糍粑和瓜子，赏月团聚过节，饮桂花酒，亲朋好友互赠节日食品，儿童玩“香”和兔儿灯等。

重阳节，每逢佳节，登高望远、赏菊观花。

②生活习俗

渝西南地区人们的主食历来以米为主，以小麦面、玉米面为辅。每年的农历正月初二、十六午餐吃的肉多为回锅肉或烧白，称“打牙祭”；每年冬至前后开始杀年猪，除了招待亲朋好友外，其余用来腌制腊肉。渝西南地区农户宴席最流行“八大碗”，又称“肉八碗”，以猪肉为主，配少量鸡肉、鸭肉、牛肉、芙蓉蛋凑成八大碗，席间喝高粱酒。家庭烹调猪肉以回锅肉、粉蒸、清炖为常见，味道偏辣、偏咸。街市供应馒头、抄手、小面、稀饭等。以陶、铜、锡等材料做茶壶，以棕包、棉包保温。多饮本地产的粗茶“老荫茶”，细茶用于接待宾客和操办红白喜事。

渝西南地区各个家庭多习惯于祖孙三代同住，更以四世、五世同堂为荣。有血缘关系的同一族姓，常相邻居住。宅中的正屋由长辈居住，厢房由晚辈居住，楼屋由姑娘居住。长子结婚后父母让出正屋，自己退居厢房。贫困家庭，常有未婚男青年暂住猪圈、牛圈的习俗。婚后分家时，请亲族到场，由有声望的长辈拟定“文约”，签名画押，吃一顿分家饭，即分家立户。

③方言

渝西南地区语音与重庆市区语音基本相似，无特殊之处，与普通话相比，发音无卷舌音。西彭地区常听见方言如：巴实（合适）、麻溜（速度快）、正南齐北（确实）、老火（严重）、摆龙门阵（闲谈）、棒老二（土匪）、估倒（执意）、阴倒起（不露声色）、哈儿（傻瓜）等。

④戏曲

渝西南地区戏曲文艺活动有：川剧、打花鼓、打钱杆、打合叶、打道琴、打胡琴等。

⑤手工艺

铁匠铺、木匠房、建房子、编草鞋、编竹编等传统手工艺。

这些要素是特色小城镇发展的重要因素。如今在民风民俗的提炼和发展上，仍需要拓展更大的空间，利用有效的措施加以挖掘和充分利用，它们源于民间，充分表达乡土文化内涵，是使渝西南小城镇风貌特色更加鲜明的重要保证。

5）渝西南小城镇风貌现状问题与特色总结

（1）现状问题分析

①建筑风貌整治

渝西南地区小城镇传统建筑缺乏保护，破坏较为严重，较多的木结构夯土建筑，由于年久失修，结构已经腐烂坍塌。新建建筑在修建时仅注重功能性，并没有延续传统建筑的风貌，使之与整体的小城镇风貌不协调。

当下渝西南地区的小城镇建筑，多为砖混结构的两层“小洋楼”，在楼顶部用钢管、彩钢瓦加盖半层，用作休闲和晾晒衣服。这样的建筑形式整体怪异，与渝西南地区小城镇整体的乡土文化风貌不符。且加盖的构筑物属于违章搭建，既不美观也存在很大的安全隐患。但大面积存在即说明居民有需求，因此在整治中应该重点加以考虑。

乡土化还原建筑形式，对现状“小洋楼”建筑加以改造，恢复乡土风貌。将两层“小洋楼”的建筑墙体涂白，同时将穿斗式拉网构架图像化绘于白墙之上；楼顶部统一加盖半层，作为休闲区。应用传统吊脚楼建造技术，新老材料搭配，采用木质结构或新型仿木材料结构、穿斗式拉网构架。建筑墙体为砖混结构，顶部木质结构轻便，降低安全隐患。采用坡屋顶并加盖青瓦，这样既保存了吊脚民居建筑的建造技术，也将这一建筑形态与当下小城镇风貌建设相结合。

②道路景观

渝西南地区小城镇部分路段路面损坏严重，交通秩序缺乏规范管理，道路缺少交通标识，没有规划停车位或停车场，车辆乱停乱放、占道现象严重。小城镇老年人的占比较高，道路设计时未考虑无障碍设计。早期建设时并未设置规范的村民交易场所，传统的赶场模式下摊位占道摆放，造成街道拥堵、散集后需处理垃圾等问题。因此，需增设交通标识、规划停车位或停车场、设置规范的村民交易场所以及无障碍设施，完善道路景观的基础设施建设。

③植物景观

渝西南地区小城镇乡土乔木以黄桷树和小叶榕为主，但其冠幅大且无人修剪，影响居民日常采光，同时渝西南地区的大部分小城镇缺少提供给居民日常生活休闲为主体的绿色公共空间，居民的住宅周边绿化也十分缺乏。因此，需定期对冠幅过大、影响居民日常采光的乔木加以修剪，同时在小城镇中增设绿色公共空间，增加住宅周边绿化。

④环境设施

渝西南地区小城镇由于建设管理以及资金投入等问题，环卫设施和照明设施均不完善，电线暴露在外存在老化现象、私拉乱接现象极为普遍。因此，需完善环卫、照明等基础设施的建设，同时将线路规整并暗敷于地下。

⑤民风民俗

民俗文化自身的保护和传承体系不完善，过快的城镇化进程使得传承人断代，以及部分人为了经济利益对民俗文化的滥用，损害了其文化本意，使得民俗文化逐渐缺失。民风民俗这一行为模式对小城镇乡土风貌的构成起到了重要作用。在渝西南地区小城镇风貌规划建设中，完善对民俗文化的传承和保护体系，弘扬地区内的民俗文化，并以修建村史馆、博物馆的形式为民俗文化的保护和传承提供合理的场所，以达到延续乡土文化的目的。总之，深入挖掘该地区小城镇的乡土文化资源，设计合理的公共场所将这一地区乡土文化资源加以展示，对渝西南小城镇朝着更具特色的方向发展具有十分重要的推动作用。

（2）特色总结

渝西南地区历史资源丰富。早在五千年多年前就有先民在此繁衍生息，创造出了璀璨的“巴文化”；汉代已经形成村落；唐代江津白沙就因大圣寺气象不凡而声名远播；宋代渝西南地区便已建镇；元、明、清时期均在此设建制镇，明神宗时期，渝西南地区重镇设立水驿；民国初年，渝西南地区民族资本得以较快地发展；近代抗日战争时期，由于独特的地理位置，渝西南地区成为中国大后方援战的中心。

渝西南地区文化资源丰富，民风淳朴，至今还保留着丰富多彩的民俗活动，如悠久的酿酒技术、茶馆文化、元宵节的千米长宴、年猪节祭祖、塘河婚俗等独特的地域传统民俗。由此可见，渝西南地区小城镇凭借其独特的自然资源和人文资源，在漫长的历史发展过程中形成了独具特色的人居环境。自然资源是影响小城镇独特规划布局的重要因素之一。从其所处的整体环境来看，渝西南地区小城镇大多依山布局、依水而建。地域环境影响着小城镇的建设与发展，体现出在传统的村落规划建设中人对自然的敬畏和尊重，以及“天人合一”的朴素生态观。渝西南地区小城镇的人文资源是小城镇在漫长的历史发展过程中所积淀的文化精华，指引着渝西南地区小城镇朝着更具有特色的方向发展。

3．案例设计——西彭长石老街改造设计

1）项目概况

（1）项目背景

长石村位于重庆市九龙坡区西彭镇与陶家镇交界地段，与真武宫村和宝华村相邻。全村总面积137公顷，辖19个合作社，总人口3298人。长石村始终坚持以城乡统筹促发展、富强村、构和谐为发展目标，按照城乡管理一体化、产业培养特色化、农村居民市民化、城乡要素互动化、缩小城乡差别的四化一缩小思路，推进平台、致富、康居和保障四大工程，探索新型农村产业发展模式，发展以生姜、蔬菜、葡萄等经济作物为主导的农业基地建设和以饲养生猪为主的养殖基地建设。

（2）区位分析

长石街是贯穿长石村新区和老区的骨干道路，长石老街在长石街的中段，总长度约800米，线性分布着73栋建筑，建筑兴建于不同时期，立面风格各异，乡土风貌严重缺失。

长石村毗邻真武宫村，该村已做产业和环境的综合改造，真武宫村是九龙坡区美丽乡村的示范点。长石老街西面为西彭二中及居民聚集区，新建建筑、绿化和环境改造已经完成，景观风貌介于民国与现代巴渝新区之间，区域风貌完整；长石老街东面为长石村的二期改造工程，主要是长石未来的改造范围及产业拓展范围。

（3）自然资源分析

长石村境内以丘陵地形地貌为主，地势西高东低，与合心村交界处是整个西彭镇的海拔最低点，海拔为185米。气候温和，春秋短暂，夏季炎热伏旱，冬季多阴少晴，空气湿度大。西彭地区因受长江页岩及江津倒置山的影响，土壤主要有紫色土、黄壤土、红壤土和水稻土四类，以紫色土为主。西彭地区鸟类较多，数量最多的是麻雀，其次为画眉、阳雀、苞谷雀、白鹭等。植物资源极其丰富，主要可以分为谷类、豆类、蔬菜类、瓜果类、药类、花草类等。

（4）历史文化资源分析

长石村现存道教遗址药王观，始建于清光绪十七年（1891年），光绪三十年（1904年）重建。药王观坐南朝北，四合院布局，占地0.08公顷，分上、中、下三个殿，均为土木结构。药王是道教俗神，由中国古代历史上的名医演化而来，如春秋战国时期名医扁鹊、东汉末年著名医学家华佗、唐代医药学家孙思邈等。村民拜药王观祈求福寿康宁、身体健康、消灾解难、平平安安。

长石村村民多受道家文化的影响，相信祖宗神灵和命理相学。因此，长石村的药王观至今香客络绎不绝。

2）长石老街总体规划布局

（1）设计规划策略

针对九龙坡区西彭镇特色乡村建设的要求，结合长石村老街的现状，将乡土文化理论应用到长石老街的风貌设计中，设计理念贯穿乡土文化理论，保留整体布局和特色建筑，提升和完善基础设施，同时结合现代设计手段，强调宜居环境。以此促进长石村的整体发展，使长石村风貌更具特色，居民生活更加健康、舒适（图5-1）。

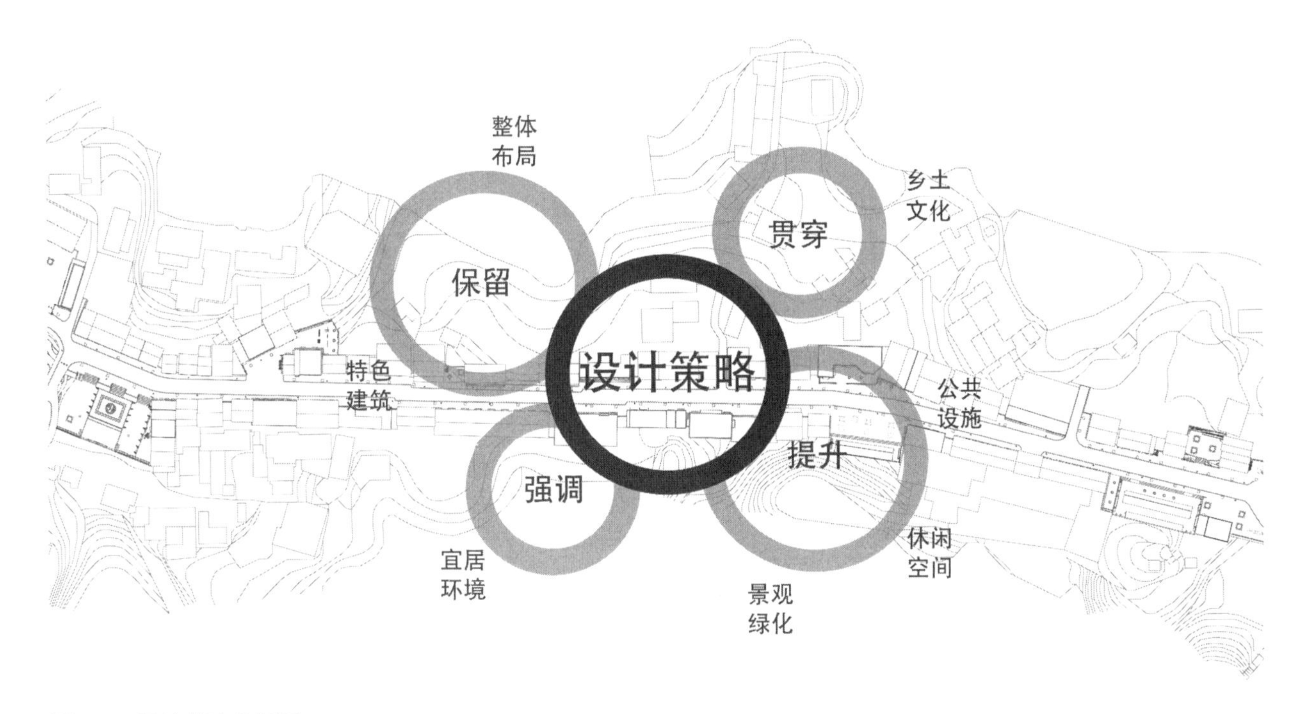

图5-1　设计策略分析图

（2）整体风貌控制

长石村以农业为主导，有着悠久的农业文化资源，在整体规划设计时将农耕文化和乡土文化元素整合与提取，将抽象的符号具象化，融入公共景观空间和街道风貌改造设计，凸显长石村的特色。长石村优良的自然环境为老街的改造建设提供了足够的乡土材料资源，如木材、竹子、毛石、青砖板等。老街的风貌建设应该以自身独特的乡土文化为根基，应用乡土材料或现代新型仿乡土材料，将其生活化、象征化和符号化，使长石老街风貌环境更具乡土文化特征。

（3）整体布局

本次景观风貌改造的区域主要是长石老街，结合当地建筑情况构建“一轴、多点”的景观风貌格局。“一轴”即长石老街，东西向是长石村对外的交通纽带；“多点”即整合现有资源环境加以合理规划，沿街利用长石老街已有空地为居民建设公共活动空间节点，包括赶集型、休闲型、文娱乐活动型广场以及生态停车场等。

3）长石老街乡土风貌详细设计

（1）建筑风貌设计

①沿街立面的整治

沿街立面改造主要是针那些和乡土文化风貌不协调的因素，如私拉乱接的电线、空调外机、五颜六色的建筑墙面和违章搭建等。拆除违章搭建、统一墙体颜色、利用传统建筑元素，对空调外机进行乡土化装饰处理，应用木或竹作为材料设计制作广告招牌，在墙面上增加木制门窗和披檐等加以装饰。通过对沿街立面的改造，改变原有脏、乱、差的环境，恢复和提升长石老街的风貌特色。

②新建筑的乡土化

老街沿街的建筑主要为居民新建的砖混式“小洋楼”，建筑风貌各异，缺乏乡土风貌。

改造中拆除现有建筑顶部违章搭建的雨棚，对其进行重新规划设计，满足居民对于楼顶空间的需求。新“雨棚”以传统建筑吊脚楼穿斗结构重新搭建，美观、稳固、安全、乡土风貌浓厚。砖混建筑墙体整体规划为白色，将穿斗式拉网构架几何化、图像化绘于白墙之上，顶部采用坡屋顶并保留青瓦。这样既保留了吊脚楼建筑的建造技术，也延续了该地区老街特色的建筑风貌。

③老建筑重生

老建筑中按照功能可划分为居住型建筑和公共型建筑：居住型建筑主要包括夯土式建筑和砖结构老建筑（20世纪70、80年代）；公共型建筑主要是指老街中的粮仓。

长石老街中夯土式建筑基本处于无人居住的废弃状态，年久失修，部分墙体坍塌，木质结构暴露。就当前情况来看，已经不再适合居民居住，但这类建筑是最能承载老街居民历史记忆的载体。因此，在对该类建筑改造时，以同样的建造工艺在破败的老建筑基础上修建新建筑。保留部分老建筑墙体，以钢架结构支撑并用玻璃罩罩住，老墙体整体不受力，以展示为主。让传统建筑和现代建筑存在于同一建筑中，让新老建筑加以联系和对话，增强历史氛围感（图5-2）。

长石老街中砖结构老建筑（20世纪70、80年代）整体保存完整，遵循“修旧如旧”的设计原则，应用现代新砖对老建筑墙体进行修缮和加固，同时以仿古门窗更换老门窗，墙体立面设置雨棚和灯具，恢复原有的风貌特色。

老街的街尾处依旧保存着两座粮仓建筑。粮食是长石村的命脉，更是国家的命脉，而粮仓则是储存这一命脉的“宝盒”，其象征意义已经远远大于建筑本身。目前由于政府的规划调整，长石村的这两座粮仓已经停止使用，其中一座也遭到了严重破坏。在对粮仓进行实地调研后，决定将废弃的粮仓改建为长石村

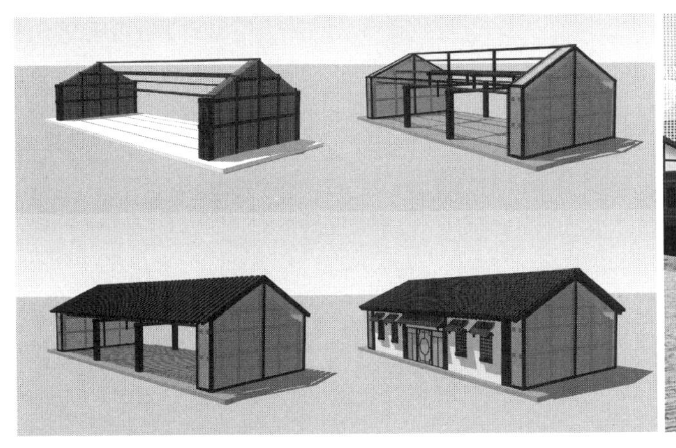

图5-2 改造后的夯土建筑

的村史馆。

目前长石村内并没有设置村史馆，因此决定将废弃的粮仓改造为长石村的村史馆。粮仓的象征意义和建筑结构本身的防潮性、密闭性和保温性，非常适合改建为村史馆。长石村村史馆的建立对该地区乡土文化的保护、传承和发展有着积极的推动作用。

在村史馆的造型设计中，保留原有粮仓的整体结构空间，在粮仓的入口处增设村史馆大门，大门整体设计灵感源于渝西南地区传统建筑吊脚楼，对其进行元素的提取、简化和再应用。大门整体以砖混结构包裹定型，可分为三个部分，门的上半部分以横向的木条排列，象征着村史馆中一本本有关长石村的典籍；中间部分以透板镂空的形式雕刻出“长石村村史馆”六个字，凸显出历史的沧桑；下半部分为传统的中式木门。在村史馆大门两侧设有两个条形的窗，既解决了内部的自然采光，也具有一定的审美性（图5-3）。在粮仓改造村史馆的同时带动整个“村史馆坝子”的规划设计，使之文化性更浓郁（图5-4、图5-5）。

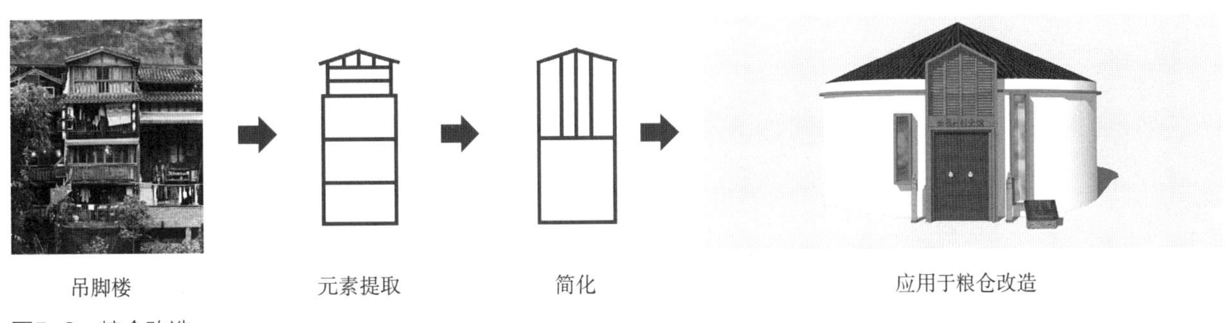

图5-3 粮仓改造

图5-4 村史馆坝子效果图

图5-5 村史馆坝子内部景观

（2）道路交通设计

优化道路结构，对老街道路进行部分拓宽，确保主路宽不少于5.5米，人行道宽和街支路宽不少于2.5米。人行道以青石板作为铺装材料，主路、支路以毛石铺设，以材料的乡土性增强其乡土文化氛围，凸出长石老街的街道肌理。老街入口处地势高差较缓，利用空地布置生态停车场，共设32个停车位，为当地村民、外来游客或赶场车辆停放提供场地，避免车辆乱停乱放导致道路拥堵。

（3）广场设计

①赶集型

赶集型场地我们称为“赶场坝子”。长石老街的村民保留着每月逢农历初二、初五、初八赶集的传统习俗，但由于老街建成的时间久远，建设时并没有设置规范的村民交易场所。赶集时商贩多以街道两侧占道销售，这样容易造成街道的拥堵以及散集后垃圾处理等问题。

因此，设置规范的村民交易场所可以有效解决这一系列问题。设置赶场坝子，将赶集这一传统习俗统一规划到赶场坝子中去。坝子中心和侧边分别修建一个廊架，当地村民“赶场”时可在廊架内售卖，遮风避雨，不影响交通。“赶场”结束后，廊架依旧可以为居民提供休闲、娱乐的活动场所。

赶场坝子设置在老街入口100米处，以青石板作为坝子的整体铺装材料，由于地势因素广场和道路存在一定的高差，固设台阶，将台阶边缘设计成坡道，既便于腿脚不便的人群通行，也方便菜农货物的搬运。廊架设在广场中心和侧边，整体造型提取于渝西南传统吊脚楼建筑，穿斗式结构构架，呈棕褐色。在廊架周边设置景墙和花池，放置有特色的农具加以装饰，搭配乡土植物，丰富广场空间的同时也增强其乡土文化氛围（图5-6）。

②休闲型

休闲型场地我们称为“休闲坝子”。休闲坝子设置在老街的中段，保留原有坝子的布置形式，青石板作为坝子整体的铺装材料，增设景墙、雕塑以及休闲座椅。为村民提供安静、惬意的休闲环境，营造出黄桷树下村民摇着蒲扇、喝着茶、摆着龙门阵的和谐场景。

③活动型

活动型场地我们称为“文娱活动坝子”。文娱活动坝子设在老街的街尾，坝子整体的铺装材料同样为青石板，在文娱活动坝子上修建舞台，为老街居民的传统节庆活动、民俗活动以及重要的通知和表演等提供场所。

舞台的设计灵感源于传统建筑吊脚楼，从当地传统建筑吊脚楼中提取设计元素，舞台背景墙整体如同

图5-6　赶集广场效果图

3座依山而建的吊脚楼，错落有致地排列。舞台整体长15米、宽8米、高0.9米，背景墙高6米。舞台两边设置树池以及乡土老物件以作装饰。“历史”和“当下”、“雕塑”和“现实”相互对话，使文娱活动坝子乡土文化氛围更加浓郁。文娱活动坝子在地形高差的处理上，以退台的形式沿等高线逐渐缓降，并在退台上种植植被，同时配合舞台周边的景墙和花池，使文娱活动坝子整体空间层次更加丰富、更具活力和生命力（图5-7）。

（4）植物景观设计

长石老街目前的行道树主要是黄桷树和小叶榕。但由于其生长得过于枝繁叶茂、冠大荫浓，使居民的基本采光受到了严重影响。因此，在整体的规划设计中，将影响居民基本采光、冠幅较大的黄桷树和小叶榕进行定期整形修剪。

在老街的建筑物门前可以用石槽、陶罐等作为花盆，种植花灌木和地被植物，增强趣味性、丰富植物景观，突出长石老街的街道肌理；在广场区域选择颜色丰富的花灌木和地被植物加以组合种植，同时考虑组

图5-7　活动广场效果图

合植物的景观效果和花期，让居民在不同季节可以欣赏到不同的植物景观，营造出更加舒适、安逸的生活空间。

（5）环境设施设计

①照明设计

在长石老街道路照明设计中，路灯高度设计为3米左右，每间隔9～12米的距离安装一座路灯，照明线均暗铺。老街的路灯除了满足正常的灯光照明外，还应该考虑其景观性，路灯本身也是老街景观环境的重要组成部分之一，在具体的外观设计上，应更多地考虑它的造型、材料与色彩，使其与长石老街朴素的自然环境相融合，保留本土乡村的文化特性。

除了基础的道路照明外，还应该适当考虑装饰照明，老街的装饰照明以灯笼为主，挂于建筑立面之上，体现出浓郁的乡土性。在主要的节点施以多彩的草坪灯，用于渲染气氛和烘托景物；在道路交叉口处应将灯的设计与标志物设计相结合，增强夜晚的景观引导性。在整体的规划中应避免照明区域分配不合理的情况。

②标识设计

在长石老街中标识设计主要思考这三类标识：导向标识、节点标识和科普标识。导向标识布置于老街的出入口处和交叉口路段，主要起方向的引导作用；节点标识布置于老街的广场处，主要是对广场功能和文化内涵加以介绍；科普标识布置于老街的粮仓、老建筑以及古树处，主要是对具体事物的科学普及。

标识设计灵感来源于渝西南地区起伏的山脉和山脉上的建筑，在标识底座均有“山”这一元素的体现，“山”上屹立不倒的建筑，设计整体源于渝西南，又应用到渝西南之中。标识颜色的选择上，提取长石老街中传统建筑的棕褐色作为标识的主体颜色；材料上更多地考虑经济性、耐久性和乡土性。材料可以选择天然的、具有乡土性的木材类和石材类；也可以选择人工合成的、较为经济实用的铝合金（涂防木纹漆）和混凝土（压纹）。

③无障碍设施设计

在实地调研中，笔者得知长石村又被称为“长寿村”。长石村户籍总人口3298人，截至今年3月份的村人口统计中，村民55岁以上的有886人，其中80～89岁的有92人，90～99岁的有12人，100岁的有1人。因此，长石老街的无障碍设施设计极其必要。在街道和广场的台阶处改阶梯为坡道，便于腿脚不便的行人通行，同时在街道两边增设坐凳，为出来散步的老年人提供更多的休息点。

④环卫设施设计

环卫设施设计主要是指垃圾箱和公共厕所的设计。在长石老街中每80～100米处设置一个固定垃圾箱，将老街传统建筑提取出的元素应用到垃圾箱的造型设计中；以人工合成材料为基础，用木材或竹子对外观加以包裹，这样既经济耐久又体现出浓郁的乡土性；提取建筑中的褐色，使之不突兀于整个环境。

在公共厕所的设计中，厕所造型灵感源于渝西南传统吊脚楼建筑，立面如同凸起的山峰，厕所的可视化增强，便于老街居民寻找。公厕顶部设置光能电板，满足厕所的基础供电；屋檐下修建地下水箱，通过屋檐径流和地表径流，收集雨水，进行简单的物理处理后存入水箱，用于厕所的基本冲洗；设置可移动化粪池，对粪便进行收集处理，降低粪便对环境的污染，同时将收集的粪便制成农家肥，灌溉庄稼。

（6）景观小品设计

①景墙

景墙对营造老街整体的风貌环境起到了积极的推动作用，长石老街的景墙设计大致可以分为两种：一种以农村常见的引水渠为设计灵感，利用长石村老建筑中的灰砖、瓦片为元素，结合废弃的石磨、猪槽、水缸和传统鼓风机等农村常见的农具，搭配植物，呈现出风格淳朴、内涵丰富的乡土特色院墙；另一种收集、提取长石村居民的姓氏或当地的方言俚语，将姓氏或方言俚语与砖结构景墙相结合，凸显其地域性和乡土文化性。

②牌坊

长石老街的入口处设牌坊。牌坊的设计灵感来源于传统的吊脚楼建筑，提取吊脚楼的结构元素，对其进行简化、抽象。牌坊以木材为主，顶部穿斗式木结构加灰色瓦片，高约10米、宽约14米，牌坊中间以三个竹编为匾，书写“长石村”三个大字，两边木柱上书写长石村的村民四训，即：说老实话、做老实事、当老实人、享老实福，四个石制底座分别刻“长石老街”四个字。牌坊整体造型简洁、朴素，和老街的整体风貌相契合。

③铺装

将当地的方言俚语制作成道路铺装，铺设到老街的人行道中。不仅丰富了老街人行道的铺装形式，也使之更具乡土气息。

④雕塑

在长石老街的风貌设计中可以用雕塑的形式对长石村的历史文化、民风民俗进行展示，同时搭配农具和农作物，这样既体现了文化认同感，又提升了文化的活力和创新性，使长石老街在风貌设计上更具乡土文化特色。

4．总结

基于本案例所构建的乡土文化实践方法，为重庆市九龙坡区西彭镇长石老街的改造设计提供了良好的改造设计思路。经过对实际案例长石村老街以及长石老街周边地区的走访、调研和相关资料的收集，从长石老街的建筑外立面、街道景观节点和环境艺术三方面的要素加以梳理，并进行深入研究，提出详细的风貌改造设计方向，明确长石老街风貌改造不是简单地拆除旧的建设新的，也不是对周边优秀案例进行模仿或抄袭。而是居住在长石老街的居民以生产生活为目的，与自然环境长期共同发展的产物，在保留长石老街原有乡土文化肌理的基础上，深入挖掘乡土文化的深层次内涵，应用到长石老街的风貌建设中，构建长石老街的精神诉求，展现长石老街居民的美好生活品质。由点到面，最后也希望为渝西南其他地区的小城镇乡土风貌建设提供良好的借鉴思路。

第6章

生活味

生活美学与城市更新

6.1 生活美学与城市更新

6.1.1 生活美学名词解析

美学作为一门独立学科的起源可以追溯至1750年，由德国哲学家鲍姆加登首次提出。鲍姆加登因此被称为“美学之父”。他的《美学》一书的出版，标志着“美学”成为一门独立的学科。“美学”一词来源于希腊语“aesthesis”，最初的意思是“对感观的感受”。鲍姆加登在他的著作中初步形成了美学学科的基本框架，探讨了美学的一些基本问题，并将审美这一概念赋予了范畴的地位，认为审美是感性认识的能力，这种感性理解和创造美，并在艺术中达到完美。

生活美学深深地根植于中国传统文化和西方美学思想之中。在中国，自古以来就有对美的追求和审美体验的表达，这些思想为生活美学提供了丰富的土壤。同时，西方的美学理论，特别是关于美的本质、审美规律以及艺术形态的研究，也为生活美学提供了理论支撑。

生活美学旨在通过审美活动来提升生活质量，使人们在日常生活中感受到美的存在和价值。它的理论基础主要源于对美学和日常生活的深入研究。美学作为哲学的一个分支，关注美的本质、审美经验、艺术创造与欣赏的规律，为生活美学提供了理论支撑。同时，生活美学也与人们的日常生活紧密关联，它关注人们在日常生活中的审美需求、审美体验以及审美创造。

生活美学强调审美活动在日常生活中的重要性和必要性，认为通过审美活动可以陶冶情操、提升素养、丰富精神生活。它不仅仅关注物质层面的美，如服饰、家居、环境等；更关注精神层面的美，如文化、艺术和情感等。此外，生活美学也借鉴了多学科的理论资源，包括哲学、心理学、社会学、艺术学等，以形成其独特的理论体系。这些学科为生活美学提供了丰富的视角和方法，使其能够更全面地理解和解释生活中的美学现象。

6.1.2 生活美学与城市更新

生活美学为城市更新提供了理念和目标。城市更新的最终目的是提升人们的生活品质，而生活美学则提供了一种审视和优化生活空间的视角。城市更新是实现生活美学理念的重要途径。通过城市更新，我们可以对城市的既有空间进行改造和重塑，创造出更加符合生活美学理念的环境。其中，包括改善居住区的绿化、提升公共空间的品质、优化交通流线等，使城市空间更加宜居、宜业、宜游。刘悦笛在《生活美学》《分析美学史》《当代艺术理论》等著作中，深入探讨了生活美学与城市更新的关系。他强调了生活美学在提升城市品质、增强居民幸福感方面的重要作用，并指出在城市更新中应注重保护和传承地方文化特色，以营造富有生活气息和美感的城市环境。王建国在《现代城市设计理论和方法》等著作中，详细解析了城市设计、规划与更新的理念与实践，并强调生活美学在城市空间塑造中的核心地位。他认为，生活美学不仅关乎审美体验，更关乎城市居民的生活质量和幸福感。

上海新天地将传统的石库门建筑与现代商业元素巧妙地结合在一起。在改造过程中，设计师保留了原有的石库门建筑风貌，同时注入了现代设计元素，如玻璃幕墙、钢结构等，形成了新旧交融的独特风格。在成都宽窄巷子的更新中，设计师充分考虑到生活美学的理念，保留了宽窄巷子原有的历史风貌和建筑特色，同时加入了现代元素，使其焕发出新的生机。通过丰富的业态和空间氛围的营造，使游客在欣赏历史文化的同时，也能享受到舒适的环境。

在城市更新的过程中，生活美学的设计策略主要包括以下几个方面：

1. 注重空间的层次感和韵律感。通过合理的空间布局和建筑设计，营造出丰富的空间层次和韵律感，使人们在其中能够感受到空间的美感。

2. 空间的变化和流动，增强空间的趣味性和吸引力。

3. 强调环境的舒适性和人性化。在城市更新的过程中，应充分考虑人们的日常生活需求和行为习惯，设计出符合人体工程学原理的环境设施，如舒适的座椅、便捷的步行道等，提升人们的使用体验。

4. 融入地域文化和历史元素。城市更新不仅是对空间的改造，更是对文化的传承和发展。通过在城市更新中融入地域文化和历史元素，可以营造出具有独特魅力和个性化的城市空间，增强城市的文化底蕴和认同感。

5. 倡导绿色生态理念。在城市更新的过程中，应注重生态环境的保护和修复，推广绿色建筑材料和节能技术，打造绿色生态的居住环境，提升城市的可持续发展能力。

综上所述，生活美学与城市更新在环境设计学科中相互交织、相互促进。通过对生活美学的深入理解和应用，我们可以更好地指导城市更新的实践工作，创造出更加美好、宜居的城市环境。

6.2　生活味的塑造：社区商业空间更新与改造研究案例分析

6.2.1　案例一：城市更新背景下重庆社区商业空间活力提升设计研究——以鱼洞龙洲湾10号社区商业街区改造为例

刘怡文

1．社区商业空间构成要素及活力特征分析

1）社区商业空间的构成要素解析

（1）区位要素

①地形地貌

重庆地处中国西南部的长江上游地区，以丘陵地形为主，地势由南向北逐级降低，两江环抱、坡地众多，有“山城”之称。由于重庆地块高差巨大，建筑往往顺应地势三维立体布局，背靠青山、面朝江水。由于受到自然地形的影响，重庆城市结构区别于国内其他城市，人口居住呈现组团式和多中心的布局特征，间接影响着社区商业空间平面形态和立体布局。根据调研发现，重庆目前的社区商业布局方式主要分为内向式（地形限制以服务社区内部居民为主）、外向式（多以沿街底商形态出现）、内外结合式三种布局方式。

②气候条件

气候影响着人群外出活动的时长和频率。重庆属于亚热带季风性湿润气候，夏热冬潮、多阴多雾、降水充沛、四季分明，温和适宜的气候更利于人群进行户外活动。

③人文环境

建筑空间形象集中展现地域文化艺术、历史记忆、生产生活智慧，表现空间特质和场所精神。重庆拥有深厚的历史文化底蕴和丰富的人文精神，是国家历史名城，巴渝文化的发祥地，火锅文化、码头文化以及重庆市民注重休闲娱乐的文化形象影响深远。地域文化的植入有利于更好地塑造有特色、有价值、有文化的社区商业空间，激发消费者的情感共鸣，促进社区商业空间文化内涵。

④区位交通

区位交通的便利程度对社区商业空间的活力度会产生一定的影响。重庆常见的交通组织包括步行交

通、自行车交通、私家车交通、公交交通以及轨道交通5种方式。社区商业通过外部交通组织连接外部的城市空间，公交和轻轨是外部城市居民到达社区商业街的主要交通方式，另一部分则通过私家车来到社区商业空间，停车设施是完成交通方式转换的主要场所。

（2）空间要素

①建筑空间

社区商业空间中的主体建筑是最基本的构成要素。社区商业建筑最显著的特征是以购物消费为主导，根据消费需求呈现不同的空间布局和商业业态。建筑外墙构成了街道的空间边界，沿街建筑围合产生了街道空间的线性要素。就建筑形态而言，不同的建筑形态带来不同的空间形象和视觉感受，标志建筑或主力店号召凸显地域特色和空间品质。社区商业建筑的立面色彩、材质、广告招牌展示城市公共空间的形象和商业氛围。社区商业建筑界面可分为垂直界面和水平界面，建筑界面的连续对社区商业空间起到促进作用，能带来更好的购物体验，建筑内部和外部空间还为居民之间、居民与商家提供了交往场所，以促进邻里和谐发展。

②街道空间

街道是人群在社区商业空间中流动或停留的空间。街道在社区商业空间中起到了骨架作用，串联整体动态流线。街道的尺度包括长度和宽度，街区尺度变化会给人群带来了不同的感知体验，合理的街道尺度能促成积极的空间。街道具有连续性和方向性，步行的连续性对人群活动起到一定的促进作用。街道的方向性通过标识物或某些有秩序的元素引导人群动线。铺装展示街道的水平界面，具有文化感、方位感和特色感，通过铺装的色彩和材质变化，可以有效划分出流动空间、集散空间和停留空间，统一的铺装强化了空间的连续性和整体性。

③广场空间

社区商业与传统商业的区别在于其特殊的地理属性，社区商业的公共空间向社区居民开放，为社区居民交往、集会等各类活动提供开放的空间场所，满足社区居民生活和交往的需求，并以包容的姿态面向外来消费者，是商业活动和公共活动的承载者。广场空间的主要形式有入口广场、沿街广场、中央广场等，入口广场是街道线性空间的起点；沿街广场和中央广场是道路的交会点或停留点。广场空间一般呈面状展开，通过景观塑造其形象特征。尺度开阔的广场空间是人群活动的重要节点，汇集大量的人在其中活动；尺度适中的广场空间具有聚散休憩的功能，搭配景观提供适宜的休憩环境，展示空间文化特征。

④绿化空间

绿化空间是社区商业空间的一种立体造型，通过各层次绿色群落的布置展现出社区商业空间鲜活的生命力和文化内涵。除了具有一定的观赏价值外，丰富的景观层次还起到了装饰作用，满足城市中人群亲近自然的需求。重庆许多社区商业空间的绿化布置都遵循了地形特征，利用地形高差变化，采用底层商业屋顶覆土的形式打造垂直绿化，既保留了特色又丰富了城市景观形象。

⑤交通空间

社区商业空间中的交通空间由社区商业内部和外部多种通行路线和设施组成，其中包括步行交通空间、车行交通空间和停车空间等。步行交通空间是由以购物闲逛为主的商业空间步行系统、休憩空间步行系统等串联形成的，社区商业的内部交通组织是以步行交通和自行车交通组成的，部分社区商业承担着连接住宅小区与外部空间的角色，步行交通是内部空间最主要的交通方式，在此基础上展开通行和购物等活动。车行交通空间主要由外部空间到社区商业的转换场所和商家货运物流等场所组成。重庆由于受到地形地貌的限制，停车空间常见的有地面停车场、地下停车场和地形高差架空停车场三种方式。

（3）设施要素

设施要素是指在社区商业中为人群提供服务，对活动起到支撑作用的物质实体，丰富的设施设置对提升社区商业空间活力起到积极的作用。设施要素按照适用类型可分为休憩设施、活动设施、景观设施和功能设施。

其中，休憩设施包括各类尺度适宜的休憩座椅、廊、花坛等组合，形成重要的停留节点。由于重庆山城特征明显，许多社区商业的休憩设施顺应环境特征呈台阶式或立体式布置，人性化设计的休憩设施不仅可以使人们有良好的休息状态，还可以提高公共空间品质。活动设施包括亲子活动游乐设施、互动装置等，增加互动性和观赏性。景观设施包括景观小品、水体景观、艺术装置等，突出山城绿地群落生态化、实用化、自然化的特色化的文化氛围，增强场地空间的可观赏性。功能设施包括信息（广告牌、精神堡垒、店招）、照明（照明灯具、氛围灯饰）、卫生（垃圾桶）、无障碍环境设施等，以满足不同人群对于空间的基本需求。

（4）人群要素

人群及其活动是公共空间中的重要构成要素。自重庆成为直辖市以来，经济快速发展，产业布局不断优化，居民消费能力不断提升，为城市商业发展奠定了坚实的基础。根据重庆市统计局在2022年3月发布的1%人口抽样调查数据显示，重庆常住人口持续上涨，2022年末全市常住人口3213.34万人，比上一年增加了0.91万人。其中，城镇常住人口2280.32万人，形成的人口红利带动了城市建设和经济发展，极大地促进了城市社区商业的繁荣。

社区商业空间中人群活动类型大致可分为必要性活动、自发性活动、社会交往性活动。社区商业空间中的必要性活动包括购物和通行。自发性活动是一种具有随机性的活动行为，例如就餐、驻足观望、散步、小憩等。社区商业中自发性活动包括餐饮、休憩、观赏等。空间环境品质对自发性活动的影响较大，场地和环境越有利满足人群多样性需求时，自发行为的产生就越多，越能体现社区商业空间的活力。社区商业空间中的社会交往性活动包括娱乐、社交、教育等，自发性活动与社会交往性活动通常在空间中相互渗透、相互穿插，如餐饮活动通常伴随购物、休憩、交往等活动，具有随意性的特点。社区商业空间与城市其他商业空间最大的区别在于为社区居民提供了更多的交往机会，社交活动依赖社区感和同质性等原因，串联娱乐、休憩等行为渗透产生。

可根据不同的年龄层次将社区商业中的活动群体划分为老年群体、中青年群体、儿童青少年群体。通过调研观察，老年群体在社区商业中的日常活动范围较小，一般是靠近住宅区附近的公共绿地广场、菜市场、零售商场等，高频活动包括：晨练、聊天、看报、买菜、广场舞、散步、接送小孩等；中青年群体在社区商业空间中的活动多集中在下班之后与周末，高频活动一般有：购物、用餐、社交、休闲娱乐、体育健身、拍照打卡、文化体验、办公、接送孩子上下学等；儿童与青少年群体可以分为学龄前儿童和青少年儿童，学龄前儿童的行为不能自主，一般需要家长看护，青少年儿童在社区商业空间中的活动范围以公共空间区域和社区商业空间中教培机构为主，高频活动一般有：亲子娱乐、教育培训等。因此，社区商业的空间类型和功能业态需要考虑全龄段人群的活动特征及实际需求进行布局。

2）社区商业空间的实例调研

（1）重庆天地

①落位概况：重庆天地位于主城渝中区化龙桥嘉陵江滨江路，整体商业项目占地3.2万平方米，总建筑面8.4万平方米。周边半径5千米内聚集了居民近168万人，但由于重庆独特的山城、江城地貌的阻隔，从一定程度上决定了其社区商业的定位。重庆天地由原始场地中的老旧历史建筑改造而来，保留了部分重庆特色建筑，通过更新优化设计成为周边社区可逛、可购、可体验的社交场所。区域文化景观因其注入了厚重的重庆历史文化底蕴，使重庆天地不只是为单一生活配套而存在的社区型商业，还利用历史优势赋能商业，吸引了大量社区外消费者的前往体验。其局限性在于没有直达的轨道交通，仅靠几条公交线路，因而造成出行不便，但仍无法阻挡重庆天地成为最受欢迎的滨江商业典型代表之一。

②空间形象与功能：重庆天地以山城“错落”的空间布局为核心，突出山水文化和人文内涵，由五个独特的建筑群落组成，主要有餐饮、零售、休闲娱乐、服务型功能商铺。运用青砖、青瓦、石板、堡坎、

台地、水平错落的庭院等要素，营造出具有辨识度的山城传统院落空间结构，建筑大部分是通过沿用青砖、黛瓦等原材料的手段述说城市故事。山墙面使用大面积的玻璃幕墙过渡，模糊了建筑内外空间界限。屋面沿用了夸张、挑高的坡屋顶，利用石材勾勒建筑室外线条，同时通过各类商业空间增加展示区域的趣味性，消费空间兼具功能性与美观性，内外空间交相辉映。嘉陵江滨江路的沿线空间，通过大面积的草坪和蜿蜒有趣的内部路径，以无门槛的开放态度接纳来访者，沿街视野开阔，并设置大量休憩座椅。场地保留了重庆山城的特色形态，也使部分区域出现了形状奇怪或面积不适的死角空间，通过设计将这些空间打造成景观和信息展示面，提高了空间的利用率。

③交通体系：重庆天地的交通体系顺应天然地势，选择了多平台的道路布局，以楼梯、扶梯、垂直电梯、高低不一的休憩平台串联，保留重庆山城石板阶梯的道路特色，形成迂回的道路体系，将地形的影响降至最低。最大化发挥了临江地块优势，消费者从不同高度和角度的平台观赏江畔景色，强化了步行体验与步行乐趣。

④商业业态：重庆天地建筑群落的业态分布均匀，高低错落的吊脚楼主要用于餐饮，而文化艺术中心和创意办公楼则以休闲娱乐为主。靠近居住区的商业主楼则主要提供生活零售、娱乐休闲和服务业。重庆天地整体业态以餐饮为主，同时也提供便利生活、时尚、零售、休闲娱乐等服务，服务型业态相对较少。

⑤景观设施：重庆天地在景观设施的布局上充分了解重庆建筑、美食、人物等本土特色，将文化元素进行转译。动线交汇处穿插极具特色的景观雕塑、休憩座椅、信息标识等，结合顺应高差地形的叠水景观，打造特色景观节点和人流焦点。例如，入口广场自动扶梯前双目紧闭的山城棒棒军塑像，生动形象地描绘了重庆典型的人物特色。

⑥艺术活动置入：重庆天地通过一系列精彩纷呈的国际化艺术活动，串联全年度不同的时间节点。重庆天地深谙天江一色的山城空间优势，借助世界音乐节和主题艺术装置等活动，吸引消费者前往，构建了别具一格的艺术化商业标签，保证了源源不断的新活力。

（2）重庆仁安N+

①落位概况：重庆仁安N+位于两江新区渝天宫殿街道，紧邻城市主干道，交通便利，周边分布着几个大型社区。原始场地为东高西低的矩形坡地形态，上下高差15米。建筑空间与重庆地貌相结合形成四级坡地，成为极具特色的“小而美”坡地式社区商业集群。重庆仁安N+将建筑、商业、社区三者融合，营造出个性化、精致化的社交环境，打造了一个有品质、有格调的社区生活美学圈与社交聚会地。

②空间形象与功能：重庆仁安N+的建筑外形采取新中式的陶瓦坡屋顶，并结合360度全景式玻璃幕墙

的立面形式，室外行人可以通过高透的玻璃幕墙将视线穿插至建筑内部，感知内部空间的人群活动，实现室内与室外、人文艺术与自然景观的视线联动。重庆仁安N+还为社区居民活动提供了丰富开阔的公共空间，穿插排列在独栋社区商业之间。层层联动、缓慢上升的大台阶展现的重庆坡地地貌也为社区居民提供了休憩和交往平台。下沉广场则用阶梯、长凳、景观带围合，塑造了剧场式公共空间，有意识地引导了文化碰撞与人际交往。

③交通体系：重庆仁安N+社区商业街拥有相对完善的立体交通，通过错落布置扶梯、垂直电梯、人行天桥和梯坎步道，在相对平坦的坡地上表达重庆“爬坡上坎遇惊喜”的城市地貌特征。部分商铺在物业条件允许的情况下，横向、纵向多维度组合外摆空间，打造休闲、轻松的户外就餐场景，提高商业价值。整个空间人车分流，地下车库拥有充足的泊车位，直达商业内核。社区商业与住宅区动线简明通畅，每个步行节点都有明显的指示系统，人流易达。

④商业业态：重庆仁安N+的业态布局营造了一个相对完整的生活圈，围绕周边居民生活服务需求与交往体验需求展开。降低了餐饮业态的比重，提升了亲子、零售、休闲娱乐、生活方式的比例。同时，通过组织星光帐篷集市、公路野营市集、小型音乐剧场等夜间集市，展示了重庆丰富的夜生活，调动了社区商业“晨经济”与“夜经济”的优势，延长了消费时间。

⑤景观设施：重庆仁安N+沿街设置了大量的休闲座椅，可随时随地提供休憩交流的驻留场所。通过体验性和趣味性的个性化互动装置、科技互动装置、雕塑小品将多元体验化的潮流场景与生态景观相结合，吸引人群驻留或打卡拍照。例如，笔者调研时期，空间内设置的“流星树”光影等互动装置，在视觉氛围上传达了生活空间美学。

（3）重庆U城·天街

重庆U城·天街地处重庆西部高新区，周边辐射50万人的社区，拥有全龄段的目标消费客群，有鲜明的社区商业空间人群需求与活动特征。地块为南高北低的坡地，地形相对平缓。重庆U城·天街旨在打造一个充满活力、个性鲜明的社区生活聚集地，不仅仅是一个购物场所，更是一个连接居民情感交流、社交娱乐的平台，以社交化、娱乐化为主题提供崭新的消费感受，迎合客群多元化需要。

重庆U城·天街由3栋住宅裙楼底商、2栋独立商业建筑、1栋商业综合体以及休闲、娱乐、商业设施组成。平面围绕一条400米长的室外“社交中心”商业街展开。建筑与塔楼通过公共活动空间串联，为周边社区居民活动和集会提供了开放的场所。下沉广场作为连接商业街与独栋商业体的中心枢纽，是社区居民活动、集会、休闲的主要场所，充分发挥了社交功能与核心价值，将商业设施与公共设施有机整合。南广场留了大面积的场地，为大型公共活动和商业活动开展提供了开敞的空间，回转的折线形地面铺装与异形的景观长椅，结合景观绿化围合场地边界，长椅侧面可以供孩子们攀爬和玩耍，形成了社区广场舞、儿童游玩、购物中途休憩的功能区域。

U城·天街拥有全封闭、全天候的玻璃连廊，提供了一条多层、无死角的完整人流循环路线，多重平台保证顾客可以从多个入口进入商业内街及各店面。位于裙楼底商顶部的屋顶花园是一个独立的社区空间，连接高层住宅楼楼层内部，为社区居民提供了一个私密、安全的户外空间，根据老年人、青年人和儿童的生理机能差异提供了不同的活动场所和健身设施。老年人活动区设有座椅、康体器械，以吸引社区的老年人群。青年人活动场地中一并设置了休憩空间与乒乓球、羽毛球场地，为年轻人提供了最佳的运动体验。儿童活动区域根据不同年龄段的感知活动和物理条件设置了差异化的儿童游乐设施，针对需要看护的幼儿设置了有图案的道路、小滑梯、摇摇椅等游乐设施以及婴儿推车停放点、大人看护座椅等人性化设施；针对大龄儿童设置了自主玩耍的索道、秋千、跑道、沙池等游玩设施，同样设置了相应的家长陪同休闲座椅。

3）社区商业空间的活力特征总结

通过走访重庆多处社区商业，并重点分析3处有代表性的社区商业空间，将区位要素、空间要素、设施要素以及人群要素等共性构成要素进行对比，总结出个性的活力特征。

从区位要素上看，三个社区商业空间的布局都顺应了重庆地貌特征。重庆天地充分利用高差较大的山地地貌将空间进行立体布局，仁安N+与U城·天街都顺应了平缓的坡地地形，结合设施、梯步削弱地形带来的影响，将自然地形的劣势转化成为设计亮点。区位交通上，U城·天街的外部通达性最高，仁安N+与重庆天地的外部交通便利性稍显逊色，三者的内部步行交通与立体交通都十分完善通畅；从空间要素来看，三者的建筑形象都突出了自身特点，重庆天地保留了一部分体现山城特色的建筑语言与城市结构，继承发扬了重庆厚重的历史文化和独特的区域文化；仁安N+营造了个性化和精致化的社交环境；U城·天街则突出了时尚生活的气息。其次，重庆天地在停留空间、步行空间层面体验感较好；U城·天街的绿化覆盖率和公共活动空间面积占比较高；仁安N+的社区公共广场面积占比较高。从设施要素来看，重庆天地的景观互动设施和文化活动类设施更多；仁安N+的服务功能设施数量相对较少；U城·天街的社区公共服务类功能设施占比较高，功能设施种类齐全。从业态来看，重庆天地与仁安N+的餐饮和购物等基本功能业态占比较高，达到总业态的60%～80%，生活配套服务占比则相对较低；U城·天街的生活配套业态相对完善。

通过对比分析得出，建筑首层开放度、完善的商业业态、步行的连续性、可停留的空间与人群聚集和空间活力的关联性较高；空间形态、绿化覆盖率、开敞的活动空间、公共设施等要素对人群聚集和空间活力有一定的促进作用；其他要素与人群活动和空间活力的关联性相对较弱。有活力的社区商业在空间对人群的吸引方面均具备以下特征：

（1）区域文化的挖掘

充分挖掘和展示本土文化特征及社区商业特色价值，如重庆天地充分挖掘重庆本土地域文化；仁安N+聚焦社区美学和艺术活动体验持续吸引各类人群；U城·天街则依托社区邻里优势，主打便利、时尚、年轻生活方式，激发人群活动；都与外部空间的功能构建产生了良性互动。

（2）丰富的空间形态

根据不同地形所对应的建筑空间与活动类型形成私密、半私密、半公共以及公共开放空间；空间形态丰富多样，充分体现场地个性，整合破碎空间形成多用途的空间格局；注重建筑首层开放度，充分利用店面与紧邻步行空间，吸引人群进行互动；不同程度上营造尺度适宜的停留空间，并串联流动空间聚集人群。

（3）复合的功能结构

单一功能和复合功能并重，模糊空间功能边界；不但满足不同年龄段客群的需求，并且满足购物、休闲、文化、娱乐、教育、社交等不同维度的功能需求。

（4）有序的交通组织

交通空间上都表现为有序、多样、连续的步行系统，购物步行体验通畅；体现重庆的地形特征，结合景观营造趣味性的步行节点；街道尺度合理，密切考虑人的心理需求和行为需求，从而产生亲切感和吸引力；车行交通与停车空间提前做规划，设置合理、空间充足、人车分流、舒适感和安全性兼具的交通组织。

（5）完善的公共设施

设置足够和完善的休憩与活动设施、儿童友好娱乐设施、景观设施、功能设施等公共服务类设施，促进人群聚集和流动，进而促使交往活动的产生。

（6）多元的业态布局

以便民为宗旨，满足和方便居民的基本生活需求，体现亲和力与便捷性；营造业态多元化的特色社区商业氛围，结合娱乐、休闲业态促进体验式消费，开展丰富的娱乐文化活动，联合线上平台宣传吸引客群前往拍照打卡，带动社区商业活力。

2. 社区商业空间活力提升策略

1）社区商业空间更新中的文化塑造策略

（1）差异化更新

①建筑形态的差异化

建筑是一种艺术，以独特的外观和形态来展示品牌形象和传达地域特征。建筑形象与风格的差异化能够提高消费者的新鲜感和吸引力。在改造中应提取地域文化元素，如巴渝吊脚楼、坡屋顶等建筑形态语言，将地域建筑的形态、材质和肌理融入到建筑形象更新中，强调建筑的地域特征，引导建筑形态进行差异化更新。例如，重庆长嘉汇弹子石老街是全国首个以“开埠文化与城市九级坡地地貌”为主题的商业街，以重庆主城的历史文化为根基，保留了大量怀旧景点，将其他历史建筑修缮活化，打造出充满活力、融合中西方文化的特色建筑形态。上海石库门建筑群，建筑表皮保留了老上海的砖墙和屋瓦，漫步新天地，仿佛置身于20世纪20～30年代的上海，但移步至建筑内部，室内风格则非常现代、时尚。

②功能服务的差异化

社区商业空间不仅是城市商业活动的重要枢纽，更是城市文化和居民生活的重要窗口，它将城市中的公共活动和商业活动有效结合。社区商业空间的功能已不仅仅是满足市民和消费者的便利生活与基本购物需求，而是应综合休闲功能、娱乐功能、展示功能等多项功能，进行功能服务的差异化构建。通过提供体验式、休闲式、互动式的功能服务，满足消费者多样化的需求。同时结合主题和特色业态，以减少消费者因类似功能服务过度集中而产生的疲劳感。

③商业业态的差异化

社区商业空间出售的是休闲文化、消费空间和时间，餐饮和购物仅仅是一种载体，目的是让消费者来购买快乐、购买放松、购买惊喜，解除快节奏的城市生活所带来的紧张与疲惫，社区商业空间的差异化发展更是消费体验与商品的差异，让消费者有不同的消费体验。

综上所述，社区商业空间的更新需要体现区域文化特征和可识别性，要对社区商业空间进行整体的视觉文化设计，提高文化可识别性，避免同质化。享受文化氛围所带来的愉悦感，将消费者拉回实体商业之中，从而达到激发社区商业空间活力的目的。

（2）本土化更新

重庆是一个有地域特色和文化内涵的城市，重庆人的生活状态是多样与随性的。首先，社区商业的文化空间营造应当突出城市特征。其次，社区商业因其贴近居民生活，满足了人们的需求，所以拥有独特的温馨感和归属感，这是城市中其他商业类型所无法比拟的。社区商业空间的建设应重视社区本土文化资源的挖掘与演绎，弘扬本土文化，培养场域精神，营造人文氛围，让消费者了解社区商业空间背后的文化和故事。在社区商业空间更新中应充分挖掘社区商业已有和潜藏的文化禀赋，包括地形地貌、人物风物、空间发展脉络、社区文化等，提取相关设计要素融入到更新设计中去。在更新改造中应保护地方特色、保持传统的社区网络、维护当地居民的生活气息，通过合理的存留与延续，寻回地方精神，回应时空记忆，串联场所故事，塑造空间特色，打造具有活力内涵的公共活动空间。例如，泰国COMMONS项目中保留了场地中原有的大榕树，打造以原有树种为中心的露天公共活动空间，使“在榕树下凉风习习、树影斑驳”等社区共同记忆在新的社区商业空间内得到充分延续，当地居民的文化认同和身份认同得以加强。

2）社区商业空间更新中的业态布局策略

（1）特色体验性更新

①地域性主题业态

地域性主题业态是对城市文化的传承和转译，丰富商业空间的文化内涵，如重庆市解放碑商圈以解放碑为核心主体，联动国泰大剧院、洪崖洞、督邮街等历史文化区域，营造以母城历史文化记忆为标志的商业特色空间。

②艺术性主题业态

艺术性主题业态是将艺术业态产品融入到空间设计中，如上海K11精选国内外知名当代艺术家的作品，将其布置在各楼层的公共区域内，形成独特的艺游路线，以艺术产品激发消费欲望，重塑艺术化的商业模式。

③娱乐性主题业态

娱乐性主题业态的类型有动漫主题、游戏主题、电影主题等，如洛杉矶City Walk是一个将商业与电影主题相结合的文娱购物场所，它以奥斯卡典礼和影视题材活动为基础，逐渐形成了以电影为主题的欢庆广场，这个地方现已变成洛杉矶最具节庆氛围和文化特色的商圈之一。日本秋叶原则是以动漫题材为特色的商圈，也是新宿地带的一个重要景点，这里不仅有大量电器商店，还有许多动漫游戏商铺，被誉为动漫游戏的胜地，吸引各国游客前来参观，整条街区充满活力。

（2）全时服务性更新

社区商业应充分利用空间优势，将社区商业空间作为居民社交活动的“社区客厅”，根据居民使用社区商业设施的时间分布特征，拓展营业时间，划分出特定的经营区域，充分发挥“晨经济”和“夜经济”

的优势，提供多样化的商业模式和休闲体验，满足不同场景和时段的需求。

“全时段运营”大类中包括24小时运营、日咖夜酒、多间段运营等模式。可在社区商业空间内开展早+中+晚、平时+假期、随机+固定的多业态复合7天×24小时式全时服务，集中发力重庆夜经济，聚集全时段的生活配套设施。全时段的划分通常包括早晨、中午、下午及夜间，早晨主要通过早市及餐饮，满足社区居民的早餐和家庭食材的购买需求；工作日的中午及下午主要是午餐及社交需求；夜间则以参与社交、聚会、娱乐为主；周末时段则包含了更多的休闲属性与体验属性。一些成功的项目在规划之初，会牺牲一部分经营面积，并利用花园露台、屋顶花园等景观来布局业态，以特色主题业态吸引客流的同时，将营业时间延长至24小时，以增加消费者的滞留时间。

3）社区商业空间更新中的公众参与策略

（1）社交生活的场景构建

①社交场景的构建

在社交场景的构建上，为周边居民提供社交空间，以一定尺度的公共空间构建社交场所，以开放的理念融合室内外空间，也可以以多功能剧场、中央广场等空间举办演出活动，将其作为社交聚集地，以此提高空间活力。如曼谷Mega Food Walk将室外广场景观扩展至室内，不仅构建了一个景观中庭，还为社区居民提供了一个可以举办各种活动的场所，使其成为一个理想的社交空间。

②亲子场景的构建

在社区商业空间中，公共空间是社区家庭重要的亲子活动场所。因此，应该充分考虑自然环境的融合，并利用绿化元素打造出一个舒适、有趣的亲子娱乐空间，置入儿童相关游乐活动设施或亲子互动设施，打造亲子场景。

③运动场景的构建

在重庆城区人口密集的社区通常缺乏户外运动场所。因此，社区商业空间应该发挥公共空间的属性，为居民提供了更多的运动空间。可在室外广场或屋顶露台置入符合各年龄段使用的运动场所和运动设施，也可将景观休憩和观演区相结合，实现资源的高效融合和协调作用，激发建筑实体的外部空间活力。例如，日本大阪Q’s Mall拥有一系列运动设施，包括屋顶跑道、五人制足球场、攀岩场馆、儿童体育场，并联合室内攀岩主力店、健身房等多种业态，不仅可以满足当地居民的运动需求，还能够为社区提供服务，从而达到其重视本地居民生活方式的目标。

（2）持续发展的长效治理

社区商业空间与城市中大体量商业的区别在于其不仅仅是为了消费购物，还为社区居民提供了可参与的生活空间和可互动的公共环境，只有社区居民对社区商业空间有参与感和认同感，才能源源不断地产生生活和商业的活力。此外，对于社区商业空间来说，需要根据空间环境状况、市场趋势、消费者的喜好及时焕新空间环境，小到一个指示牌、大到区域空间都需要逐时进行规划更新，包括商户的业态品类进行多元化与年轻化等。作为消费者，对于商业变化感知最为直接的是来源于商户及场地的变化，业态的焕新、品类的调整包括商户定位，这些变化都能带来一定的新鲜感。社区商业空间需要不断引入新鲜元素、塑造场景才能时时给人以新鲜感，保持常换常新，从一定程度上提升社区商业空间内生动力，带来延绵不断的活力，进而实现社区商业空间的可持续发展。

3．社区商业空间更新的设计方法

1）物质空间的活力重塑

（1）功能复合化

社区商业空间的基本功能是围绕周边居民日常生活需求，包括零售、餐饮、生活等各类便利化服务所展开的商业功能，应在居住区合适的辐射范围内布局。功能复合化是指在满足商业功能的前提下，将其他多种功能有计划、有考量地穿插至社区商业的各类空间中，打造新的多维度复合功能空间。在功能的选择上应兼顾不同年龄段人群的需求，融合教学培训、文化休闲、体育健身、亲子娱乐、展览展示等多元化内容，营造以人为本的社区氛围，为改造后的空间注入新的活力。社区商业的本质在于人与人之间产生的交往活动，也是社区关系形成和维护的重要手段。社区商业空间的功能设施应体现其社交属性，在更新改造时优先选择利于交往互动的功能内容，为社区居民提供各类利于激发交往、驻留、集会的空间场所，如市井餐饮、生活市集、屋顶花园、工作坊等，满足居民多样化、强体验的社交需求空间场所。此外，建筑主体外部空间也应优先考虑可参与、可互动、可体验的功能，以便于驻足和交谈。在重庆这样比较特殊的山地城市，可在步行空间与城市道路相邻的边缘将坡道、台阶结合大量休闲座椅、互动景观设施，将通行功能、休憩功能与社交娱乐功能复合，随时随地提供温馨的交往场所。

（2）空间多样化

城市更新下的社区商业空间改造不仅仅是对建筑的翻新，更是对空间和功能的整体性思考。社区商业的空间领域可分为商业空间与公共空间。在商业空间内适配相应的特色商业产品，以突破边界思考多样化的商业空间类型。而社区商业空间的多样化主要体现在公共空间的多样化，公共空间能提升商业空间的价值，社区商业空间的改造设计应充分发挥其公共空间特质，在空间形态上尊重自然地形特征。社区商业公共空间通过形态和功能大致分为街巷空间、外摆空间、广场空间和院落空间等，多样化的空间形态能体现场地个性，更新改造应当增强空间的层次感与领域感，形成变化多样的组合空间，采用线性空间、分散空间、聚集空间串联出有序的新型空间，用巧手法或小空间来塑造多样化的休闲体验场景。

社区商业中的广场空间是最容易形成人群聚集的场所，针对开敞的广场空间可采用弹性空间的设计方法，通过空间的灵活组合满足不同情境下的活动需求。例如，保留部分平地空间用于周末集市摊位的摆放；利用阶梯围合儿童游玩的空间或者提供社区音乐表演的场所舞台，同时兼顾老年人群的需求，为其提供一个休憩场所。针对内合空间，可搭配景观绿化与平台高差形成向内围合的庭院空间，空间形态的多样化可最大限度发挥空间利用率。

在不影响行人通行的情况下，可打开沿街底商连续封闭的建筑界面，调整不适宜的街道尺度并通过多种形式的外摆过渡设施，如通过桌椅、景观植物、阳伞、花坛或者铺装等进行围合，打造尺度亲切的外摆空间，增加建筑首层的开放度与互动性，吸引人群驻留，延长人群休憩、逗留的时间。激活室内外空间与建筑首层商业活力的同时，使原本单一的通行空间与封闭的建筑界面结合为可通行、可休憩、可观赏的多种功能融合活力空间。

（3）步行连续化

社区商业空间的交通布局应体现对内良好的可达性，方便区域内社区居民的购物和通行，也要重视对外的交通便利性，以吸引更多外部消费者前来购物体验。应合理解决交通矛盾，提供充足和便利的停车空间，实现人车分流，保障社区商业步行环境的安全与舒适。

首先，在步行空间的更新改造上，针对平面步行空间，优化内部步行交通组织，以增设“毛细血管”式的道路、无障碍通行设施等方式提升步行系统的连续性和通达性。其次，结合景观节点营造移步异景的步行体验，在流线的重要节点处，通过铺装变化、地面抬升增强步行的连续性和通畅性，通过增设标识系统完善步行指引。

此外，立体步行空间应顺应地形，结合山地建筑设计进行高差处理。通过加建空中连廊、垂直楼梯、缓冲平台、电梯、扶梯等方式串联动态流线，构建垂直立体的步行系统。既符合山地地形下人群使用特征，也增加了购物的趣味性，不断激发出空间新的活力和价值。

（4）景观缝合化

重庆是一个拥有层次丰富的自然景观和地域特征明显的城市，山城丰富了社区商业的立体景观，江城创造了富有特色的滨江社区商业自然天际轮廓线。

首先，在社区商业空间景观设计中，应遵循重庆自然地形特征，利用景观手法兼容功能缝合边界，采用绿化护坡的方式引导过渡空间，打造不同的立体景观界面和极具体验性的景观空间。社区商业的景观空间营造可以结合梯步、叠水、树池，以突出“处处有景、步步登高”的山城特色坡地地貌和独特景观路线与商业氛围。其次，可以将靠近社区商业空间且尺度过大的部分人行道改为健康步道，结合绿化景观作为社区居民活动健身的休闲空间，以解决城市用地紧张、户外运动空间紧缺的问题。此外，可利用地形高差增设休憩座椅、景观设施，改造成为兼具通行与休闲的功能空间，营造空间活力氛围。

社区商业空间的更新改造应全面贯彻生态设计理念，结合绿化形成垂直的城市森林，在不同楼层或平台打造随处可见、触手可及、可进入、可感知的绿色空间，如特色商业外摆空间、架空层等。建立人和自然景观更直接、更贴近的关系，让人们在绿色生态空间中自然驻足、交流并产生连接，例如在屋顶覆土打造屋顶花园、平台绿化、垂直绿化等多种类型，并融合露营、种植等活动，满足社区内儿童亲近自然的需求，使社区商业空间更富吸引力。成都港汇天地社区商业空间将商业和公园合二为一，打造森林主题的开放式街区，用景观设计的方式将生活与社区归还居民。

2）形象空间的文化再造

（1）市井生活可视化

每一个空间场域都有其自身的文化积淀和生活记忆，重庆山城的生活记忆是具有年代感的老街、充满生机的市井烟火气以及独特的赛博朋克城市气质。城市更新背景下的社区商业空间重构不可缺少抚慰凡心的烟火气以及继续发扬独特地域文化。社区商业因其靠近居住圈的地理属性，留存了许多共同生活记忆和故事，在社区商业空间更新设计开展前期，应对周边社区居民进行走访，记录场地中过往的故事和现有活动场景，通过“物化”的方式转译该场地精神文化意向，将生活记忆融入到新空间并渗透到社区居民日常生活场景中，通过整体概括、简化重组、元素提取等设计手法将生活场景重新演绎，唤回当地居民的归属感。社区商业设施也应当是社区生活记忆的集中体现，结合社区商业空间的构建，对设施进行创新性表达和创造性转化，增强地方感。如南坪正街打造的“超级80街”以居民意愿为导向，通过鲜活生动的墙绘、路边的露天电影，在景观设计中融入绿皮火车、搪瓷杯、书刊画报等文化元素还原了重庆20世纪80年代集体生活景象，融入社区老火锅、集体食堂等市井餐饮业态，延续了重庆的市井烟火气和老街生活记忆，提升了社区商业的新活力。

（2）文化元素主题化

社区商业空间的更新改造可以将主题文化元素运用到空间和环境设施的设计中，通过主题概念、主题业态、主题元素引用的方式，打造凸显个性与特色的主题化社区商业空间，增强空间体验感，避免标准化、同质化竞争。社区商业空间的主题营造可以从物质空间和商业业态两个方面入手：一是物质空间主题化，运用独特、新颖、突出地域特色和文化特征的主题元素，通过象征符号的描摹、解构、提炼、重组、再现的设计方法创新运用到具象的空间和环境设施中，系统性地提升社区商业空间的标识系统、场地铺装、植被绿化、小品雕塑、室外装置、外摆空间、环境照明等，营造独具特色的商业主题氛围，突出主题性和标识性，并且整体考虑城市中的位置合理性、形式协调性。良好的景观环境设施会形成视觉记忆点，是社区商业空间富有活力的前提，从而吸引消费者驻足停留，激发更多的消费行为。二是通过主题业态塑造主题化空间，有针对性和目的性地选择文化、艺术、时尚等特色主题业态置入社区商业空间。例如，长沙超级文和友从长沙传统小吃入手，结合市井餐饮，营造怀旧主题的氛围，充分利用长沙的人、物、意向等个性化的街市餐饮文化元素吸引消费者，成为该区域独一无二的餐饮主题IP，推动整体商业空间的发展。

（3）新旧材质融合化

①旧材料的沿用

人气惨淡的社区商业空间虽然已失去对人群的吸引力，但不可否认的是，场地中的原有材质是社区商业发展的见证者与参与者，承载了人们的情感内涵和记忆。在更新改造中可以合理沿用原始建筑表皮材料，比如重庆常见的旧材料有红砖、青砖、石材、青瓦以及多年生的植物等，既具有一定的美观性又具有一定的历史性；同时可以合理地取舍原有地铺材料，通过精心设计和保护传承，成为新空间的参与者，旧材料的沿用有助于运用更少的资源更新场地空间，塑造人文记忆，焕发社区商业新活力。

②新材料的糅合

更新改造中的新材料运用可以表现在两个方面：一是直接使用新的材料肌理，用现代构成、对立统一的设计手法与旧材料结合，如传统材料砖石与现代金属材料能形成粗糙与光滑的质感碰撞，红色与灰色砖面过渡可以形成色彩对比，赋予改造后建筑新的色彩肌理；二是通过现代技术和设计巧思将废弃材料翻新作为建筑新材料，赋予废弃物新的使用价值，降低建造成本的同时维持建筑的可持续发展。例如，位于曼谷拥的Early Bkk社区咖啡馆改造中，本着绿色设计的理念，通过向当地游客和居民回收牛奶盒、玻璃瓶等最常见的生活废料，将这些废料容器嵌入建筑立面的金属环结构，作为建筑立面、室内装饰以及家具等各方面设计的关键材料，在空间中创造出了迷人的光影效果和丰富的肌理，产生独特的视觉效果和感知体验，也增加了居民的参与感。

4．以鱼洞龙洲湾10号社区商业街区改造为例

1）龙洲湾10号社区商业街区概况

（1）选址概况

龙洲湾10号社区商业街区位于重庆市巴南区龙洲大道上。重庆市巴南区处于长江南岸丘陵地带，地质地貌形态多样。龙洲湾10号西临长江、东邻龙洲湾大道、北邻东风路、南邻农业路，靠近城市主干道，交通便利；背靠康奈尔·风花树小区，房屋总数2106户，周边拥有3个大型社区，人口基数大；周边配套齐全，宜动宜静，区位条件较好；区域内绿化覆盖率高，拥有超长江岸线，观江面大，自然条件优越。

重庆是一座集山水、人文、城市三位一体的文化名城，历史底蕴深厚，山水相依，两江环抱。拥有丰富的历史文化资源，巴渝文化、长江文化、开埠文化、码头文化、移民文化交相辉映，造就了充满历史文化的山水之城。吊脚楼是重庆地区独特的传统建筑形式，背靠高山，面向江水，赏日落，观烟火，是重庆建筑文化的集中体现。此外，重庆还保留着大量新旧交融的民国风情建筑和中西合璧的西洋建筑，这类建筑既有对传统建筑体系的继承，又有对西方建筑思潮的吸收，独特的地形使得重庆的建筑在保持自我的基础上又添一份别样的韵味。

（2）人群访谈

针对本项目的发展现状，以走访的形式对周边区域居住的消费者进行初步走访，希望通过消费者的反馈，为本设计实践的社区商业空间改造提供有效参考。选取了约30位不同年龄段和职业的消费者作为访谈对象，内容有目标消费者在该区域内的消费需求、消费习惯、消费理念、消费地点选择的参考因素和侧重点，以及对于本项目改造的看法和建议等。

访谈结论如下：

①消费需求：项目周边社区消费客群日常消费在本区域进行，有其他消费需求会选择去较远的商圈，希望改造后能在同区满足不同的消费需求。

②消费地点考虑因素：对于消费地点的选择因素除考虑单价、性价比之外首先考虑商家定位，其次会

考虑休闲娱乐设施、趣味性以及整体商业氛围。

③消费客群对改造的建议：希望提档升级与周边社区商业区隔，差异化经营，打造有主题、格调、趣味的社区商业街区。

通过对于项目场地人群动态进行记录和分析，总结出项目场地中不同人群的活动类型，将人群活动行为归纳为三类：商业活动、自发活动、社交活动。

（3）场地现状

①场地范围

本实践选取的场地为龙洲支路以南、龙博路以北、龙洲大道以东的康奈尔·风花树社区商业街区的外部活动空间。场地形态为坡地地形，南高北低、西高东低，街区长690米、场地面积9800平方米，水平界面最宽处为37米，最窄处为16米，场地具有良好的改造条件。

②龙洲湾10号社区商业街区为独栋布局的单边式社区商业空间，建筑在设计之初，是为了匹配原始业态需求，对应以私家车出行为主的目的性消费。该街区共计5栋3层退台式建筑，本次更新改造从右至左分别为17栋、18栋、19栋、20栋、21栋，其中，19栋建筑为风花树小区业主出行的主入口。建筑占地面积9300平方米，建筑前街区宽度16～37米，每层建筑高度均在5米左右，原始建筑立面表达形式单一，材质为青砖贴面。

③交通现状

龙洲湾10号靠近龙洲湾大道主干道，街区呈线型开放、易通达，原始场地为提高便利性在主干道沿街设置了大量的停车位，但存在安全隐患且美观性不足。建筑前街区广场为了增加绿化面积，设置了大量的草皮绿化带与灌木带，导致可行走、驻留的公共活动空间面积减少，人群通行不畅导致减少了社交活动发生的频次。5栋建筑之间相互独立，只能在其内部行走活动，缺少整体串联交通，无法满足连续、通畅的购物环境。

④业态现状

龙洲湾10号社区商业街区最初的业态定位为复合式街区，其中包括中高端娱乐休闲、餐饮、酒吧、美容SPA等多个业态。根据调研统计，东侧临街的17栋建筑目前以餐饮服务业态为主，现存2家正在营业的餐饮店，其余都是闭店状态，三楼空间未招租使用；18栋建筑的服务业态较为杂乱，现存1家医药店、2家中医馆、1家便利店、1家服务类公司；19栋为风花树小区入口大厅、社区物业以及1家保险公司；20栋建筑商铺均为闭店状态；21栋建筑现存1家医院。

⑤现状问题总结

经过实地调研发现，街区环境衰败、空间功能结构不合理、形态单一老化、人文环境衰落、居民消费结构升级等原因导致了以下六个方面的问题出现：

A. 空间格局散乱：空间容量尚足，但内部空间未充分利用；街区底商立面过于沉闷，可识别度较差，缺少向上引流的吸引力；社区商业空间呈点状分布，布局散乱，聚集效应较差。

B. 交通体系断裂：路网结构清晰，但局部失联；建筑之间无交通串联，动线不流畅；道路形态呆板单一，趣味缺失；极度缺乏高品质、连续、舒适宜人的慢行活动空间；车位缺乏，亟待整补。

C. 空间功能单一：以商业功能为主，教育功能、社交功能、休闲娱乐功能、展示功能等其他复合功能缺失。

D. 空间界面混乱：垂直界面衰败，商业界面无序拼贴，缺乏个性特色和吸引力；水平界面动线枯燥，缺乏趣味，局部街道尺度比例失调。

E. 景观设施不足：景观层次单一，缺乏设计感，观赏价值不高，缺少互动；空间休闲设施不足，分布不均，邻里交往缺少物质基础，设施需补充完善。

F. 商业业态陈旧：商业活力缺失导致商家频繁更替，业态产品陈旧，同质化严重，无法提供社区基本物质需求以及精神层面的多样化体验需求。

（4）区位借势

2021年9月，重庆大渡口钓鱼嘴开始兴建“音乐半岛”，规划建设长江音乐厅、长江音乐学院、音乐博物馆、音乐营、音乐台、音乐广场六大功能性项目，它们将为游客提供多元化的音乐教育、演出、艺术展览以及休闲娱乐等服务。“音乐半岛”的建成将为重庆的城市发展注入新的活力，对重庆的城市更新与城市复兴具有重大意义。龙洲湾10号社区商业街区所在的巴南区与“音乐半岛”所在的钓鱼嘴半岛隔江相望。因此，希望通过区位借势，赋予社区商业街区“音乐”的主题，借音乐半岛之势，让艺术介入城市，艺术赋能商业。

2）龙洲湾10号社区商业街区设计理念与构思

（1）设计理念

本设计是以龙洲湾10号社区商业街区空间为载体，以优化社区商业空间物质环境，提高社区商业空间品质，满足对实体商业的体验需求和社区邻里交往需求为根本目标，梳理周边城市关系，重构街区空间关系，全面激发街区更新活力。

本设计实践采用“社区+商业”的更新模式，旨在打造一条充满活力的社区商业步行街，以满足社区居民的需求，强调其可行走和慢生活的调性，以此来构建一个线性城市空间。首先，满足社区居民的需要，以“交往花园”代替商业中心，提供多样化的功能选择与体验，塑造优体验、高品质、促交往的公共空间，同时植根于社区情感延续和价值观培养，营造出有温度、有记忆的社区公共空间氛围。其次，把龙洲湾10号社区商业街区打造成有主题、有特色、有活力的商业产品，既是社区商业街区、文化街区，更是音乐街区，体现其集市感、开放感、共享性、文化性、休闲性及生态性。

（2）设计构思

①设计思路

本设计通过文化灌入、主题置入、业态活化带动空间活力，回应社区居民消费需求，兼顾外来者体验消费需求，通过肌理图底关系、空间尺度、界面形式、功能结构、绿化景观设施、商业业态等多方面的优化，整合商业空间和公共空间，最终达到社区商业空间更新，区域活力振兴的目的。

②整体规划

本设计的整体规划为“三横六纵十七点”：“三横”为中心构思，意指上街“潮流庭院复合餐饮”、内街“活力内街日咖夜酒”、下街“沿街底商品牌旗舰”三条活力街；“六纵”为增加通达性的六个竖向交通节点；“十七点”是整个社区商业空间文化体验的主角，在空间内置入十七个主题景观节点，为非商业主导的客体提供不同的选择（图6-1）。

3）龙洲湾10号社区商业空间环境的活力重塑

（1）重塑复合功能结构

龙洲湾10号社区商业街区的原始功能结构单一以商业功能为主，社交功能、休闲娱乐功能、教育功能、展示功能等其他复合功能缺失。改造的机遇与挑战在于如何将新的功能置入原始建筑群，商业购物环境与社区公共生活相融合。街区改造后将多种功能进行多维度复合，围绕上街、内街、下街三条活力街区进行立体布局：下街底商融入餐饮零售品牌旗舰店、精品潮流零售、潮玩快闪等商业业态，结合室外弹性市集场所，整合室内外空间，充分展示临街商业界面和街区调性；活力内街则结合轻餐饮、生活服务、文创产品、教育培训、创意工作坊等商业业态，提供长时间驻留的消费场所，满足社交、休闲娱乐、教育展示的功能；位于四层露台的上街则大力发展“日咖夜酒”的露台经济，同时开放部分露台空间，融入绿化种植、露营等活动与居民共享。

（2）整合多样空间类型

龙洲湾10号社区商业街区空间呈“一”字形展开，原本的建筑和街区空间形态枯燥单一，改造对现有

图6-1 “乐潮市集”——龙洲湾10号社区商业街区总平面图

空间进行了系统地梳理和分类，提炼各类空间特质，将公共空间与商业空间结合，重新界定和划分，突破边界去思考全新的空间类型，适配相应的商业业态产品，尝试提出六个空间类型，分别是沿街入口、商业下街、外摆庭院、社区广场、江景阳台以及尽端庭院。

①沿街入口与商业下街：在沿街入口处设置了标志性构筑物，将龙洲湾10号社区商业街区的符号进行抽象化表达，以提升街区辨识度。针对下街广场的开敞空间，通过铺装的变化、地面的抬升及景观植物、互动装置、广告牌进行围合，形成灰空间，模糊室内外空间界线。营造通行空间和驻留节点，空间形态在保持多样化的同时可以灵活组合，如用于周末摆放市集摊位的平地场所、用于音乐表演的舞台场所以及儿童游玩的场所。多维复合的空间场景能激发人群聚集效应，提升社区商业空间的活力。

②外摆庭院：更新改造取消了原场地中割裂步行空间的绿化带，通过调整原有街道尺度，在街区广场内创造了连续开放、尺度适宜、安全舒适的步行空间，进一步激活了社区商业的氛围。在不影响人群通行的情况下，在建筑首层增加桌椅、景观植物等各种形式的外摆过渡设施，打开原本枯燥封闭的商业界面，结合通行空间和室外空间，使之成为丰富多样的利于激发交往、驻留的空间场所，营造内外空间活力。

图6-2　龙洲湾10号社区商业街区中央广场效果图

③社区广场：19栋建筑前中央广场为康奈尔·风花树小区住户主要步行出入口，改造取消了广场中繁琐的景观花坛，增设流线型的音乐舞台装置，植入公共艺术和街头表演，为社区居民提供一个开放的、剧场式围合式的露天公共活动空间，改造充分尊重现有的绿化空间，保留了原有树种，以延续社区公共记忆要素，林荫空间成为新生活、新社交发生的重要场所（图6-2）。

④江景阳台：位于建筑四层的屋顶露台拥有极好的观江视线和壮丽的自然景观，但改造前的露台空间仅放置设备，并未充分利用；改造后的18栋、20栋露台则作为商业空间使用。因地形高差，此露台与社区地下车库在同一水平标高上，在堡坎侧面增加通行入口，并充分利用原有阁楼空间，置入音乐啤酒露台、慢调咖啡等业态，充分发挥社区商业"晨经济"和"夜经济"的优势，打造"日咖夜酒"全时服务性模式。同时置入"音乐风铃"等装置，打造沉浸式音乐主题观感体验，成为可以一览江景的潮流庭院。17栋、21栋楼的露台则引入屋顶花园，向社区公众开放，为社区居民提供休闲座椅和公共服务设施，创造优质而舒适的绿化空间和集会空间，充分发挥社区商业的公共属性，与社区居民共享屋顶滨江景观。

（3）强化立体步行系统

商业街区步行系统的连续性是影响街区活力的重要因素之一，本次更新改造从人本角度出发，在街区内强化了步行系统的通达性和连续性，完善了重要节点处步行流线的指引，增加了两处连续、舒适、宜人的立体慢行活动空间，并调整了原本街区广场不适宜的尺度。

①增加空中连廊及竖向交通：原始场地是由5个独立单元个体组成，彼此是断裂的、不连通的，为提升商业街的购物体验，通过在建筑之间加建空中连廊、立体步行系统将5栋建筑串联，使其成为一个紧密联系的统一整体。空中连廊能解决建筑间步行不通畅的问题，立体步行系统能解决多层商业建筑向上吸引客流困难的问题。

②增设立体慢行系统：改造利用建筑群原始内凹的立体形态，将慢行空间立体化，打造高品质、连续、舒适宜人的慢行活动空间。慢行空间内的大台阶缓慢上升，通过踏步标高的变化与多重绿化景观元素结合，布置大量可供休憩、就坐的开放平台。并植入小舞台、小布景等功能设施，可供周末开展社区活动或商业活动，使空间变得丰富有趣且充满体验感。既呼应重庆山地特征下自然形成的多梯步道路形态的同时，也弥补了城市内慢行空间缺失的问题（图6-3）。

（4）营造绿色生态空间

①沿街绿化的处理：广场与人行道的边界处理体现了开放、友好的空间氛围，原场地与市政人行道之间过渡较为生硬，处理手法简单。改造利用景观手法兼容功能，柔化城市边界，激活街角空间，面向广场的一侧设置呼应铺地的线型座椅，形成了向内围合、视线通透的休憩节点；在人行道一侧取消高大的乔木，使用绿化景观柱减少对街区商业界面的视线遮挡，结合绿化种植池，茂密的花草为街区增添无穷生机，营造绿意盎然的景观休闲区。

②垂直景观的布置：改造全面贯彻绿色生态设计理念，社区商业内部打造随处可见、触手可及的绿色空间，希望用垂直绿化的形式与整体建筑融合，为其他景观的表现腾挪更多空间。屋顶花园、平台绿化等多种绿化空间都可感知进入，满足社区儿童亲近自然的需要，建立人和自然景观的密切关系，使社区商业空间更加具有吸引力（图6-4）。

4）龙洲湾10号社区商业空间形象的文化再造

（1）市井文化的植入

社区商业功能内容需考虑其独特的地域特质，植根于区域内社区居民的实际需要。改造选择了社区入口所在的19栋建筑，该位置的垂直电梯仅供社区居民刷卡乘坐，既保证了隐私安全又能便捷到达其他楼栋，还打开了三层连续封闭的建筑界面，塑造连续开敞的商业界面，作为社区市井集市使用，内含生活市集、市井餐饮，将市井味道、市井生活置入社区商业空间（图6-5）。

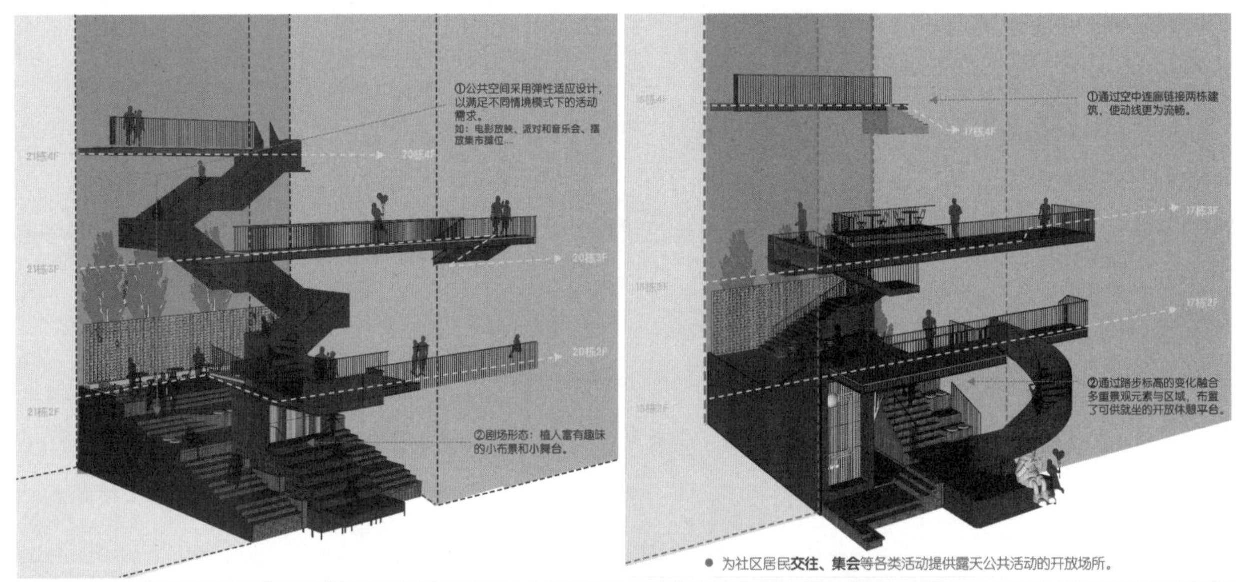

图6-3 龙洲湾10号社区商业街区慢行立体系统效果图

图6-4　龙洲湾10号社区商业街区绿色生态庭院效果图

图6-5　龙洲湾10号社区商业街区效果图

（2）主题场景的打造

提取龙洲湾10号社区商业街区的文化主题元素，将音乐、摩登、艺术文化三大线索贯穿于整体街区的立面、景观、视觉、雕塑、装置、店面招牌中，平衡空间改造中的功能与文化属性，将社区互动与艺术创意有机结合，激发建筑空间与商业新的活力。

①音乐舞台装置：在场地选取5个有视线对应关系的节点空间设置音乐舞台，分别是中央舞台、街头舞台、转角舞台。过往人群能在街区广场、空中连廊、立体交通、建筑上街等不同的位置观演。舞台的设计表达通过提取音乐中不同的元素和绚丽的色彩进行转译，与景观设施相结合转化为公共艺术互动装置，构成了时尚炫酷、极具辨识度的地标，供消费者打卡拍照，创造了一个户外人流聚集点，促进周边人气聚集与社交互动，形成“时时是音乐、处处是舞台”的特色社区商业街区。

②立体互动装置：位于中央广场左两侧，不仅能解决慢行系统不连通的问题，还能创造良好的互动关系。艳丽的色彩往往更具吸引力，创造人气场所，立体交通的主体为具有辨识度的深红色，左侧的立体交通嵌入银白金属面的“扭蛋机”“LED游戏机”等互动装置，一层的LED屏可设置趣味小游戏和广告投放，二层的“扭蛋机”可与行人进行良好互动。右侧的立体交通则通过解构历代音乐播放器的元素嵌入其中，利用不同材质进行视觉对比。

③IP雕塑：“乐集兔”IP雕塑采用多种不同形态在街区场景中置入，并且通过故事在空间场景进行情景串联。位于中央广场的巨型IP雕塑给予了社区商业街区前的空间身份定义，形成空间特有调性，塑造了街区品牌形象，增强了互动体验，符合当下年轻世代客群的流行基因，有利于打造特有的记忆点，形成差异化的视觉体验，使其跳脱出周边同质化严重的商业竞争。

（3）新老材质的融合

①建筑风格的延续：街区建筑的原始立面过于沉闷，改造延续了原有建筑风格以及空间结构，保留三段式的立面风格，丰富屋檐与柱脚的线条装饰。在门洞的处理上增加三弧拱券、中间券心嵌销石等装饰细节，使建筑立面精致而典雅。改造将原本单调的垂直界面进行重新排列组合，以多元化的材质、变化的单元，形成错落进退的小体量空间形态，增强垂直界面视觉感受。

②新旧材质的糅合：建筑外立面的材质部分保留了原有灰色砖面和白石贴面，延续青砖黛瓦的灰色沉稳基调和建筑表皮的颗粒感，并使用红砖、玄武岩、不锈钢水波纹板、现代金属材质等新材质进行碰撞，打造出一种粗糙且光滑的戏剧感。现代材料与传统原始贴面的结合，实现了现代与传统糅合的立面效果，形成了特殊且极其丰富的肌理变化，活跃了室外空间。

③业态展昭的迭代：改造前的业态呈现方式与昭示性过于陈旧，通过视觉系统设计、立面改造及门头设计为龙洲湾10号社区商业街区赋予新生命。根据项目的建筑风格、社区商业消费人群，拟定特有的调性，也带来更多商业与社区生活结合的可能。立面暴露的粗粝红砖、朴实青砖与精致的现代店面招牌的呈现形成鲜明的对比，丰富多样的侧面招牌、灯具、装置与店面招牌相融合，提升了整体氛围，为龙洲湾10号社区商业街区增添了摩登复古元素，也为日后入驻的商家提高了整体的品质。

5．总结

本案例在城市更新行动背景下，研究社区商业空间与空间活力的理论基础，从社区商业空间构成要素入手，通过对重庆社区商业空间的实例调研，研究其空间功能、业态构成、交通组织、人群构成、行为活动等要素，总结影响社区商业活力的空间特征，为社区商业空间活力重塑的策略提出提供了现实依据，并提出相应的改造方法，将策略方法运用到龙洲湾10号社区商业街区改造中以验证方法的可行性。本案例的主要研究结论包括：

1）社区商业空间活力构成要素包括周边要素、空间要素、设施要素、人群要素四类构成要素。建筑首层开放度、完善的功能业态、步行的连续性、可停留的空间与人群聚集和空间活力的关联性较高；空间形态、绿化覆盖率、开敞的活动空间、公共设施等要素对人群聚集和空间活力有一定的积极作用；其他要素与人群活动和空间活力的关联性相对较弱。

2）本案例提出了社区商业空间活力提升的策略与方法，分别是差异化更新、本土化更新的文化塑造策略；特色体验性更新、全时服务性更新的业态布局策略；构建社交生活场景、长效治理持续发展的公众参与策略，并围绕物质空间活力重塑和形象空间文化再造提出了七种具体设计方法。

3）通过龙洲湾10号社区商业街区现状特征分析，充分考虑重庆山城与滨江社区商业的空间特性，将本案例提出的策略与方法运用到设计实践中，提升社区商业空间环境品质的同时，修补场所精神，激发商业活力。

6.2.2 案例二：艺术介入下的城市老旧社区更新研究——以成都中道街风貌更新设计为例

王 珺

1．艺术介入城市老旧社区更新的设计方法

1）综合考虑影响成都地区老旧社区风貌的因素

（1）历史文化因素与社区文化景观

学者哈维在20世纪70年代将社区文化规划定义为“社区充分掌握和利用其内部文化资源以促进社区健康、和谐、稳定发展的一种有效手段”。20世纪中后期，文化在一些欧美国家的旧城改造工作中占据了十分重要的地位，一定程度上推动了旧城区的改造。

文化资源是城市基础设施的重要组成部分，吴良镛先生曾在访谈中表示：“文化是历史的沉淀，存留于城市和建筑中，融合在人们的生活中，对城市的建造、市民的观念和行为具有无形的影响，是城市和建筑之魂。”川西地区的历史文化可谓源远流长，其中成都地区自古以来有“天府之国”的美誉，“天府文化”起源于水利工程，历史上比较出名的包括大禹治水、李冰修建都江堰水利工程，以及后来西汉时期的文翁继续兴修水利、创办石室讲堂，都为“天府文化”的发展奠定了坚实的基础。唐宋时期是天府文化发展最繁华的时期，成都平原受战役的波及小，社会环境稳定、经济发达、文化昌盛，积极吸收融合各方文化，一度有“扬一益二”的说法（扬：指扬州，是当时最为繁华的城市；益：指益州，其州治为成都）。时至今日，人们依旧对川菜、川酒、川剧等优秀传统文化津津乐道。

一方水土养一方人，一个社区的文化对该地区的居民有着十分重要的影响，社区文化在潜移默化着社区居民的行为习惯与相处模式，居民们的行为习惯影响着社区风貌，社区文化在无形中改变着社区的形态。

成都地区拥有浓厚的文化底蕴和丰富的“文化遗产”，文化对社区风貌有着不可忽视的影响，在对社区的文化规划中，具体体现为融入社区文化的文化景观，社区文化景观可以分为“非物质”的文化景观和“物质”的文化景观。“非物质”的文化景观包括在特定地区的历史和自然环境的影响下，当地居民们自发形成的民俗文化、风俗习惯、特色技艺等非物质的，但实际存在且影响着当地居民行为习惯和生活方式的“历史记忆”与“文化密码”，具有浓厚的“地域性”；而“物质”文化景观则是指在历史沉淀中留下的可以直观地影响着居民们、塑造着社区风貌的有形的、“物质”的“文化印记”，包括文物古迹、纪念碑、建筑、

寺庙、道观、园林、雕塑等。由此可见，社区文化景观是社区风貌的重要影响因素之一。

（2）业态因素与社区商业构成

萧桂森对于业态的定义值得参考，他在《连锁经营理论与实践》中描述业态是“针对特定消费者的特定需求，按照一定的战略目标，有选择地运用商品经营结构、店铺位置、店铺规模、店铺形态、价格政策、销售方式、销售服务等经营手段，提供销售和服务的类型化服务形态。”

成都地区的老旧社区存在的影响社区风貌和视觉感观的一个显著因素——街铺体现的是“自由生长”的业态。由于一些商业业态直接被开发商出售给个人，业态类型由购入者自行决策，就会出现业态配比不合理的问题。

由于缺少对城市老旧社区业态合理的规划与整合，所以目前多数老旧社区呈现出的业态都比较单一，主要以传统的底商和小商品零售为主力，社区发展十分受限，居民生活并不便利，经常需要到社区范围外以满足日常生活需要。且街铺也多由商户自行设计，致使风格迥异甚至显得有些杂乱、不和谐，或者有的社区会进行比较简单的统一形制、店面招牌和装修风格的处理，失去特色。

（3）建筑风格及造型因素

建筑风格及造型具有时代性，体现着特定历史时期的风格和特点，是一种建筑语言，承载着特定时期设计者的思想表达和社会审美，是影响社区风貌的最直接因素之一。

不同地区的建筑也具有不同的地域特点，受地理环境和当地自然气候的影响也比较大。以成都地区为例，成都平原位于四川盆地，整体地势比较平缓开阔。四季分明，日照较少，降水较多，气候比较潮湿。所以，在建筑的选材上，更加倾向于防水和防腐材料。处于地震波影响带，会受到其他地区地震余波的影响，但不会发生大的地震，所以在建筑的设计上也会考虑到这一点。

除此之外，社区建筑最重要的就是实用功能，即居住功能和使用功能，其次是审美功能，在满足实用性的前提下，应当满足其审美需求。建筑的风格及造型受到多种因素的影响，包括造型与周边环境的思考与设计、光和色彩的搭配与管理等。造型、色彩也是影响建筑风格及造型的最显著因素，建筑风格与造型又是影响社区风貌最直观的因素之一。

（4）公共景观因素

公共景观是建筑语言的延伸，与建筑密不可分。公共景观包括街道空间、广场空间、绿化区域、软质景观和硬质景观，承担交通功能、审美功能和日常活动交往功能。

社区公共景观中的街道空间和广场空间都属于公共空间，街道空间主要承担交通功能，广场空间主要作为社区居民的交往、休闲场所。社区的街道空间是社区最常见的公共景观，街道空间的规划与设计对社区风貌有着比较直接的影响。社区广场空间是社区公共景观的重要组成部分，按照其不同的功能可以分为居民活动广场、商业广场、交通集散广场、文化广场、儿童广场等。社区绿化区域主要指被植被覆盖的区域，在成都地区的老旧社区中主要表现为社区花坛、行道树、广场绿植等，可以起到改善社区卫生环境、调节社区环境、增加社区艺术氛围等作用。社区的软质景观主要指社区“自然资源”，比如植物、水体等；硬质景观主要指社区中的硬质铺装和小品设施等人工景观。

社区的公共景观往往通过视觉性或感知性的设计、装置、小品等传递社区历史、文化、精神、艺术，因此也被赋予审美功能和文化传递功能。

2）艺术介入老旧社区风貌更新的实践案例分析

（1）东京“立川艺术区”

东京“立川艺术区”位于日本东京的卫星城立川市，在20世纪80年代被定位为“城市核心工程”，开始了城市更新。立川艺术区包括7个街道和11栋建筑，融合了艺术与设计，在城市更新的过程中，不断汲取西方国家的艺术理念和设计手法，并结合日本国情和传统文化使其本土化。策划人北川弗拉姆对艺术介入立川的更新想法反映了20世纪艺术的多元化特点，艺术化建筑功能和城市环境。把建筑、基础服务设施和公共景观加以艺术化处理，使艺术融入环境，走入人们的日常生活，让人们参与到其中。

北川对艺术介入的一些具体手法也值得学习和借鉴：针对建筑外立面和比较杂乱的城市内部，有计划地进行艺术化处理，包括利用雕塑、装置对其进行活化和用广告板对其进行遮挡；针对公共设施，包括井盖、消火栓等进行艺术化处理，使其融入整体环境；针对街道广场等硬质铺装进行了艺术化处理，结合地面装置，活化公共空间。

东京“立川艺术区”严格来说，是一场大型的艺术策划，运用跨界融合的思想将艺术与城市功能相结合，并且十分注重公众参与，立足其国情综合考虑艺术介入城市更新，其中体现的系统性和规划性是非常值得借鉴和学习的。

（2）上海大学路社区

上海大学路社区是一个非常开放、充满活力、主要面对年轻群体的商业型社区，上海大学路社区街道长700米，业态丰富且比较密集。值得一提的是，上海大学路的街铺不只是一些“平面店铺”，而是“立体街铺”，沿街的建筑有7层作商铺发展，最大程度保证业态的密集便利，且不同时段都有商铺营业，可以做到一天24小时、每周7天营业，消费者获得了极大的便利。

大学路建筑比较完整的壁画也吸引了人群较多的目光，通过壁画强调了社区的年轻文化，不仅丰富了社区的趣味性，也提高了人与社区的互动。

对于社区公共空间的设计，上海大学路社区的做法也比较值得借鉴与学习。设计者利用“红线”和彩色的硬质铺装将社区广场与大学路街道、商业空间、办公空间等重点场所联系起来，形成一条串通的动线，通过雕塑、艺术装置等提高社区的趣味性，增强居民的参与感，优化社区公共景观，也提高了大学路的辨识度。

3）系统性、规划性的有公众参与的艺术介入方法研究

（1）本土文化传承、置入及输出

①做好文化传承，立足于成都地区的基本情况，充分挖掘川菜、川酒、川剧等人们津津乐道的本土特色传统文化，提取“文化符号”并加以思考。以社区为文化载体，构建“感知度高、参与性强、可以进行文化消费”的社区文化体系与社区文化景观。

②文化置入社区公共空间，在社区公共空间构建“文化载体”，提取传统文化元素，充分利用社区建筑外立面、社区广场、社区硬质铺装和公共设施等，与社区文化融合，强化社区“文化记忆点”，增强居民归属感。

③文化置入社区景观与公共设施，增加社区文化设施、互动艺术文化装置、设置艺术文化空间，增强社区文化体验，提高社区凝聚力。

④文化置入社区业态，结合社区商业，刺激文化消费。比如，引进文化商店、传统文化体验店、文化纪念品商店。开发地区特色文化的文创产品，比如结合当下大热的“盲盒”类商品等。

⑤加大文化输出力度，跨界融合，通过现代科技，构建智能文化数据库，开发特色文化，增强文化吸引力。可以学习风靡年轻市场的游戏江南百景图的模式，扎根于传统的建筑文化、历史人物故事等，进行再创作，寓教于乐。同时也对社区形成一个良好的宣传效果，为社区注入新活力。

（2）业态结构规划及整合

①合理规划社区分区，根据社区的不同需求，对社区业态进行动态组合，通过规划不同业态占比，实现收益的最大化。

②选定主力店、次主力店，合理规划流线，以“一拖多”的形式带动周边小型店铺发展。明确不同业态的属性及特点，合理规划业态组合及空间位置。

③街铺面的造型及风格方面，通过艺术介入，结合本土特色文化，合理设计整体风格，保证临街店铺立面与整体风格融合，并在此基础上保留每组店铺的特点和个性化元素。

④根据需求对社区空间、土地资源进行复合利用，尝试规划“水平”和“垂直”方向的复合业态。

（3）色彩研究及应用

①合理使用高彩度色彩：高彩度色彩可以对建筑物或构筑物等起到强调的作用，可以轻易地吸引人们的视线。

②合理利用色彩的情感传递功能：色彩可以给人不同的情感倾向，色彩的冷暖与明暗都给人以不同的感觉，合理利用色彩的情感传递功能，可以给人以心理引导和积极的心理暗示。

③通过色彩调节结构形态的视觉观感，杂乱繁复的结构通过统一色彩的方法，可以在视觉上减轻杂乱感。同样，简单的结构也可以通过丰富的色彩增加变化。

④确定社区主题色及色彩在社区导视系统中的应用：除去色彩本身给人的影响外，在老旧社区风貌更新的过程中，确定一种或几种主题色，可以给居民以信号和引导，也可以让社区更加鲜活、有记忆点。在调查问卷中，发现部分居民反映社区导视系统不够完善，色彩（主题色）可以应用于社区的导视系统，加深印象，给人以引导。

（4）公众参与

居民是社区构成的重要组成部分，了解居民的真实需求，使社区更新更加合理、高效地进行，提高居民的参与感和对社区的认同感及归属感。但从现状来说，艺术介入社区更新、实现社区风貌更新，大多是通过政府、企业和设计师、艺术家共同实现，居民参与度较低。艺术介入老旧社区风貌更新不是设计者和艺术家的“自我感动”，坚持设计要“从群众中来，到群众中去”的公众参与原则，鼓励居民参与到社区风貌更新的过程中来。

本案例认为，艺术介入中的公众参与可以分为“设计结果上”的公众参与和“设计过程中”的公众参与，建立有效的公众参与机制也可以从这两方面入手。

“设计结果上”的公众参与指通过社区艺术互动装置等增加居民在社区中的日常参与度，让艺术融入居民的生活。

“设计过程中”的公众参与则指在介入城市老旧社区更新的过程中，收集民意、了解居民的诉求，尊重居民的意愿，最大化地保证居民的利益。“公众参与”可以提高对社区居民需求的了解，也可以提高社区居民对社区更新的接纳程度，民意收集是快速了解居民诉求的有效途径，也是公众参与的第一步。民意收集的途径包括实地采访调研、问卷调查、网络平台收集等。

此外，可以通过宣传册、网络平台推广、举办社区居民会议、组织居民活动等方式提高居民在艺术介入老旧社区更新过程中的参与度，向居民宣传设计理念和设计方向，让居民感知设计进程、参与社区更新的过程。接受社区居民的监督，不仅有利于获得居民的信任和理解，对后续设计工作的顺利推进也起到一定的促进作用，也有利于社区更新的可持续发展。

从“设计过程中”为居民提供参与途径，倾听居民诉求，到“设计结果上”为居民提供参与场所，都可以为最终建立有效的公众参与机制打下坚实基础。

（5）跨界融合

跨界融合，即多学科交叉合作，在艺术介入老旧社区的过程中，通过多角度、多方视野的思考与交融，可以对老旧社区风貌更新的方式方法及更新途径有更全面的认识和了解。

在艺术介入城市老旧社区风貌更新的过程中，“跨界融合”贯穿设计的始终。前期对于场地的调研、对于居民的生活轨迹的收集和居民心理的分析，不仅需要环境艺术设计，更需要社会学科、心理学科、人文学科及地理学科的支持；设计过程中，环境艺术设计与雕塑艺术创作、绘画艺术创作、装置艺术创作、人体工程学、人工智能、数字科技等领域的融合也有利于整体效果的丰富与功能结构的合理。

2. 成都地区老旧社区现状及成因概述

1）成都地区老旧社区现状成因概述

（1）时代背景的影响

社区风貌包括社区的物质风貌和社区的人文风貌（人文风貌包括社区精神风貌和社区文化风貌），社区建筑、社区景观、社区公共空间等比较直观反映社区现状的“有形空间”，都属于社区的物质风貌。对比《成都市志》的系年大事记和《成都市志——房地产志》《成都市志——建筑志》，不难发现社区的物质风貌，尤其是建筑受时代政治、经济及文化的背景影响比较大。中华人民共和国成立后至20世纪80年代，成都政府成立建设科，积极组织城区建设和旧城改造，建设和改造的规模大、速度快，民用建筑统一建设，大力推行综合开发。同时，这一时段正值国外建筑理论在我国流行之时，建筑风格极其多元化。当然，在当时社会、经济发展的初期，大规模、快速地进行城区建设是符合时代需求的，可以尽快为城市社区居民提供现代化的住所，改善生活条件。但现在来看，在这种追求大规模、快速的建设和改造，建筑风格泛滥的时代背景影响下，成都地区的老旧社区也确实存在一些问题，包括缺少地域特色、文化景观缺失、精神场所缺失等。

（2）设计理念的局限

建筑在其基本的居住功能之余，还被赋予了审美功能和文化功能。建筑的风格及造型除了受到当时时代背景的影响外，也同样会受到当时设计环境和设计思想的影响。

吴良镛先生起草的《北京宪章》中提到，20世纪是一个“大发展”和“大破坏”的时代。国内的设计环境迎来了“寻找方向”的迷茫期，生产力的提高和技术的发展为城市建设和更新的进程按下了加速键。

中华人民共和国成立初期至2000年以前的成都地区城市建设和旧城改造，受到当时“大发展”“大繁荣”的设计环境影响，建设开发速度快、范围广、规模大，但急于求成地、大规模地拆改型建设，导致各地建筑趋同，失去地方特色。部分急求利益的房地产开发商在利润的驱使下，缺乏对于建筑和当地环境适应性及配适度的思考，又因受到国外现代主义建筑、包豪斯风格等影响，建设出一批批缺少特点、“放之四海而皆准”、缺失“文化”与“记忆”的建筑。

这与邹德侬先生在《中国现代建筑史》中对中国现代建筑发展阶段的描述也是比较符合的，邹德侬先生总结我国现代建筑在中华人民共和国成立初期追求自发延续，在1965～1976年追求政治地域性，在1977～1989年建筑发展“繁荣一时”，同质化严重。

（3）技术条件的制约

分析成都地区老旧社区现状成因，除了时代背景和设计理念的影响外，也不能忽视国内当时（中华人民共和国成立初期至2000年）的经济技术条件对老旧社区风貌的影响。不同时代的技术水平差异比较大，随着经济和科技的发展，房地产行业也日渐繁荣，城市社区建筑的建设手法也由传统建筑技术向现代高新技术转变。现代高新技术为社区建设带来新的材料、新的建造技术和新的建筑结构，影响社区景观、道路规划结构、社区配套服务设施。

以社区配套服务设施来进行说明，由于当时的技术手段不够成熟，社区内的电线杆等架空线还做不到集约高效地处理或者像现在一样移到地下，从而导致地上线路较多较杂，影响社区公共景观。

2）成都地区老旧社区普遍现状

成都作为西南地区经济发展的繁华地区，各个主城区目前还存在比较多的老旧社区，并且随着城市居民生活水平和审美意识的提高，部分主城区现存的老旧社区无论是在实用功能方面还是在审美功能方面，都已经不能满足市民日益增长的物质和文化需要了，成都地区老旧社区面临的主要问题是同质化及场所精神缺失，普遍存在建筑立面杂乱、道路停车混乱、基础设施老化、服务设施缺失、社区空间利用不合理、街区景观严重缺失等问题。且大多数老旧社区都有片区认知度低、业态单一、基本以传统底商为主、娱乐功能缺失的问题。

且部分老旧社区因年代较为久远，占据了比较优越的地理位置，处于商圈或者市中心，随着周边区域的开发，其区域周边项目更偏重城市游乐、购物及休闲，但是缺少老成都的文化底蕴，因此片区知名度也比较低；而且大多老旧社区业态单一，主要以传统底商为主，且形态单一、消费不足、收益低，只能满足日常生活需求。

3）居民诉求

对于居民来说，功能完整的社区可以为生活带来极大的便利，省去很多不必要的烦恼，提升居民的居住体验感。但目前很多城市老旧社区都不具备完整的社区功能，甚至有些老旧社区面临重要功能缺失的问题。

为了更加了解成都地区居民们的内心想法，聆听不同年龄、不同职业的居民们的心理诉求，笔者进行了实地采访和问卷调查。本次受访者（愿意配合参与填写问卷调查的居民）共计154名，其中有效问卷共计150份。受访者中，20～39岁的受访者比较多，有88名，占受访者总数的58.67%；40～59岁的受访者人数次之，有36名，占24%；60岁以上的受访者有15人，占10%；最少的是20岁以下的受访者，只有11人，占7.33%，这也比较符合当下社区居民的人员组成情况。参与本次问卷调查的受访者从事最多的三种职业分别是企业职员（36人，占24%）；大学生（34人，占22.67%）；事业单位工作人员（24人，占16%）；被统计的其余职业中，如离退休人员、商户、社区工作人员、快递和外卖配送工作人员也是比较多的。说明在城市社区中，共同参与和经历社区生活的除了长期居住的居民外，还有一部分是“流动居民”，他们都是社区人员的重要组成部分。

填写了有效问卷的150人中，多数人其实对自己所在的社区不太了解，有101人（占67.33%）表示没有特意关注过社区的历史、发展情况等，但同时表示如果有机会愿意了解社区情况；有38名受访者（占25.33%）表示很了解社区情况，只有11名受访者（占7.33%）完全不了解自己所在的社区情况。受访者所生活的社区有43.16%的建成时间在1949～2000年，有42.45%的建成时间在2000年至今，还有14.39%的受访者并不清楚自己生活社区的建成时间。有70.5%的受访者目前工作生活的社区是以居住为主的生活社区，只有2.16%的受访者是以商业为主的商业社区，有10.07%的受访者是以教育为主的文化社区（包括学校区域、大学城等），还有17.27%的受访者是综合社区。

150位受访者对目前工作生活的社区不满意的方面进行了填写，根据统计结果，超过半数的受访者（占57.33%）表示自己工作生活的社区文化氛围不够浓厚，其余比较突出的问题分别是道路停车混乱（占50.67%），基础设施老化、娱乐功能缺失（占42.67%）以及业态单一（占32.67%）。目前很多社区的发展越来越无法满足居民们日益增长的物质和精神需要，居民们需要与之相匹配的社区。根据调查，受访者们最希望增加的配套服务或设施的前三位分别是社区公园（包括休闲广场等，可以提供休闲娱乐和步行健身的功能，占54%），书店（占48.67%）以及社区雕塑、壁画涂鸦、创意设施等（占38.67%）。

最后，问卷中还就受访者们对社区夜生活的态度进行了调查：40%的受访者表示喜欢社区热闹、有丰富活动的夜生活，38.67%的受访者表示可以接受，21.33%的受访者则表示抵触，更喜欢安静的环境。而实际上76.67%的受访者表示自己生活工作的社区居民休息得比较早，没有什么夜生活，只有23.33%的居民则表示自己所在的社区夜生活十分丰富，晚十点过后还很热闹。由此说明，还是有相当一部分居民希望拥有丰富的社区夜生活，但是缺少氛围和场所。综上所述，当前老旧社区的发展已经无法匹配居民们日益增长的物质和文化需求，居民们需要功能更加完整、环境更加优美、文化氛围更加浓厚的社区。

3．艺术介入老旧社区风貌更新的设计实践

1）设计定位

功能定位：集文化、时尚、休闲为一体的综合商业社区；特色定位：城市文化特色社区；方法定位：用艺术介入社区，更新老旧社区风貌，使城市老旧社区成为“有色”“有形”“有内容”的社区，让梦想变成现实，使城市老旧社区成为“有味”“有情”“有体验”的社区。

所谓“有色”——成都色彩好看，成都生活丰富多彩，成都人享受生活，通过艺术介入的设计手段，让“成都五彩”走进社区；所谓“有形”——成都是一个很适合生活、游玩的城市，在成都的市井休闲生活中寻找成都印象，通过艺术介入的设计手段，将“好玩”的艺术装置、有创意的配套设施引入社区；所谓“有内容”——成都是国家历史文化名城、古蜀文明发祥地，成都人有着较高的文化自信，研究蜀地天府文化，可以找到非常丰富的素材；所谓“有味”——“成都味道，好香”，成都小食文化丰富多样，各类小吃店风靡餐饮市场，在这些小店中，人们品尝着美味，也在生活的故事中体会人生百味；所谓“有情”——老旧社区的“烟火气”和“人情味儿”融入家长里短的闲谈和日常的一句句问候，是社区温暖的情感记忆，通过艺术介入的设计手段为居民提供可以休闲、娱乐、交流的休闲空间，推进社区精神场所的建设，有利于提高居民的生活幸福感，增强居民的归属感；所谓“有体验”——居民“衣”“食”“住”“行”“游”“乐”“玩”的质量以及便利程度都与居民的生活幸福指数息息相关，合理规划社区业态、规划社区功能结构，有利于提高居民生活的品质和幸福感。

2）成都市中道街社区现状调研

（1）基本情况与区位分析

中道街位于成都市锦江区，锦江区是成都市的中心城区之一，而中道街临近锦江区的中心城区，区位优越，人口密度较大，与四圣祠北街、天涯石北街相接，中道街街区长615米、四圣祠北街街区长295米，天涯石北街街区长300米，人流量较大、交通便利。但通过实地调研，发现中道街、四圣祠北街和天涯石北街的片区认知度比较低，存在建筑老旧、配套设施不完善、空间利用不够合理（道路停车混乱、人口活动场地面积较小、社区景观缺失）、业态单一等问题，社区发展比较受限。

中道街所在的锦江区地理坐标为东经104°04′、北纬30°40′，属于亚热带湿润季风气候，温暖湿润，四季分明，年平均气温在16.2℃，降水比较多，年平均降水量在800～1000毫米，年日照率为28%，相对湿度82%，风向主要为东北风和南风，风速较低。该地区属于地震波影响带的范围，会受到其他地区地震余波的影响，但不会发生大的地震。

（2）设计范围界定

本案例主要研究对象为中道街社区中以中道街为主的这一段，街区全长615米，由于中道街与四圣祠北街、天涯石北街相接，临街建筑也连接着两个街道。

在前期的实地考察及测绘中，笔者将中道街临街建筑进行了整理和统一，以便于对其现状进行梳理，了解建筑分布情况，以及对其存在的优势与劣势进行对应分类。

（3）场地分析

①场地建筑

中道街的临街建筑立面多为比较零碎的墙面，主要是条状窗户和阳台，充满了生活气息，但也显得比较杂乱。其中也有一些比较完整的墙面，适合做一些艺术化处理。

中道街的临街店铺比较多，大多是建成时间较久的店铺，主要以日常生活用品、餐馆、食品店为主，铺面相对来说比较老旧。

②场地空间

中道街的街道宽度比较小且停车比较混乱，但整体视野比较开阔。在中段位置有一个比较开敞的公共空间，但没有合理利用。在调查问卷中的设计上，有一道题目需要居民选择“希望社区引进哪些配套服务或设施”，回收的有效居民问卷中，有54%的居民（81位）希望社区增加社区公园或社区广场。抽出这81位居民的问卷并对其分析统计，在“对社区有哪些不满意之处（多选题）”的问题中，排名前三位的答案分别是“社区文化氛围不够浓厚”（58.02%）；“道路停车混乱”（56.79%）；“基础设施老化、娱乐功能缺失”（44.44%）。通过结果统计，可以发现多数居民对于社区空间还是比较关注的。

③场地地面

目前，中道街的地面铺装比较简单，铺设时间距现在较久远，很多地砖已经开裂、不完整，更换不及时，缺少维护，所以整体观感比较差。

④场地绿化

场地的绿化主要由街道两侧的行道树、花坛组成，分布较为合理，整体观感较好。树池和花坛的设计比较简单，对社区风貌的提升作用较小，但也没有明显的缺陷或负面影响，属于“无功无过”的范围。

⑤配套设施

电线杆、路灯、配电箱、井盖、消火栓、休息座椅、围墙等配套设施都对社区景观有着或多或少的影响，中道街现有的配套设施大多比较陈旧，未特意作处理，缺少地域特色，辨识度低。

另外，社区内导视系统不够明确，在调查问卷中，有19.33%的受访者认为“社区的导视标识不明确，找不到路”。现代科技越来越发达，手机的各类导航应用极大地便利了人们的出行，但经常也会有“绕来绕去”找不到目的地的情况出现，合理、明确的社区导视系统可以有效地解决这一问题，同时经过设计的导视系统还可以成为社区的“名片”，为社区吸引客流，对社区的风貌更新产生积极的影响。

（4）业态分析

中道街由于其本身的地理条件比较优越，靠近锦江区的中心，从唐代开始，锦江区（古华阳县）就因“百业云集、市廛兴盛”闻名，且在1991年锦江区设区开始，就被国务院确立为“商贸繁华区”。

无论是从历史条件来讲，还是从经济效益来讲，发展服务业和旅游业对中道街的长期发展是比较有利的，但是经过实地考察，不难发现中道街目前的商业模式比较单一、业态组合比例不够合理，主要是一些传统底商，包括餐馆、日用品店、农副食品店等满足基础生活需要的店铺，消费不足，收益较低。中道街目前的发展存在着较大的商业空白点，缺乏配套的集吃、逛、游、玩的休闲整体项目，缺乏文化类的项目，缺少一些可以带动周边小规模商铺发展的主力店。

基于中道街优越的区位、较大的业态空白点，可以明确改变中道街以传统底商为主的商业模式，更新为集文化、时尚、休闲于一体的综合商业社区是顺应时代潮流和发展方向的，也是实现“完整社区”十分重要的一环。

3）设计策略及设计内容

（1）艺术介入下的成都中道街功能结构规划

①街道空间

中道街主街的街道形态较为流畅，整体来说街区视野也比较开阔。主街串联市井文化体验区、公共艺术体验广场和动漫文化体验区。

②艺术空间

中道街的艺术空间包括临街建筑和广场，对中道街的整体风貌影响较大，是进行社区更新的主体对象之一。

③点状艺术及装置

点状艺术和装置分布在中道街的全程，并对应不同的区域，采用不同的形式进行氛围营造，包括夜景灯架、动漫雕塑、动漫主题墙绘、互动围墙等，丰富社区公共空间，增强社区艺术和文化氛围。

（2）艺术介入下的成都中道街文化概念置入

①社区公共空间的文化置入

本案例把中道街社区公共空间的文化置入分为三方面进行展开：对建筑立面进行色彩更新、对空间场所进行文化更新、对节点地面进行图形更新。

通过色彩协调统一中道街的建筑立面，视觉上减轻杂乱感。对于建筑立面的色彩配置进行模块化的组合与构成关系分析（图6-6），寻找韵律感，增加变化，使中道街“活”起来。在动漫艺术体验区，引入国漫元素，对于比较完整的建筑外立面进行艺术化处理；在市井文化体验区，对于建筑外立面进行包含“成都市井生活百味”以及传统文化元素的视觉图案更新，对外立面的窗框进行色彩协调，增加趣味，绘制“成都五彩”。

图6-6　模块化构成关系

社区的空间场所包括广场空间和街道空间，广场空间为社区居民的交往、休闲提供场所，街道空间主要承担交通功能并串联社区建筑及社区广场。对社区广场及社区街道空间的风貌进行整体考虑，对杂乱的商铺外摆区进行归置，设置艺术装置增强居民互动参与度（图6-7）。

对节点地面包括店铺外摆区域、广场等的地面以及斑马线等进行图案更新，增加社区“记忆点”（图6-8）。

②社区公共设施的文化置入

改善中道街现有的公共设施，对导视牌、自行车棚、围墙、创意集市、配电箱、井盖、消火栓等进行艺术化处理，使其融入社区整体环境。增加互动艺术文化装置，增强社区文化体验，提高社区凝聚力。

（3）艺术介入下的成都中道街业态控制

①业态引入与动态组合

对中道街原有的业态进行梳理与归置，在现有的零售业态和餐饮业态的基础上新增“游”“玩”“逛”“住”

图6-7 建筑空间场所更新

图6-8 店铺外摆区及节点地面更新

等业态，引入动漫中心、游戏体验馆、文化体验馆、民宿等业态，并引入配套的商业品牌，满足居民的需求，减少不必要的远距离出行。

选定主力店和次主力店，带动周边店铺的客流量。根据社区发展需求动态组合业态，以“一拖多”或“二拖多”的形式，形成良好的商业氛围。

合理规划流线，根据不同业态的属性及特点，做好对动漫艺术体验区、公共艺术体验广场和市井文化体验区的连接，丰富居民体验，提高社区吸引力。

②内容形态更新下的街铺面

街铺面的造型及风格方面，结合居民喜闻乐见的本土特色文化，通过艺术介入将原有街铺的形态及风格进行更新，延续建筑外立面色彩，保证临街店铺立面与整体风格融合，并在此基础上保留每组店铺的特点和个性化元素。

4．总结

本案例以成都地区的老旧社区为研究对象，以艺术介入为设计手段，通过分析对老旧社区的风貌构成影响的因素及其影响方式，并结合理论梳理、实地调研结果和对居民意见的收集，以及对实践案例的对比分析，总结艺术介入老旧社区更新的原则与方式，尝试提出艺术介入城市老旧社区的设计方法并进行实践探索。

得到以下结论：

1）艺术介入城市老旧社区更新的过程应遵循系统性、规划性的设计原则，注重公众参与和跨界融合。

2）影响社区风貌的因素及其影响范围：

（1）历史文化因素与社区文化景观；

（2）业态因素与社区商业及沿街铺面；

（3）建筑风格及造型因素与社区建筑外立面；

（4）公共景观因素与社区公共空间。

3）艺术介入城市老旧社区更新可以从以下几方面着手：

（1）做好文化传承及本土文化植入；

（2）整合业态；

（3）完善社区功能；

（4）尊重居民意见，收集民意，倾听居民诉求。

第7章

时代范

社会发展与城市更新

7.1 社会发展与城市更新

7.1.1 社会发展理论内涵

社会发展理论是指对社会变迁和发展过程的解释和理论构建，旨在探讨社会是如何变化和发展的，以及变化的原因、模式和趋势。发展是我们这个时代使用频率最高的一个概念，也已成为新时代最深入人心的主流理念，主导并引领着我们的发展实践。习近平总书记指出："发展是人类社会的永恒主题。[①]"它是关于事物方向性变化的综合性概念。维利·勃兰特认为："发展是指社会和经济取得称心如意的进展。"发展不同于变化的双向性，它是指向增长、增强或向上、向前的单向度的、积极的建设性概念。只有体现着进步性、上升性的创新性实践才属于发展，具有化解发展问题、优化发展关系、促进社会进步、实现人民幸福的基础性意义和价值。邱耕田教授认为，社会发展是指社会有机体在人的实践活动基础上所表现出的合乎人们主观目的和自主需要，从而有着特定方向和一定规律的运动变化形式。换言之，社会发展是在社会实践基础上通过对发展代价的扬弃而获得的，社会系统整体上的进步或积极的、向上的变化过程。

7.1.2 社会发展与城市更新

社会发展与城市更新是指在城市更新过程中，重视并运用当地的社会经济、文化和环境因素，以促进城市的可持续发展和提升居民生活质量。社会发展作为城市更新的重要考量因素之一，强调了城市更新不仅仅是单纯的空间改造，更需要考虑到社会各方面的需求和发展方向。以下是关于社会发展与城市更新的一些要点：

1. **社会经济发展：**社会发展与城市更新紧密联系，城市更新可以推动城市经济的发展。更新后的城市空间更具吸引力，有利于吸引投资、促进商业活动，从而推动当地经济的繁荣。

---

① 习近平. 构建高质量伙伴关系 共创全球发展新时代——在全球发展高层对话会上的讲话[Z/OL].（2022-06-24）[2024-06-15].

2．**社会文化建设：**城市更新应当充分考虑到社会文化的传承和发展，保护和弘扬当地的历史文化和传统风俗，将文化因素融入城市更新设计，可以增强居民的文化认同感，提升城市的文化软实力。

3．**社会环境改善：**城市更新有助于改善城市的环境质量。更新后的城市空间可以优化交通布局、提升绿地率、改善公共设施，从而提升居民的生活品质，促进社会环境的可持续发展。

4．**人文关怀：**在城市更新过程中，要注重社会公平和包容性，确保更新项目的利益能够惠及广大居民，避免因更新而导致社会不公与不稳定。城市更新不仅仅是对物质环境的改造，还应该关注人的需求和感受。因此，在城市更新中应该注重人文关怀，考虑到居民的生活方式和文化传承等因素。

5．**可持续发展：**社会发展与城市更新应当致力于实现城市的可持续发展目标。这包括经济的可持续性、环境的可持续性以及社会的可持续性。

综上所述，社会发展与城市更新是一种综合考虑社会各个方面发展需求的城市更新理念，旨在实现城市的综合发展和提升，为居民创造更加宜居、和谐和可持续的城市环境。

7.1.3 情感体验理论下的社会发展与城市遗址空间更新改造设计

在情感体验理论下的社会发展与城市遗址空间更新改造设计中，情感体验被视为设计的核心，意味着要通过设计营造能够引发人们情感共鸣和认同的城市环境，从而推动社会的发展。这不仅需要考虑如何利用城市遗址的历史文化，让居民产生情感连接和认同，还需要思考如何借助设计手段来唤起人们对城市空间的情感体验和情感记忆。

以下是在情感体验理论下的社会发展与城市遗址空间更新改造设计时应考虑的几个方面：

1．**情感共鸣与认同：**通过更新改造设计，塑造具有情感共鸣和认同感的城市空间，使居民能够与城市环境产生情感联系，增强对城市的归属感和认同感，促进社会的凝聚力和稳定性。

2．**文化情感表达：**在设计过程中，注重体现当地的文化内涵，将文化元素融入更新改造设计，使城市空间具有丰富的文化氛围和情感内涵，激发居民的情感体验和共鸣。

3．**情感互动与社交：**设计城市空间以促进居民之间的情感互动和社交活动，创造包容、温馨的社区氛围，促进邻里关系和社会交往，提升居民的生活质量和幸福感。

4．**情感安全与舒适：**在更新改造设计中考虑居民的情感安全感和舒适感，创造安全、舒适的城市环境，使居民能够在这样的环境中感受到愉悦和幸福，进而促进社会的健康发展。

5．**情感智能与科技创新：**借助科技创新手段，设计城市空间以提升人们的情感体验，如利用智能技术打造智慧城市系统，为居民提供个性化、智能化的城市服务，增强情感体验的深度和广度。

情感体验理论下的社会发展与城市遗址空间更新改造设计强调了情感共鸣与认同、文化情感表达、情感互动与社交以及情感安全与舒适等方面的考量，旨在创造具有情感连接和社会价值的城市空间，推动社会的和谐发展和城市环境的提升。

7.2 时代性的体现：城市遗址空间更新与改造研究案例分析

案例：基于情感体验的重庆老工业社区建筑界面的更新设计研究——以九渡口正街改造为例

王 颖

1.“情感体验”下老工业社区建筑界面更新的必要性

1）老工业社区建筑界面的现状

（1）老工业社区建筑界面的现状分析

笔者对国内部分老工业社区进行调研，基本为国营单位的家属区，如今社区内建筑年久失修，建筑界面破坏比较严重，入住率比较低，甚至有的社区已经随着居民的搬迁而荒废。

通过对现状的分析，老工业社区建筑界面仍然保持着原来的基本形态，随着居民生活水平的提高，建筑界面较为凌乱、材质色彩不统一、阳台和门窗等建筑构件被破坏的一系列现状问题无法满足居民的居住需求。同时，建筑界面的功能仅仅具有围合作用，居民与建筑无法形成有效的互动关系，并且缺乏建筑与人、环境之间的联系。已经废弃的老工业社区也将带着城市文化和社区的历史记忆一起消失在时代的发展中。“情感体验”强调人的心理感受，从人的角度进行对空间环境的设计，可以通过空间体验引起居民的情感共鸣。因此，将“情感体验”理念应用到老工业社区建筑界面的更新是非常必要的。

（2）重庆市九渡口正街概况及建筑界面现状特征

①九渡口正街概况

九渡口正街建街于1911年，原名九龙铺、新街、建国路、向阳路，1981年正式定名为九渡口正街。街长1000米，街宽10米，起五龙庙至板凳角，街道性质为渡口码头，是菜园坝江边要道的一个民间商业点。据调查研究，民国年间，九渡口就设有茶馆、商店、杂货店等，充满市井气息。

九渡口码头于1950年被改建成重庆首座水陆联运机械化码头，运输成渝铁路所需要的一切必要设备和装备。1954年重庆火力发电厂在五龙庙建成发电，部分电厂、轮船公司职工宿舍和库房车间建于此，形成工业社区。随着码头的转移和火力发电厂的关停，曾经热闹的九渡口正街如今变得市井萧条，逐渐成为重庆市的边缘地带。

2020年的上位规划：将在九渡口正街所处的九龙半岛进行全面规划设计，建设高质量的国际化美术公园，九渡口正街作为其中一部分，也将赋予艺术的气息。

②九渡口正街现状特征

目前，九渡口正街内只有两条线性轴线：一条主干道由南向北，把地块分为东西两块；滨江东段为第二支脉，原为车渡专用线。由此，将九渡口正街的范围被划分为三个组团：西侧靠近铁路为一组团、东南侧邻滩涂段为二组团、东北至滨水区域为三组团。

社区内的建筑主要是砖混结构，建筑使用年限比较久，部分建筑结构还较为清晰，但是社区基础配套设施不齐全，建筑界面材质侵蚀比较严重，大部分门窗已严重损毁，社区内建筑风格不统一，还存在色彩单调、形态单一的问题。

街巷中的建筑界面与沿街建筑界面相比，大多为小体量的居住区，建筑结构较完整，保留了具有当地特色的花砖以及建筑形态，门窗部分损坏严重，有的建筑界面被爬山虎等植物覆盖使得视觉感知上较为凌乱。

社区内部分建筑具有鲜明的时代特征，对此类建筑进行重点的调研与分析。不同时代的建筑都是从空间载体到情感记忆的延续：20世纪50～80年代，红砖建筑、仓库、厂房体现了电厂职工的集体记忆，是九龙坡区域沉淀的工业文化遗存；二组团的建筑是重庆地区典型的滨水山地建筑风貌，是船工联盟的集体记忆，体现九渡口作为九龙坡运输中心的历史；20世纪80～90年代混合型连续商业界面是老商业市井文化的载体，从建筑界面可以看出曾经的业态，包括渡口招待所、贸易商行以及茶馆等，也是九渡口正街市井文化的体现，仍然保留了社区的集体记忆。这些建筑结构保存较为完好，通过斑驳的墙面、锈迹斑斑的窗户，还有充满时代气息和地域特色的建筑形态，让人了解到九渡口正街的历史文化。

（3）重庆市九渡口正街建筑界面问题总结

①普遍存在的问题

空间尺度过小，空间秩序单调。部分危房和违建影响人们的步行体验，阻碍社区商业活动和社交活动的发生。九渡口正街主街为线性空间，缺少空间层次变化，内部街巷空间狭窄且凌乱，主街的长度超过1000米，行人在行进过程中容易产生疲劳感，不利于产生积极的步行体验。

对九渡口正街进行现场调研，一方面，社区内建筑剥落褪色的墙皮、布满青苔的青红砖墙、斑驳的抹灰面墙体，经久未修的腐朽木制门窗、生锈的栏杆，看上去破旧不堪；另一方面，社区中建筑在不同时期建成，存在多种建筑风格，最直观地表现在建筑的材质肌理上。20世纪50 ~ 60年代苏联建筑中国化的红砖建筑、重庆当地的青砖建筑风格，以及近代以来的水磨石、瓷砖等各种材料的叠加，使得社区中建筑风格存在明显差异，没有形成统一的社区面貌。

②重点研究的问题

记忆场所缺失。社区是现代社会中一个非常重要的概念，从社会学角度来看，社区是基于特定地理区域而延伸的地区团体。该地区的居民具有共同的意识、社交活动和集体记忆。走访九渡口正街发现，社区中历史文化记忆缺失、市井生活场景萧条，建筑界面老旧且风格单一，很难形成特定的空间场所体验。在重庆市九渡口正街更新中，建筑界面的改造不能只停留在面貌形式的层次上，必须植根于特定的环境、以特定城市风格为依据，要在很大程度上诠释该地区特色，形成记忆场所以体现其场所精神。

走访九渡口正街发现，建筑界面功能单一，仅具有对建筑内部空间围合的功能，而缺乏建筑与人互动的功能。并对重庆市嘉陵厂家属区也进行了调研，现场调研中发现也存在上述同样的问题，社区中未经规划而居民自发形成的小微公共休憩空间略显随意。

建筑界面与人的交互作用是必然的，建筑界面不仅吸引和鼓励人们的各种行为，人们的行为也会对建筑界面的功能构成一定的影响。功能因素并非一成不变，会随着时代的发展和人们不同的行为而发生变化，呈现出不同的交互功能，从而产生各种建筑界面形态。建筑界面中的功能性空间，不仅可以更好地与行人进行互动，为社区居民提供了一个休闲的社交场所，沿街的建筑界面还创造了社区的商业气氛，并丰富了建筑界面的层次感。

老工业社区中沿街商业建筑界面的“可进入性”是创造情感体验的关键。在连续的建筑界面上，合理地设计建筑出入口，以满足人们的通行需要，并在建筑入口设置缓坡、台阶等过渡空间，以达到社区沿街建筑交通的可达性。调研中发现九渡口正街沿街建筑因场地存在高差，在建筑入口处设置多个台阶，但由于建筑界面连续度比较低，台阶的形态与高度有较大的差别，无法形成有效的过渡空间。

③出现问题的原因分析

九渡口正街从1911年建街开始至今，已经有一百多年的历史，在发展过程中由于缺乏有效的规划设计和行为引导，使得社区逐渐沦为城市的边缘地带。在空间层面，缺乏对建筑功能性的考虑，社区中存在居民私自搭建的情况，造成街巷体系不完整，使得社区中空间肌理尺度过小，也导致社区街巷空间秩序单调。社区中水泥厂、码头还在使用中，缺乏交通管理，没有实行人车分流，在社区道路上出现人车混合的情况，不仅会产生安全隐患，也会阻碍行人的通行并影响交往活动，使得社区空间活力低下。在功能层面，一方面，社区自身没有条件进行大规模的修缮和改造，常年风雨虫噬使建筑界面愈发破败，割裂了与周边的社区之间的联系；另一方面，建筑界面缺乏统一的规划，在社区存在高差的情况下，无法实现建筑界面的连续，建筑界面也无法起到室内外空间过渡的作用。

重庆市颁布的老旧社区改造提升的设计标准和规范适用于大部分老旧社区，但是对于老工业社区这类特殊性质的社区，目前并没有针对性的文件。因此，在老工业社区的更新改造中，无法更为深入地解决根本性问题，导致老工业社区失去活力，工业特征也逐渐消失。

九渡口正街经过几十年的岁月，因年代久远，在社区中也未形成鲜明的文化特征，缺乏居民认同感。如今重庆老工业社区的更新项目也在逐渐进行，但是大多数没有考虑居民的情感体验和集体记忆，只是对社区中的建筑外立面、地面铺装、雨棚等进行改造拆除，缺乏社区的地域文化特色；在社区景观设计、公共设施设计上也没有考虑人情化，使社区底界面公共空间缺乏活力。作为老工业社区，九渡口社区中缺乏工业文化作为情感资源和情感遗产的代际传递，建筑界面缺乏人们的互动和参与，缺少空间体验和情感共鸣，没有充分挖掘历史文化和地区特色，导致社区文化日渐式微。

2）重庆市老工业社区情感要素分析

（1）工业文化的“情感体验”

工业文化与工业发展是紧密联系在一起的，工业文化是伴随着工业进程而产生的，是精神和物质形态的结合。长期的工业发展所形成的工业遗存是原有城市空间构成的一种工业文化形态。重庆是一座工业化造就的城市，重庆市现存的老工业区，其中一些还保留着重庆的传统产业技术特征，为传承工业和地方文化积累了强劲的动力。在改造过程中，对特定的历史空间、功能、元素等进行改造，形成了一种独特的情感体验，从而推动了工业文化的延续。其中，老工业社区作为一种特殊形式，其空间布局和功能、社区关系、场所精神是工业文化独特性的重要表达形式，它具有延续和强化城市特色的作用。

鹅岭二厂文创园是重庆重要的工业遗产，是重庆工业文化的代表，通过对鹅岭二厂进行走访调研及资料查阅，分析总结了鹅岭二厂在更新设计中的情感要素。

（2）市井文化的“情感体验”

①重庆的市井文化

市井空间是城市居民日常生活、交往和娱乐活动的载体，也是城市文化的载体。市井空间是与市民联系最密切的、最能反映城市原真样貌的城市空间，具有时代性和地域性等特点。“市井文化”是基于市井空间而产生的，作为城市文脉中最具有活力和最贴近市民生活的文化形式，在城市更新工作中无疑是重点探讨的课题之一。

如今重庆老工业社区的市井文化以多种形式存在，有原生态没有人工痕迹的市井文化，如嘉陵厂家属社区中沿街低矮的店铺，处处保留着上个年代小集市的面貌，充满市井烟火；也有经过一系列老工业社区更新之后的市井百态，如重庆江北区鲤鱼池社区是长安厂旧家属社区，随着社区的更新，将老旧居民楼一楼改造为饮品店、餐饮店等，并因少量当地居民仍在居住，社区也充满了生活气息，形成新旧共存、老城新生的风貌，在闹市中体验慢生活的市井空间。

②市井文化介入更新项目案例

现如今，市井文化越来越多地运用到城市更新项目中，通过“微更新、轻改造”的模式保留城市市井记忆，增强城市活力。例如，西安老菜场市井文化创意街区的改造工程中，充分挖掘西安文化记忆，结合创新的商业模式，以民国时期公馆街为背景，保持着原来的历史性，保留了老菜场独有的居民生活方式和市井文化，与城市新的生活方式相融合，形成独特的情感体验。

（3）集体记忆的“情感体验”

集体记忆是指属于某一社会群体的成员共同重建过去的经验，是一种群体成员共享的记忆。集体记忆使人与城市之间产生情感联系，使个体的经验、回忆与城市环境联系在一起。同时，由共鸣引发了独特的场所感知，带给人们深刻的情感体验。老工业社区既要遵从和接受物质条件的约束，又要为居住在这里的人建立特殊的集体记忆。这就使老工业社区既具备了各个时期的共同特性，也具备了能够追溯其历史形成和演化的历时性特征。因此，集体记忆是保证社会历史和文化延续的一个重要依据。

3）“情感体验”用于重庆老工业社区建筑界面更新的价值分析

（1）强化社区的情感价值

①挖掘历史文化

文化是一种历史的沉淀，存在于建筑之间。随着城市的不断发展，建筑的文化历史也随之迭代与更新，从而形成不同时期的建筑形态，反之，建筑的形态也决定了城市的历史风貌。老工业社区的建筑形态是在延续城市历史文化中形成的，是城市记忆、文化记忆的保留，以一种独特的符号向人们讲述着过去对于工业文明的记忆。

不同的地区、环境、习俗必然会产生不同的地域文化特征，建筑形态也会受到地域文化的影响，形成不同的风格。如广东的骑楼、川渝一带的吊脚楼、青砖黛瓦马头墙的徽派建筑等，地域文化使本地与其他地区有区别，唤起人们对该地区的记忆。在如今城市形态同质化的形势下，对老工业社区建筑界面的情感体验更新，可以促进社区空间特质的塑造，提高场所环境的可识别性。

②保留情感印记

老工业社区建筑界面更新中，不仅没有损坏原有的建筑界面，更要延续城市的工业文明和激发民众的情感共鸣，唤起民众的集体记忆。老工厂、旧厂房、旧设备、老工业社区等作为工业遗址的一部分，是一种城市的“记忆符号”，见证了城市发展的历史进程。重庆市老工业社区的建筑界面中布满青苔的青红砖墙、斑驳的抹灰面墙体、腐朽的木制门窗、生锈的栏杆等，许多建筑界面的痕迹都代表了当地历史的变迁，承载了一代代人的生活印记。在建筑界面更新中，这些历史印记、工业痕迹的适度保留也是维护城市集体记忆必不可少的符号。重庆市大量老工业社区在城市的发展进程中不断地老去，仅仅通过拆迁进行大规模的建设开发的话，这些历史痕迹便很快在人们的记忆中消逝。因此，在社区更新改造中保留时间的痕迹和情感的依托，可以使老社区、老建筑的生命得以延续。

（2）营造社区的体验价值

建筑界面连接室内外空间，形成空间的过渡，使建筑界面两侧的空间相互渗透。伴随着时代的变迁，在更新中更加强调参与感，这一点也体现在老工业社区建筑界面的更新方式中。人们在行进过程中不再满足于驻足欣赏，而更需要能够主动地参与到其行为活动中，与建筑界面进行交互。情感体验式建筑界面增加了建筑的“可进入性”，提高了空间的参与度。建筑界面的“可进入性”使建筑界面内容更多元化，给人们带来了多维的感知体验，并吸引人们主动参与到建筑界面中去。如华谊万创·新所迷宫墙改造项目，迷宫墙连接着建筑侧界面，丰富了底界面和建筑室内之间的过渡形式，打破办公楼层隔间的秩序，创造新的社交情景，探索了沿街建筑界面改造更多的可能性。

情感体验式建筑界面的设计打破了人与城市、人与建筑以及人与人之间的隔阂，以双向互动、相互沟通的方式，将建筑界面呈现于人们眼前，让人眼前一亮。建筑界面的情感体验过程具有双向作用，它可以让使用者在重庆老工业社区的行进过程中，主动地参与到建筑界面设施中，使人们加深对老工业社区的印象，形成更为深刻的情感记忆。

（3）延续社区的时代价值

①提升社区空间形象

提升老工业社区的空间形象是城市发展不可或缺的环节，社区空间形象是城市核心竞争力的重要因素之一，作为文化动力推动城市的发展。随着城市化的进程，许多城市都通过建构良好的老工业社区空间形象来促进城市的可持续发展，这也导致社区建筑新与旧之间的矛盾随之出现。显而易见，新建筑的成本远高于对旧建筑进行利用与改造，以至于建筑界面更新设计不容置疑地成为老工业社区空间形象重构的重要方式。建筑界面的形态、质感、色彩的艺术表现从视觉上带给人们感官体验，对提升老工业社区的空间形象至关重要。

②适应新的时代需求

拥有着几十个岁月的老工业社区深深扎根在每一座城市，在继承了历史文化和工业时代记忆的基础上，保留了最真实的老工业社区生活。但经过数十年的使用，社区各方面问题也越来越明显，虽然目前对老工业社区的保护和改造已经从过去的“推土机”式开发重建发展到现在的“小规模”和“渐进式”更新模式，但情感记忆的消失对老工业社区形成了一种公共危机。在重庆老工业社区建筑界面的更新中，不可以独立于城市的发展和市民的生活而进行，要求设计者在改造中挖掘老工业社区的文化记忆，置入新的业态和新的功能空间，在建筑界面形象塑造上融入现代设计的元素，以现代材料、现代工艺等方式打破重庆老工业社区建筑界面的单调和沉闷，注入新的生机，从而打造一个老工业社区建筑界面更新的新模式。因此，对重庆老工业社区的保护和复兴，使重庆的历史文化记忆得到有效传承，并在文化传承的过程中获得新的价值。

③满足功能空间需求

老工业社区建筑界面作为城市文化形态建构的重要方面，要尽力去满足功能空间的需要，使得老工业社区有效转型。建筑界面的功能适应人们生活的需要，可以起到更好的引流作用，成为城市中的新地标，吸引人们来此汇聚。建筑界面的功能与空间环境密切联系，是依赖空间形成的，反之，功能的设置也会对空间产生影响。建筑界面上入口与人的出入行为相联系，如位于北京的“影”院民宿，红色的门头强调了入口对民宿经营的引导作用，西向的主入口利用通廊式的门头顺势将入口方向调整为北向，这样既增加了入户的仪式感也解决了道路直冲入口的私密性问题。在重庆老工业社区建筑界面的更新中，也应注重体现其功能性的特征，形成人性化的设计方案。

2.“情感体验”下老工业社区建筑界面更新的可行性

1）“情感体验”在设计中的运用

（1）情感体验的层次

①本能层

本能层的情感体验是对场所空间的第一反应和感受，意味着设计师通过形态、色彩、材质直接诉诸感官，即视觉刺激唤起直接的情感反应，使用物质材料作为情感表达空间的主要条件，辅之以更高的精神元素，加上人们的参与，从各方面考虑营造氛围，最终构建了一个积极的情感体验空间。

②行为层

行为层的情感体验首先强调人在空间环境中的参与性，其情感体验主要来自于人们在参与过程中所产生的空间体验。其次强调人与空间环境的交互性，在空间中营造不同的情节，通过深刻事件、特定场景、多维情感、亲身体验这一系列过程中人与空间环境的互动，使人获得某种空间感受。行为层是情感体验的形成过程，空间环境因为人的交往和互动才变得更加完整。

③反思层

反思层作为情感体验的最高水平，是由个人的认知、理解、生活经验和所处环境之间的相互联系决定的。这一层次更加关注空间环境中所具备的文化内涵，在前两个层次的作用下，人们在空间环境中获得归属感的同时，空间环境中的历史文化和情感记忆也通过人的互动参与得以传承和延续。

（2）“情感体验”在环境设计中的实践

通过对“情感体验”下商业空间、历史街区、创意园区和老旧社区更新的研究，为本案例“情感体验”下老工业社区的更新提供了更为有效的设计方式。老旧社区更新是情感体验在环境设计应用中的重要组成部分。老旧社区更新中也包含老工业社区的更新，所以在老工业社区的更新过程中，也要注重人们的情感体验，满足人们的精神需求，使其在社区中获得归属感。

2）老工业社区更新的相关研究

（1）“情感体验”下老工业社区更新案例解析

①国外：英国伦敦可茵街社区自更新

从19世纪中期开始，伦敦市中心的泰晤士河南岸发展成为一个工业贫民窟，这里工厂林立，建筑拥挤密集，大量工人住宅的卫生条件和生活标准都很差。自1970年以来，开发商试图将这里大规模地开发成高档住宅区和商务区，并将其与周围的社区隔离开，迫使居民从可茵街迁至郊区，从而使社区、家庭和社会关系在南岸逐渐消失。因此，为了避免上述情况的发生，由政府支持的社会企业“可茵街社区营造者”（CSCB）开展一系列社区自我更新活动，并取得了明显的效果。

“可茵街社区营造者”（CSCB）专注于可茵街的社区自更新实践。该组织要求所有成员都必须是当地的居民，并且城市更新要在非营利的基础上进行。该组织的愿景是将可茵街打造成一个集住房、工作场所、社区设施和开放空间于一体的综合型社区。这种自下而上的更新方式可以更充分满足人们自身的物质需求和心理需求，更能体现城市更新中的人文关怀，这种更新方式与情感体验也存在着更多的联系。从“情感体验”的角度对可茵街的更新方式进行解析：

A. 本能层：对低收入者生活环境情感化

前文谈到情感体验的层次时已明确其内容，其中本能层指向的更多是空间中的形态、材质、色彩，故而从这几个角度来重点分析可茵街社区更新案例：

从形态上看，社区中通过合作住房公司提供的公共住房，整个住房围绕一个中庭广场设计，每户都面对一个中央花园，为中庭提供了便利的通道，也为社区居民增加凝聚力，强化邻里之间的情感联系。从材质和色彩上看，IROCK集合屋中当地材料的使用和可持续的建造技术使低收入居民能够负担得起该住宅，这也是情感化设计的体现。

B. 行为层：优化社区环境的空间体验

情感体验的第二个层次是行为层，强调其空间形态、秩序以及印象节点的设置。因此，从这个角度来对可茵街更新案例进行分析：

可茵街的更新在1984～1988年，CSCB在仅四年时间内就拆掉了一些被遗弃的工厂，并在南岸修建了河堤步道，优化体验路径，丰富线性空间的体验节奏。同时新增河堤公园，进行社区生态修复，重塑河滨界面，此后更新具有情感记忆的印象节点，如伯尼史宾公园以及加百利码头等，更新过程中在对公共空间优化的同时公共配套也得以完善。

C. 反思层：提升社区情感记忆氛围

反思层是情感体验的最高层次，主要强调人们在空间体验中形成的对地域文化的感知和情感记忆的延续。从反思层角度对可茵街更新进行分析：

可茵街最有标志性的建筑是翻修后既有历史气息又充满情感记忆的Oxo Tower。Oxo Tower原本是邮局的发电站，更新后的建筑综合艺术、餐饮、办公、住宅等功能于一体，定期举办展览，在提高社区文化氛围并加深居民情感体验的同时，为当地居民提升艺术文化视野，丰富居民的精神需求，使居民产生对社区的认同感和归属感，与社区形成情感联结。

②国内：上海田子坊社区复兴

上海田子坊社区中包括弄堂工厂和居民区。在保留当地居民居住空间的基础上对田子坊社区进行更新改造，既能维持和延续已有的社交活动，又能改善当地居民的生活状况。田子坊社区的更新是一个由住户和许多行业个体工商户共同参与的自下而上的社区更新模式，根据市场的需求，自发地调整使用功能，通过逐步更新的方式，达到老旧社区复兴的目的，是“情感体验”运用于老工业社区更新的成功典范。

A. 本能层：保留弄堂形态重温历史

田子坊社区更新案例从情感体验的本能层来分析：更新过程中保留1933年建成的弄堂形态，社区中建筑材质、门窗形式和里弄空间等都充分体现了石库门的场所精神。在更新中没有将当地居民全部搬出社区，这种方式也给田子坊带来了不同的烟火气，使居民和游客得到多元的情感体验。

B. 行为层：优化情感体验空间秩序

情感体验中的行为层强调空间秩序和空间情节，田子坊社区更新案例中可以看出：通过改善街巷空间的步行路径来提升步行体验的品质，在社区空间中明确印象节点，打造特色文创品牌，结合历史讲好旧社区的新故事。

C. 反思层：唤醒社区文化情感共鸣

田子坊将旧里弄社区空间改造成了一种新型的创意产业与时尚消费场所。在社区回顾历史、体验时尚的同时，也能够体验海派文化。居民和游客参与并体验整个社区空间，与历史久远的弄堂文化、跨界展览的艺术画廊、复古质感的家居摆设和充满创意的古玩小件产生交流，形成情感共鸣。

（2）情感体验下老工业社区更新方式

①优化社区景观环境

在走访中发现老工业社区因多处于城市边缘地带，社区中的景观绿化未经过统一规划，从而在更新中要对景观绿化进行合理设置，为社区居民打造舒适、优美的生活环境。以中央绿地串联社区内外公共空间，以零星的小块绿地组团，形成空间连片、功能多样、类型多元的景观绿化系统。

②增强社区人文环境

不少老工业社区的公共空间中人文特色严重不足。秉持情感化设计理念，兼顾区域人口的特点，通过挖掘与提炼社区中工业时代的情感记忆和社区历史文化，合理设计社区公共空间，满足社区居民的需求，从而加强社区居民的归属感，使老工业社区文化记忆得以延续。

③提升社区建筑界面

在老工业社区更新的方式中，其中一个至关重要的是建筑界面的更新。建筑界面将建筑内部与外部空间进行联系，不仅对建筑的物理性能、使用功能、视觉效果产生了重要影响，也促进了社区建筑更新的发展。在老工业社区更新改造中，建筑界面的更新问题成为当前的热点问题，建筑界面的更新不仅要与城市文化和社区环境相适应，还要凝聚社区文化，融合当地的特色来使建筑界面品质得以提升。将老旧社区中的历史文化和现代的新事物相融合，形成多种不同的建筑要素，呈现出社区建筑界面的层次感和多样性。在建筑界面的表现上，利用区域的情感符号，提高了老工业社区的建筑意蕴，并传达了地方文化的讯息，演绎情感故事。

3）建筑界面设计的相关研究

（1）建筑界面的物理属性

形态是建筑界面的首要辨认特征，是建筑体量的反映。在建筑中进行重复、堆叠、穿插、并置等方式呈现不同的建筑形态，更全面地体现建筑的面貌，其建筑形态为人们带来不同的视觉感官，建筑的情感得以传达。

建筑界面不同材质属性所产生的效果，可以通过视觉感官和触觉感官被人直观地感受到。材质不仅包含自然界形成的肌理，人们还可以利用材质创造出的不同效果将再生砖制造出粗糙的毛面效果，这些特征影响到建筑界面的视觉体验和触觉效果，与清水砖所传达的情感有所不同。不同的材质传递出不同的情感，如清水砖的厚重历史感、再生砖的文化传承感、金属铝板的轻盈时尚感等，这些传达出的不同情感也使得建筑呈现出的不同空间感觉。

色彩是建筑界面的表面属性，是基于建筑界面形态而呈现出来的，也是建筑界面最基本的视觉要素之一。在建筑界面中通过不同色彩的组合，可以突出建筑界面的不同形态，丰富人对建筑界面的感知体验。

（2）建筑界面的实体要素

建筑侧界面以包围的形式界定了空间范围，这是建筑侧界面最常见的形式。建筑的侧界面与顶界面、底界面相比是最容易被人们观测到的。建筑侧界面起到建筑内部空间与外界交流的桥梁作用，对人们的行为活动产生一定的影响。

建筑顶界面是指建筑空间的屋顶部分。在中国的传统建筑中，“靠崖窑”“地坑院”是一种典型的建筑形态，把下面一层的屋顶作为一个生活阳台，因为它的视野是开阔的，并且是依附于建筑产生的属性，形成私人与公共之间的“暧昧”空间，为居民之间提供相互沟通、共同参与的场所。19世纪末，柯布西耶在“新建筑五要素”中提出“屋顶花园”概念，在工业化快速发展的影响下，高密度住区的出现导致了城市公共环境的退化以及公共空间的缺乏，利用屋顶空间视野的开阔性对居住环境进行优化，形成居民活动的场所。

建筑的底界面在城市空间中发挥着重要作用。底界面是城市中人们聚集的主要部分，一方面以休息座椅、路灯、垃圾桶等公共设施为主要功能，更多地体现以人为本的设计原则，在空间中具有重要的功能价值，营造出一种轻松惬意的空间氛围；另一方面通过建筑底层架空的方式形成过渡空间，给场地添加一个过渡层次，使其与周围的建筑物保持一定的距离，达到舒适的空间感受，为建筑加入一些趣味性。在老旧社区更新中对底界面进行优化设计，使其成为一个充满活力的社区节点，将会赋予该社区更多的生命力。

（3）建筑界面的影响因素

①侧界面的形态

社区商业越来越具有开放性和自由性。老旧社区由历史悠久的老建筑群落组成，具有多年沉淀的历史文化，社区边界不是连续封闭的界面，而是呈开放形态，设置多个出入口，最大限度地使社区与外部环境产生联系，形成街区式商业，社区商业建筑界面在功能上与周边环境的相互渗透，实现历史与现代相互交汇，同时置入多种业态，居民在行进过程中体验别具一格的潮流小店与艺术空间。开放性社区边界还体现在社区中的烟火气，老社区中还有居民居住，让人们拥有更为新颖的步行体验，使老旧社区商业焕发出新的活力。

随着材料的不断推陈出新，建筑表皮在材料的运用上也加入了冲孔铝板、金属格栅、耐候钢板等材料，赋予建筑不同的表情和性格。建筑侧界面在半透明的冲孔铝板和侧界面洞口大小、位置共同组成的表皮肌理作用下，使室内和室外的空间在人们行走的感知中不断转换，形成建筑内部空间与外部环境的视觉交融。白色曲线铝板使建筑呈现出自由的形态，在阳光的照射下，不同角度形成富有韵律的建筑外观。

②顶界面的功能

建筑与道路复合型的建筑顶界面起到桥梁作用，将两侧建筑相连接。在老旧社区中，单体建筑都呈孤立的状态，通过建筑顶界面将不同规模的建筑联系起来，形成复合的廊道空间体系，丰富人们的空间体验。

屋顶空间可作为室内空间的延续，如博伊曼斯・范・伯宁恩的艺术仓库的粉色屋顶平台，具有醒目的亮粉色外观，可以作为一个城市特色观景空间，也可起到引流的作用，来观展的人们可以从露天的楼梯或楼下的展示层到达艺术仓库，新的路径可以吸引人们进一步关注顶层的展览。

对建筑顶界面进行景观绿化处理，一方面，对于建筑密集型的老旧社区而言，狭小的街巷空间无法提高社区的绿地率，通过屋顶绿化的方式可以满足社区居民亲近自然的需求，如深圳城中村的“南园绿云”，708个成品环保塑料箱组合成的屋顶景观营造出多样的社区交流空间，开创低碳社区空间新形式；另一方面，建筑与景观相融合，保留对自然的尊重，如惠德比岛住宅景观设计项目，利用本土景观打造的建筑顶界面空间使建筑完美融入了周围的森林，使建筑宛如从森林中生长出来一样，营造出不同的景观体验。

③底界面的要素

台阶是建筑底界面中主要的固定要素，台阶的设置主要是为了解决室内外的高差，台阶与人们的行为活动存在着密切的关联，空间尺度的不同也会影响不同行为活动的产生。通常在建筑界面改造中，会考虑台阶的尺度、材质及大小，与休憩空间相结合，当界面品质较高时，将会引发人们驻足、交流，发生自发性的活动，形成积极的行为活动空间。

景观绿化在建筑底界面中具有重要作用，不仅具有美化环境、提高社区绿地率的功能，还可以做到人车分流。老旧社区中狭小的街巷空间，树池和花池等围合形成一个新的界面空间，增加邻里之间的交往，使人的行为活动更具私密性。

放置在户外公共空间的家具可以叫作街道家具，对社区居民来说，街道家具让街巷中的生活气氛变得轻松舒适，既能提高彼此之间的交流，又能将自己的生活融入进社区，成为社区生活的一部分。

（4）建筑界面的体系特征

①建筑界面情感记忆的感知性

建筑界面中的情感要素充满感知性，从形态、材质、色彩等方面都传达出场地精神与集体记忆。更新后的建筑界面与原建筑相融合，保留了建筑本身原有的气质，强调新的建筑界面是对老旧建筑历史文化和情感记忆的延续。如上海1933老场坊的改造项目，它是承载着上海城市历史记忆的工业时代建筑。设计师在建筑界面更新过程中，最大限度保留老旧建筑的外观形态，对建筑中具有典型特征的建筑细部进行修复，如混凝土以及建筑的材质肌理，重现老场坊的历史面貌，使人们感受到历史工业建筑的精神力量。

除修复原建筑界面外，通过置入新的形态也可与人的感知体验相联系。上海城市空间艺术季徐汇展区展厅建筑改造项目，原建筑是20世纪80年代的花鸟市场，随着城市发展与周边社区的成熟，原建筑已经不能适应新时代的需求。改造后的建筑界面通过橱窗化的展示给人带来一种奇特的观感。为了增加梦幻场景，窗口都配以鲜明的色彩和一个自然界的动物来改变建筑的气质，通过色彩和形态的要素来感知社区情感。

②建筑界面与人交互的戏剧性

通过增加互动性的建筑界面，不仅能提高居民的体验感，还能更生动、更有趣地展现情感记忆，积极地影响居民的情感体验，通过提炼创意性的情感记忆元素，挖掘文化旅游的价值。如Steven Holl设计的临街展廊，在合适的尺度上，人们在建筑外部空间感受着不同的未知变化。展廊界面具有可活动性，实体墙根据需要转换为开放性的空间，将室内的展览引出到街区，使路过的行人与之产生互动。同时，可变化的墙面具有休憩功能，可以转换为桌椅形式的公共设施，是从二维空间向三维空间的转化，这不仅体现了建筑界面与人交互的戏剧性，也强调了建筑界面的空间性和功能性。

③建筑界面情感体验的叙事性

建筑界面具有叙事性特征，建筑界面的更新可以从今天的角度来认识老工业社区的历史与过去。从老工业社区的历史记忆、情感要素中提取某种形式，运用现代材料、技术、手法重现过去的生活场景、历史事件、情感故事等，将其与老工业社区的建筑界面融为一体，使老工业社区历史文化得以延续。借助于空间叙事对建筑界面进行更新，整合建筑界面形成了新的空间形态，带给人们全新的情感体验，并由此激发老工业社区的活力。如南昌三眼井历史街区保护与更新项目，数百年前这里是南昌古城的中心城区，场地内保存着各历史时期不同风格的建筑。经过城市更新，校场东巷和校场西巷的交界处汇集了明代至近代的各种建筑风格，以延续场所精神。通过路径的合理优化，居民和游客行走于其间，可以感受到时代的变迁在该场所留下的痕迹。

4）“情感体验”下重庆老工业社区建筑界面更新设计案例解析

（1）重庆土湾豫丰里棉纺厂老工业社区

①项目概况

该老工业社区建于1938年，具有特定的历史意义。当年工厂为解决职工住宿问题，在如今的钟声村、新生村大面积修建家属区，目前仍然保留有19栋联排别墅作为高级职员住宅。随着棉纺厂20世纪80年代的关停，该社区在已荒废的建筑环境衬托下也变得沧桑。如今土湾片区仍然是20世纪的风格，一条古老的街道、古老的茶楼、老式的理发店和一些已经褪色的苏式风格建筑，充满着时代特征。

土湾二层岩21号建筑是砖木结构，建于民国时期，开埠建市风貌建筑，后被重棉二厂作为居民楼使用。第一层、第二层设连廊券双层外廊，是重庆主城区中西合璧风格的典型代表。新生村沿街建筑由于年久失修，建筑墙面、门窗、青瓦均已损坏，社区之中虽拥有良好的文化底蕴，但是大部分历史建筑由于功能的基本丧失也将被淘汰。

②更新策略

A. 本能层：通过对材质和色彩的整合，保留建筑原本的青砖材质作为表达情感的符号语言，对建筑界面材质与门窗进行修复与翻新，保留工业文明下的建筑风貌，加上色彩的搭配，从视觉上丰富人们对建筑界面的感知体验。

B. 行为层：通过对体验路线进行优化和空间节点的打造，在空间中还原一系列特色的老式店铺，如裁缝铺、坝坝茶、客栈、重棉商店等，体现社区中市井烟火的气息。情感体验式的建筑界面将居民和游客与社区建筑之间的关系从割裂的状态转变为密切联系的状态，在互动参与中获得情感体验。

C. 反思层：社区内的老式别墅群、石阶和藤蔓攀爬的老窗户都将成为社区的文化符号，让人们很容易在老街巷道里捕捉到生活的影像。通过打造主题性户外博物馆来展示棉纺厂的历史影像以及棉纺厂工人的雕塑形象等，使居民和游客在此场所中产生归属感，唤起对棉纺厂的集体记忆。

（2）重庆特殊钢集团老工业社区

①项目概况

该社区位于重庆市沙坪坝区石井坡街道，从1919年到现在，经过了将近一个世纪的发展，辖区内以职工老旧住房为主，是重庆典型的城市老工业社区，其发展历程和更新过程是通过自上而下的模式来推进的。

②情感体验下老工业社区建筑界面更新策略

A. 本能层：保留原有工业文明下的建筑基础形态，在建筑本体的青红砖材质、水泥材质基础上进行彩色外墙漆的喷涂，将饱和度较高的色彩置入老社区，既保留原本的材质肌理，又从视觉上使社区焕然一新，改善社区环境的同时，也唤起人们的集体记忆。

B. 行为层：打造重要节点，老工业社区的改造中壁画和涂鸦已经成为有效手段。打造“安全文化墙”“二十四节气”“文明画廊”“漫画墙”和“喜文化墙”系列等主题场景，在社区中建筑的关键点上进行涂鸦和绘画，通过主题性空间的营造产生情感共鸣。

C. 反思层：老社区更新不仅是为了让居民有家的归属感，最重要的是创造一种文化的活力和氛围，并以艺术的方式表现出来。在每一个生活空间里，涂鸦院、游戏墙、草帽墙、蘑菇亭、路标等，都展示了不同时代习俗的变迁，将社区景观与中国传统文化结合起来，使当地的居民以及游客都能获得不同的情感体验。

3.“情感体验”下重庆老工业社区建筑界面更新策略

1）“情感体验”下重庆老工业社区建筑界面更新原则

（1）尊重历史原则

尊重历史原则，指在建筑界面更新的过程中尊重老工业社区的建筑面貌和历史文化等。在更新建筑界面时，老工业社区的建筑原貌与新的使用功能之间往往存在着矛盾，所以保留原有的历史元素是有必要的，将不能适应新功能的旧元素拆除，或者结合新功能进行合理利用。如中航工业北京曙光电机厂的建筑界面更新项目，主体建筑包括主厂房和三层的职工宿舍楼，建筑结构保存比较完整，在更新中不需要大拆大建，只需对建筑界面进行小修小补。通过对建筑界面的修复，让建筑界面的形态发生变化，变得更加自然。

（2）新旧共生原则

黑川纪章的“共生思想”中提出“新”与“旧”的共生，突出建筑界面对文化和记忆的传承性。改造后的建筑界面能够与原有社区空间环境进行融合与交流，各个新旧元素进行重组与整合，重新形成一个共同发展的整体，且不断地延续老工业社区的生命，创造出新的活力。

建筑界面随着时间的变化，经常要进行一些循序渐进的整顿翻新，因此常常处于一种新旧对比的矛盾之中。重庆老工业社区建筑界面的更新中，在建筑材料、色彩、风格等方面采用与原有建筑相区别的当代材料和形式，形成新旧共生，这种更新原则可应用于现有建筑界面不能满足新的审美需求和时代发展时的更新项目，或在改建过程中强调新老建筑元素相结合的设计中。更新后的重庆老工业社区建筑界面体现出过去的城市记忆与现在的城市面貌之间的碰撞交融，形成新旧共生情景。

（3）可持续发展原则

可持续发展原则，指既满足当代人的需求，又不会对后代人的需求造成影响的原则。老工业社区的建成不仅对某一个历史节点存在意义，更重要的是老工业社区的生命力和延续性。老工业社区建筑界面的可持续发展不仅是对建筑形态、历史风貌、审美价值等方面的更新改造，更注重的是对文化的延展作用。

可持续发展的原则对重庆老工业社区建筑界面的更新起指导作用。老工业社区建筑界面是不断迭代更新的过程，其建筑肌理及形态的呈现是通过日积月累形成的，将不同时期的文化事件叠加起来，使得社区中建筑空间文化内涵越来越丰富，反映出了老工业社区建筑界面可持续发展的重要性。所以，在重庆老工业社区建筑界面的更新中，必须遵循可持续发展原则，为今后的建筑界面更新提供更多的可能。

2）本能层——视觉体验唤起情感记忆

（1）建筑界面的形态

根据前文对国内老工业社区建筑界面现状以及重庆市九渡口正街建筑界面的问题总结，发现社区中同一建筑的侧界面存在门窗、阳台等形式、材质和色彩上不和谐的问题。因此，重庆老工业社区在更新建筑界面时，应注重侧界面的和谐统一，如对九渡口正街建筑界面中独具当地特色的阳台、门窗等细部进行重复或排列组合，这样就能在视觉上使建筑界面产生一定的韵律感和节奏感。

调查研究中发现，重庆老工业社区的建筑界面缺乏过渡层面和界面连续性。在九渡口正街中，建筑侧界面由独立的单体建筑组合而成，建筑界面不连续且建筑形态比较单一。因此，在更新设计中，一方面，可以通过加建门厅空间来与建筑实体产生穿插关系，丰富建筑形态空间层次的同时，也可增加建筑的空间面积，形成具有一定宽度的缓冲区，为前厅和入口处提供一个休息空间，使设计更人性化。另一方面，也可通过在建筑中嵌入半透明或透明玻璃体材质等，不仅可以将两个单独的建筑实体产生联系，也可增加建筑的使用空间。这种方式体现出了建筑界面穿插的动态性，强化了建筑界面的时代特色。

（2）建筑界面的材质

①材质肌理与拼贴

在重庆老工业社区建筑界面的改造中，保留旧建筑界面局部具有历史代表性的材质以及具有城市记忆的建筑构件，对材料的合理运用形成了不同的纹理组合。通过旧建筑中传统材质肌理的沧桑感和更新部分现代材质肌理的年轻态形成平行对话，体现城市不断发展的过程，碰撞出新的时代意义。如南昌三眼井历史街区保护与更新项目，通过参数化的拼砖技术在传统墙面上形成新的材质肌理，与原建筑材质拼贴在一起，使整个建筑界面体现历史传承感的同时又充满活力与新鲜感。

如广州B4馆，制糖厂与糖纸厂改造项目中，改造设计的目的在于保持建筑界面的情感温度，对空间进行微改造，延续老厂房形态特点，用老厂房与现代设计语言下材质肌理的拼贴来活化老建筑，使老厂房重获新生。

②材质肌理与包裹

钢、玻璃等工业材料的应用成为当代建筑界面设计中新的呈现形式，并在重庆老工业社区建筑界面更新设计中采用新型轻质材料包裹老建筑的材质肌理，使它们相互融合、交织在一起，新与旧的差异性形成冲突与碰撞，使得建筑界面成为连续发展的有机整体，呈现出老工业社区所蕴含的情感因素。

通过对重庆市九渡口正街进行走访，发现社区中的建筑大多采用砖石材料，视觉上略显厚重，在建筑界面更新中应采用轻盈与厚重相结合的方式，将原有建筑的厚重与敦实感消除，使之更符合现代城市居民的审美需求。例如，重庆山鬼精品酒店的建筑界面更新设计中，用视觉上看起来轻盈的白色金属外壳将原建筑半包裹起来，与粗糙的旧墙面和水泥梁柱形成强烈的对比，在场地中营造出一种现代美学和旧厂房工业美学的审美氛围，形成独特的情感体验。

③材质肌理与叠加

建筑界面更新中，除新旧材质的拼贴与包裹外，还有叠加的形式，用透明、半透明材质置入到承载时间痕迹的旧建筑材质上，形成新旧材质肌理的叠加，制造视觉交融与时空对话，产生新的视觉体验。人们不仅可以体验新事物，还能够感受到它背后的历史记忆以及在城市发展中逐渐产生的历史信息。例如木木美术馆的入口改造，选择了“镀锌铁网”半透明性材料的叠加，使原来的建筑界面变得更加生动。

（3）建筑界面的色彩

①材料对色彩的作用

材料与色彩的应用也是空间中重要的视觉体验。色彩的应用不仅为重庆老工业社区注入了新鲜的血液，也为人们提供了情感体验的场所，使得重庆老工业社区沉稳而不失活泼。在色彩方面存在两种属性，一种是物质属性的色彩，比如九渡口正街建筑界面中青砖的青色、红砖的红色、水泥的灰色、瓷砖的白色等；另一种是人工属性的色彩，比如九渡口正街建筑界面中门窗的绿色和棕红色的漆、外墙涂料等。在九渡口正街建筑界面更新设计中合理利用材料的色彩来营造亮丽的居所，鲜明的色彩运用形成了独特的建筑性格，传递了不同的建筑情感。如长沙Modern Life商业街区立面更新中，传统红砖色彩的运用体现了历史的延续性，唤起人们对场所的情感记忆；伦敦Overcast工作室与住宅更新项目，以鲜明的撞色演绎出建筑重生后焕发出的生命力。

②地域文化与象征性

在城市中，色彩的运用是最重要的显性因子，城市色彩是地域文化中的组成部分，受气候环境、文化传统等的影响而形成。在重庆老工业社区建筑界面的更新设计中，通过对传统旧有色彩进行筛选、部分保留、部分更新，将传统色彩向现代色彩进行转变，新的色彩逐渐渗入原有社区空间形态，使新旧色彩形成对比，旧有的色彩象征着场所环境在过去不同时代留下的痕迹，作为社区的基底色，而更新的色彩具有新的时代特征，与旧色彩以合理的配比相融合，达到一种更好地满足人们对重庆老工业社区地域文化认同感和归属感的和谐状态。

3）行为层——空间体验引发情感共鸣

（1）优化体验路径

空间体验路径与老工业社区相互作用，根据社区的空间要素等确立出入口位置、主要路径以及次要路径，在路径中合理设置建筑界面印象节点以及鲜明的体验主题。在对重庆市九渡口正街的调研中发现其体验路径比较单一，因此在体验路径中通过体验主题的设置，使社区空间中的体验节奏变得丰富。社区中建筑界面各部分尺度不同、风格不同，通过优化体验路径，社区的体验内容异质性也会增强。体验路径也要体现连续性，在环境与建筑界面的营造上，创造一个持续、稳定的体验模式，使人们在行进过程中感知到持续的情感体验，方便人们搜集和理解空间信息，特别适合具有多种空间形式和情感记忆共存的老工业社区。

（2）塑造印象节点

印象节点的设置既能增加空间气氛，又能提高其可辨识度。人们可以通过某一印象节点确定自己在社区中的位置，在空间中起到定位的作用。前文提到重庆九渡口正街建筑界面现有的空间形式过于单一，缺乏个性化的印象节点设置。印象节点的设置可以在人的空间体验过程中起到承前启后的作用，丰富的印象节点能吸引人们主动参与体验，加深对社区的情感记忆。印象节点的设计应挖掘九渡口正街的历史记忆和工业文化，通过深刻的空间感知，带给人们强烈的情感体验。如北京北冰洋工厂旧址建筑界面上的涂鸦讲述了工厂的历史故事，可以带给行进中的人深刻的印象，同时也为旧址空间带来活力；深圳玉田社区“握手楼”的建筑界面上设计了“握手”装置，用握手的形式制作成灯牌拉近居民之间的距离，作为印象节点带给居民心灵慰藉。

（3）提升互动参与

①侧界面——视觉交融

老工业社区沿街商业建筑侧界面的特点，既要满足人们社会性活动的需要，又能给社区商业气氛增添色彩。在针对重庆老工业社区建筑界面的更新设计中，要充分体现社区沿街建筑侧界面的价值和意义。在对九渡口正街建筑界面设计中，一方面从材质的角度出发，可以采用透明的玻璃材质或半透明的材质等，形成内部和外部的视觉交融；另一方面从形式的角度出发，使用可折叠的门窗，使建筑室内和室外的空间相连通，形成更直接的交互形式。同时，还要充分利用建筑侧界面的展示功能，讲述九渡口正街的工业文化、市井文化与集体记忆，与社区中的行人互动交流，在进行渲染市井氛围的同时得到情感体验。

②顶界面——屋顶漫步

重庆老工业社区建筑界面的更新中，通过顶界面的优化设计，将人流引导至屋顶空间，增加社区步行路径，改变原来主街的单调感，丰富人们的空间体验形式。屋顶空间复合观景、休憩等设施，同时屋顶空间也作为社区露天博物馆，展示具有历史记忆的生活和工作场景，近距离地感知老工业社区情感记忆。如北京耀咖啡在顶界面设置公共休闲空间，同时具有观景功能；如鹿特丹屋顶漫步道，不仅成为城市中的一个独特景观点，也可作为屋顶展览空间，为城市居民带来艺术氛围的体验；如西班牙Gomila建筑群更新项目中为居民提供交流场所的联排屋顶露台。通过对建筑顶界面的更新设计，为老工业社区更新带来更多的发展机会。

③底界面——功能复合

上文提到九渡口正街的建筑界面形式功能单一，缺乏建筑单体鲜明的个性特征。所以，在进行社区建筑界面更新时，应针对建筑的底界面提出更新策略，将商业、展示和休闲等多种功能结合起来对建筑底界面进行功能的更新，以满足居民和游客的需求。合理地分割建筑底界面，在建筑侧界面与外部环境之间形成过渡空间，使老工业社区建筑界面形成丰富的空间层次，既能满足行人的步行需要，又能形成明确的建筑界面特色。

例如，在建筑底界面设置露天坐席，形成室内外坐席之间的互动；以不同的色彩划分功能区域，与室内的驿站空间功能相呼应，为居民提供社交空间；社区餐饮空间的底界面更新设计具有主题性，可以使居民和游客在情境中进行情感体验。

4）反思层——情感体验强化社区认同

（1）增加建筑界面情感记忆

随着全球化进程的加速，当代建筑风潮席卷全球，城市的地域特色与差异正在逐步减弱。因此，保护老工业社区的多元化特征就变得尤为重要。在老工业社区的建筑界面上，留下了大量职工日常生活痕迹，以及一些无法抹去的地方历史事件，例如北京798艺术创意园中建筑界面上斑驳的标语、独特的建筑形态和具有时代特色的门窗形式等。

重庆鲤鱼池社区，原长安厂的职工居民区，现改造为一种新旧共生的新型社区形式，改造中保留建筑原貌以及建筑界面中的红砖肌理、老式门窗等这些都会成为当地居民的情感寄托和集体记忆，并成为公众对该地方文化认同的文化基础。

九渡口正街建筑界面更新设计促进了建筑界面设计方式的多元化发展。建筑界面文化符号的提炼与运用，展现了老工业社区生活多样性的同时，使人们充分了解和感受到九渡口正街的情感记忆。

（2）打造艺术主题工业社区

当人们初次进入一个社区空间时，首先会对社区空间环境产生一个整体印象。人们的目光常常被充满艺术形式和美感的事物所吸引，从而使人们更加深入地探究社区文化内涵。现代人的生活方式多种多样，产生了各种趣味，对老工业社区建筑界面的审美取向也是千姿百态，因此出现了主题社区、个性化社区等，给居民和游客带来独特的视觉效果和情感体验，如成都东郊记忆音乐主题社区的更新项目中通过音乐的韵律和音乐主题涂鸦等进行主题性表达。

九渡口正街依托重庆市美术公园的上位规划，受周边四川美术学院黄桷坪校区和501艺术基地等艺术资源的影响，将九渡口正街引进多元的艺术主题，让艺术空间参与老工业社区场所的营造，艺术主题与建筑界面设计相结合形成与居民的互动新形式，与其他老工业社区形成差异化，创造独一无二的情感体验。

（3）创新社区跨界经营模式

九渡口正街的更新设计中应当挖掘社区居民内心需求，适当引入文创产业，走“跨界式”的经营路线，打破老工业社区固有模式化的局面，增加美学品位，营造精致优雅的空间氛围，让老工业社区建筑界面成为室外体验平台，以满足不同居民和游客的情感需求、体验需求等，成为维持项目与社区间的情感纽带，提升居民和游客的参与度及认可度，并建立起情感联系。

4. 重庆九渡口正街老工业社区建筑界面更新设计实践

1）重庆九渡口正街建筑界面更新设计构思

（1）项目背景

重庆由工业型城市向消费型都市转变，发展文化创意产业已成为其转型的重要战略。顺应工业转型升级以及文旅升级的趋势下，更多空间的创意融合设计正在展开。重庆市九渡口正街是由工厂仓库及职工宿舍组成的老工业社区，由于重庆火力发电厂和集装箱码头的搬迁，社区内厂房和职工宿舍开始出现大面积的闲置。因此，对九渡口正街的更新改造尤为重要。

（2）设计定位

笔者将人群主体分为工厂职工、科创人才、当地居民以及外地游客等，通过对其行为活动和需求进行调查分析，得出人们对文化创意社区的需求，其中对交互体验、情感治愈、娱乐空间、归属感和认同感的可识别需求比较强烈。因此，此设计将引入“情感体验”的理念，提高人们的参与度，形成对该社区深刻的情感体验。

此设计以“情感体验”为切入点，解决九渡口正街的情感记忆缺乏以及建筑界面老旧的问题，旨在构建符合时代发展的集艺术、展览、休闲、居住于一体的新型工业艺术社区，营造工业文化、市井烟火和集体记忆的情感体验。

首先，营造舒适、宜居的社区居民生活空间。通过小规模的微改造解决九渡口正街的建筑界面现状问题，不仅为居民提高居住生活环境的质量，最重要的是通过更新满足居民的情感需求。

其次，强化建筑界面情感体验，打造兼顾居民和游客情感需求的综合社区。重点关注社区内记忆场所缺失、文旅氛围淡薄、建筑肌理旁落等现状问题，通过挖掘、重组、回归等方式对事件进行场景预设，以情感体验式的建筑界面形式引发人们情感共鸣。发挥其工业背景的优势，以“工业+”的半径不断延展，结合商民混合模式，在保留本地民居的基础上对九渡口正街进行更新改造，既能改善当地居民的生活条件，又能保留和延续他们已有的社交活动，还能促进当地旅游发展。

最后，重塑情感记忆传承展示空间。整个社区打造成一个露天博物馆，通过艺术来提升场地环境的品质，提高公众参与度，为人们提供多重体验的公共空间，重新演绎九渡口正街情感记忆和文化故事，实现九渡口正街文旅升级以及情感体验的传承与更新。

（3）情感要素分析

①九渡口正街老工业社区情感要素分析

A. 工业文化

九渡口正街场地内包含重庆火电厂水塔、仓库、职工宿舍、渝黔铁路、轮船公司等工业要素，通过挖掘工业符号提炼出工业文化的主题，营造独特场所体验的同时推动九渡口正街工业文化的传承与发展。

B. 市井文化

九渡口正街老工业社区的市井文化离不开九渡口码头，20世纪80年代的九渡口，岸边各式各样的集市和店铺茶馆遍布社区大街小巷，市井文化已经成为九渡口正街的重要情感要素。如今九渡口正街逐渐没落，曾经的市井烟火随即消失。因此，要通过社区更新将原来的市井文化与现代城市的生活方式相结合，强化市井文化氛围。

C. 集体记忆

九渡口正街已有一百多年历史，承载了两代人的记忆，如今社区中的各种事物都将带给居民对往昔岁月的情感回忆。九渡口正街也是重庆城市发展的有力见证，承载了人们的集体记忆。因此，在对九渡口正街的更新中，要挖掘其工业文化、市井文化和集体记忆为社区带来新的生机，同时通过社区更新将情感记忆得到延续，社区居民重新获得归属感。

②周边场所建筑界面情感要素分析

笔者对周边建筑进行了实地考察，主要包含了对当地居民而言具有较高情感价值的艺术文化地标，如四川美术学院、坦克库当代艺术中心、涂鸦一条街、501艺术基地、108艺术空间以及工业遗址重庆火电厂等。

2）重庆九渡口正街建筑界面更新设计方案

（1）空间肌理形成

首先，从场地空间的角度提升视觉效果，将凌乱的环境进行规整，老旧的危房和违建基于成本和安全考虑将其拆除。其次，重新梳理社区空间秩序，将阻碍交通路径的建筑也进行拆除。最后，其余建筑进行建筑界面更新，优化空间肌理，适当扩宽原来狭窄的街巷空间，使社区步行体验更具流畅性和通达性。

（2）平面布局

场所中更新设计的内容主要有“点—线—面”三个层次：印象节点、漫步路径、建筑界面。整个空间布局呈现逐步递进的空间感受，建筑界面更新深入挖掘出场地内的工业文化、市井文化元素，以“情感体验”为主题，打造艺术社区。在整个设计场地的平面布局中，首先要满足功能的需求，其次通过优化体验路径、塑造印象节点来提升空间的互动参与体验（图7-1）。

图7-1 重庆九渡口正街更新设计鸟瞰图

3）基于“情感体验”的九渡口正街建筑界面更新设计表达

（1）本能层——重构“空间视觉”唤起情感记忆

①形态

建筑界面形态是建筑空间的外在形式，由抽象化的点、线、面、体之间的关系依据周边环境进行某种形式的变换，并通过它们之间的相互变换形成丰富的建筑形态关系。在九渡口正街建筑界面的更新设计中，建筑通过形态的重复、穿插的手法，使建筑形态变化丰富（图7-2）。

图7-2　沿街建筑界面的形态示意图

A. 形态的重复

将建筑界面中窗户的形状进行更新，通过重复排列的方式，体现出秩序感与韵律感（图7-3）。

B. 形态的穿插

一方面，在原建筑实体底界面处穿插体块作为建筑的门厅空间与展示空间，在丰富建筑形态的同时，也扩大了建筑门厅空间的面积，具有实用性功能。另一方面，通过嵌入玻璃体将建筑形成连续统一的界

图7-3　建筑侧界面窗户形态的重复

图7-4　形态的穿插

面，增强建筑之间联系，打破原建筑界面的单调性和孤立感，同时也使建筑界面具有空间变化（图7-4）。

②材质

提取九渡口正街现有的具有历史烟火气的材质肌理，作为延展后续设计的基础。设计保留大部分原有墙体，且沿用社区老旧建筑的青砖、红砖等当地材质，这些材质反映了时光流逝、地域特色和社区居民生活方式。同时，新增耐候钢板、镀锌钢板、冲孔铝板等材料，九渡口正街砖石肌理的粗糙厚重感与新增玻璃体、冲孔铝板的精致、轻盈感形成对比，传统材质与现代工艺相碰撞，更具时代感，保留时光的印记并给予历史纬度的迭代与更新。当地的青砖红砖墙体有较好的历史和审美价值，经过保护修缮，依然具备建筑外立面的功能，对其更新再利用充满岁月的仪式感，也对九渡口正街再度赋予生命的意义，通过这种方式可以感知九渡口正街的变迁。

③色彩

在不断发展的大环境下，老工业社区建筑界面的更新应根据时代发展的特征进行建筑界面色彩的设计，通过色彩设计的方法为九渡口正街的可持续发展提供保证。建筑界面色彩的表现力提升中，掌握场地附近的色调风格，认真分析九渡口正街的历史文化及情感记忆，全面分析其空间特征以及结构特点，并依据社区所处区域特点，对建筑的色彩进行调整，保证建筑界面色彩与周边环境的和谐；建筑局部选用代表社区文化的颜色，并运用颜色的协调规划与统一的设计，使建筑的颜色搭配更加和谐，使建筑界面的色彩表达更加丰富，发挥临江景观价值，实现九渡口正街建筑界面更新与发展。

提取九渡口正街中的原始色彩，明确社区中置入的主要色彩为橙色和红色，色彩来源于重庆火力发电厂“火”的色彩，使色彩具有地域性与象征性。同时，橙色和红色也是对九渡口正街的复兴与重生予以希望。

（2）行为层——构建“体验秩序”讲述情感故事

①优化体验路径：空间引导故事发生

激发人们出对社区的好奇与探索欲，这也是一段情感体验的开始。戏剧性的空间体验使建筑之间产生联系、建筑与民众之间产生互动，并通过一系列行为增强了人们的体验感。九渡口正街空间路径主要以工业文化为主轴、市井文化为辅轴，工业文化主轴为主要游览路径，围绕一组团、二组团、三组团的沿街建筑；市井文化辅轴为街巷中的主要路径，合理利用原场地的建筑界面及街巷空间营造出市井烟火的人文环境。

整个空间路径主要分为“序幕—开端—发展—高潮—尾声”五个阶段，形成“三横九纵”路径结构，呈现出逐步递进的空间感受。

②塑造印象节点：文化原型引发共情

A. 挖掘九渡口的文化主题——工业文化

a.“序幕”：渡口记忆。轮渡货运职工片区保留原始工业肌理，用码头集装箱的体块关系及表皮肌理作为建筑界面的形式作为设计出发点，增加建筑外部环境与建筑室内部分之间的空间层次变化。同时，对建筑底界面进行空间塑造，强化社区中的空间体验（图7-5）。

b.“开端”：铁路记忆。用参与互动的火车形象、火车主题空间等打造设计节点。火车主题空间复合休憩社交功能，强化社区底界面空间的沟通与互动，在主题性空间的参与中居民和游客更容易产生情感联结。

图7-5　空间体验

c.“发展”：电厂记忆。用参与性装置、标语来打造设计节点（图7-6），同时作为电厂的历史展示区，人们通过倾听发电的声音产生积极的情感体验。

B. 再现九渡口的人间百味——市井烟火

a.“高潮”：通过建筑界面的更新来重塑九渡口正街20世纪80年代的辉煌与繁盛，还原其具有时代记忆的市井业态，唤醒居民与游客对市井文化的情感记忆。

b.“尾声”：场地中设有创意集市，不定期展示与场地历史记忆和文化故事相关的艺术作品，丰富建筑室外底界面的内容，让艺术家入驻集市，让艺术融入人们的生活，可满足人们的休闲娱乐等日常生活需要。并收集老物件，达到老年人回顾过去、重拾记忆，年轻人探寻历史、浸润文化的设计目标。

③提升互动参与

A. 侧界面——视觉交融

在建筑侧界面中，通过对透明玻璃材质的落地窗、半透明穿孔铝板材质的护栏或可开合门窗的运用，

图7-6　情感体验

形成室内外空间的视觉交融，利用侧界面橱窗展示的方式作为内外空间相互渗透的边界，打破传统“墙”的界定。用高饱和度的颜色将行人的目光聚焦在建筑界面的橱窗陈列上，隐秘地加强了人与建筑的互动性。建筑橱窗中陈列具有历史记忆的生活用品、工作场景，形成“老物件锁住的时光”，留存那个时代的记忆。

B. 顶界面——屋顶漫步

优化九渡口正街建筑顶界面，对屋顶上的违法建筑进行拆除，并与现存社区内建筑相结合进行更新改造。通过采用屋顶漫步平台等形式进行更新，打造九渡口正街独特景观风貌。屋顶漫步道旨在为公众提供一个看待城市的新视角，居民和游客通过在屋顶空间中漫步获得身体感知体验，空间中重复出现的情感元素、现实与记忆的交叠，增加了人们与屋顶的互动性和建筑间的关联性。

C. 底界面——功能复合

九渡口正街建筑底界面的更新中，将沿街建筑的底界面与商业、展示、休闲和社交等多种功能相结合，为游客和居民提供多维的互动参与选择。在室内空间和社区街道之间的过渡空间增加休闲功能，为社区居民和游客提供休闲交流场所，并使建筑界面形成丰富的空间层次。

（3）反思层——营造“情感体验”强化社区认同

①保留文化符号激发情感记忆

九渡口正街的建筑界面，不仅有大量社区居民生活的痕迹，也有当地无法抹去的历史记忆。对场地中文化记忆符号进行调研，保留修复原建筑侧界面的标语口号、木门窗、花砖、青红砖传统材料以及具有巴渝特色的坡屋顶，在情感上引起当地居民的共鸣和集体记忆。老工业社区中文化记忆符号的传承，对于增强社区归属感具有积极的意义。

②营造艺术氛围引发体验共鸣

通过艺术介入九渡口正街建筑界面更新，打造主题化和个性化社区。在空间划分层面确定九渡口艺术社区的四个记忆主题分区，分别为“渡口记忆主题”“码头记忆主题”“铁路记忆主题”“电力记忆主题”，形成渡口记忆空间、船帮记忆空间、电厂记忆空间、茶空间、乐空间、影空间等功能空间，社区公共空间中的装置也起到了强化艺术氛围的作用。

③新型经营模式促进社区复兴

“工业+文旅”深融合，九渡口正街建筑界面的更新不仅局限于建筑表面形式，也要对功能业态进行整合，在功能满足的基础上通过形式对社区进行情感氛围的提升，打造集文创园区、旅游景区、居住社区“三区合一”的新型社区空间。多种要素的集聚，新的产能和新活力的注入，将传统元素和现代元素相融合，形成生产、展示、体验、互动多功能的社区，感受“工业+”带来的变化，使居民和游客在游览与体验过程中满足心理的需求，产生情感共鸣，九渡口正街的情感记忆也得到全面发展与传承，九渡口正街将会以一种充满活力的方式展示出最浓厚的情感记忆。

5．总结

老工业社区的历史、文化、社会和情感价值都是非常珍贵的，由于城市居民生活水平的提高，对社区空间的情感需求日益增加，使得原有的老工业社区不能满足时代的发展，因此基于情感体验的老工业社区建筑界面更新刻不容缓。

本案例从情感体验的角度出发，建立以情感记忆为纽带的人文环境，通过这种方式，激发了老工业社区的社交功能以及人们对工业时代的回忆。同时，对老工业社区的功能进行了补充和优化，以满足不同人群的需要，改善居民与场所之间的关系，提高老工业社区的场所活力和空间特征。

第8章

人间情

社会包容性与城市更新

8.1 社会包容性与城市更新

8.1.1 社会包容性的概念及关键点

社会包容性是一个关注于确保所有个体和群体，尤其是边缘化和社会经济地位较低的群体，有机会平等参与社会、经济和政治生活的理论。这个概念强调消除社会排斥个体，促进平等机会，以及增强个人和群体的能力，让他们能够完全参与社会生活。它强调一个健康的社会应该为所有成员提供参与的机会，尊重群体多样性，并通过赋予边缘化群体权利和资源来促进平等和正义。社会包容性理论关注的领域广泛，包括教育、就业、健康、住房、政治参与和文化活动等。

社会包容性理论包含以下几个关键点：

1. **平等与公正**：社会包容性理论强调为所有人提供平等的机会和资源，确保个体和群体能够在社会中公正地得到自己应有的份额。其中，包括消除基于种族、性别、年龄、残疾、性取向、宗教或其他身份标签的歧视。

2. **参与与赋权**：社会包容性不仅是让边缘化群体获得相应的资源和机会，还包括增强这些群体的能力，使他们能够参与决策过程，对自己的生活和社区发展有更大的控制权。

3. **尊重多样性与差异性**：社会包容性认识到社会的多样性和复杂性，强调必须尊重和欣赏个体和群体之间的差异，而不是试图将所有人纳入一个统一的模式。

4. **整合而非同化**：社会包容性强调的是将边缘化和弱势群体整合进入主流社会，同时保留他们的文化特性和身份，而不是要求他们同化到占主导地位的社会群体中。

5. **社会凝聚力**：社会包容性理论认为，通过促进包容性，可以增强社会凝聚力和社会稳定。当所有社会成员都感到被包容和尊重时，更容易形成对共同目标和利益的承诺。

6. **政策与实践**：为了实现社会包容性，需要在政策制定和实践操作中积极采取措施，包括法律保护、经济援助、教育机会、就业支持和文化活动的促进等。

8.1.2 社会包容性与城市更新

社会包容性与城市更新意味着在城市更新过程中，特别强调社会的多样性和包容性，旨在确保更新项目充分照顾各种群体的需求，以提升城市的整体可持续性和社会的和谐程度。这一概念强调了城市更新不仅要改变城市的物理面貌，更要关注城市居民的生活品质和社会凝聚力。以下是关于社会包容性与城市更新的一些要点：

1．**多元文化融合：**社会包容性与城市更新需要重视不同文化背景、民族、宗教信仰等多样性因素，致力于促进多元文化的融合与共存。这意味着在城市更新设计中要考虑如何融入各种文化元素，创造一个包容性的城市环境。

2．**社会公平与公正：**在城市更新过程中，要确保项目的实施公平公正，不偏袒任何一方，保障每个社区、每个群体的利益平等。其中，包括公平分配资源、权利和参与机会，以及秉持公正的决策和执行原则。

3．**无障碍环境建设：**考虑到各种人群的需求，包括老年人、残障人士等，需要在城市更新设计中创造无障碍的环境。这意味着需要建设无障碍设施、改善交通、增设便利设施等，以提高城市的便利性。

4．**社区参与与共治：**社会包容性与城市更新强调鼓励社区居民参与到决策制定、规划设计和项目实施等环节中，实现社区自治和共治。这样能够更好地反映居民的需求和期待，增强他们对城市发展的参与感和认同感。

社会包容性与城市更新是一种注重尊重多元文化、提升经济公平、普惠社会服务、促进社区参与的城市更新理念。其旨在建立一个包容性强、公平正义、服务到位、民主参与的城市环境，从而促进城市的可持续发展和社会的和谐进步。

8.1.3 全龄友好理念下的社会包容性与城市更新设计

全龄友好理念下的社会包容性与城市更新设计是指在城市更新过程中特别重视不同年龄层人群的需求和权益，以确保城市环境能够包容并满足各个年龄段的需求。这一理念强调创造一个能够适应老年人、成年人、青少年乃至儿童的城市空间，使城市成为一个适合各年龄段居民生活、工作和娱乐的地方。在这样的城市更新设计中，不仅要考虑到老年人出行的便利性和安全性，还要关注青少年的教育和社交需求，以及儿童的游戏和学习环境。以下是在全龄友好理念下的社会包容与城市更新设计时应考虑的几个方面：

1．**多样化的公共空间：**设计各种类型的公共空间，如公园、广场、社区中心等，以满足不同年龄层的需求和活动；在公共空间中设置适合各个年龄段的设施和活动区域，让人们可以选择适合自己的活动。

2．**交通便利性与安全性：**设计交通系统，确保便捷可达，尤其是对老年人和儿童；在城市更新中考虑到交通安全，例如设置安全的人行道、减速带和行人过街设施，以保障行人的安全。

3．**社区服务设施：**提供全龄段居民所需的社区服务设施，如医疗保健机构、教育机构、文化娱乐设施等；设计易于访问和使用的社区服务设施，以满足不同年龄层的需求，为居民提供便利和支持。

4．**社交和文化活动：**举办各种社交和文化活动，如庙会、艺术展览、社区集会等，吸引不同年龄层的人参与，促进社区交流和文化交流；设计活动场所和设施，以满足各个年龄层的兴趣和需求，营造丰富多彩的社区生活。

5．**安全和健康保障：**注重城市环境的安全和健康，包括增设安全警示标识、改善空气质量、规划安全的交通系统等，以保障所有年龄段人群的生命安全和身体健康。

全龄友好理念下的社会包容与城市更新设计意义在于创建一个适合所有年龄段人群的城市环境，旨在强调各年龄层之间的互助、共融与共享。这一理念的实施为城市的可持续发展和社会的和谐进步提供了有力支持。通过关注各个年龄段人群的需求和权益，城市更新可以建立一个安全、健康、友好的社区环境，从而提升城市的整体品质和生活水平。

8.2 人间情——社会包容性与城市更新研究案例分析

案例：全龄友好理念下老旧社区小微空间更新设计——以北京水碓子西里社区为例

刘霁娇

1．北京水碓子西里社区小微空间调研分析

1）调研方法

（1）调研内容

①各年龄阶段人群调研内容

针对北京水碓子西里社区小微空间使用人群，对该社区中居民的人群结构和行为活动特征进行调研。

调研工作主要分为问卷调查和实地调研，问卷调查主要了解居民的基本信息、年龄结构以及环境诉求等。通过实地调研，对社区不同年龄段居民的日常活动轨迹进行记录，总结居民的活动类型，分析居民活动的时间和空间特征，并进行人群活动重合度分析，最后结合其心理特征、生理特征和活动特征，总结居民的空间需求。

②社区小微空间现状调研内容

针对老旧社区的现有空间存量，选取环境问题较大、居民改造意愿强烈的小微空间进行实地调研，分析小微空间的现状问题，总结居民在使用空间过程中的矛盾。

（2）调研目的

主要调研目的旨在通过对居民的问卷调查和对实地现状的考察，了解空间真正的使用情况、居民日常活动的时空分布特征和规律、人群活动重合度，总结不同年龄阶段群体的行为特征与空间之间的关系，挖掘不同类型小微空间的内在组织逻辑，从而对全龄友好空间的设计提供一定的参考。

（3）调研方法

其中，问卷采用一对一的访问和随机问卷发放、回收的方式对社区不同年龄段居民的基本情况和环境诉求进行调研，有效调研对象共计80人，其中儿童群体14人、中青年群体26人、老年群体40人。由于本次调查问卷的数量有限，因此本次问卷调查的主要目的是对居民在社区小微空间内活动现状进行方向性趋势的判读。

2）社区各年龄段人群分析

（1）各年龄阶段人群占比分析

水碓子西里社区最初的房屋建设是为了安顿单位员工，大多是单位员工或家属。经过40多年的发展变化，原本的单位员工大多属于离休人员，逐渐步入老龄阶段。由于其地理位置条件优越，也存在租房或购买二手房的年轻群体和年轻家庭。现阶段水碓子西里社区共计1350人，大多为最初入住的老年员工，占社区总人数的50%以上，是典型的老龄化社区。

（2）各年龄段人群活动特征分析

①各年龄段人群活动类型分析

根据调查，将社区居民日常主要活动类型进行分类，将不同年龄阶段人群发生的活动行为划分为必要性活动、自发性活动和社会性活动。

必要性活动主要包括日常的生活和工作等，其产生不受社区物质环境优劣的影响，但由于这类活动大多依靠步行，良好的物质环境能够有效延长居民的活动时间，以必要性活动为目的，在此过程中引发低强度的社会性交往活动，为居民日常交往与人群聚集活动提供契机。根据调查发现，必要性活动是社区居民的主要活动类型，包括上下学、上下班、接送孩子、日常买菜购物等。

自发性活动主要包括日常的娱乐消遣，依赖于社区已有的物质环境条件，其产生一方面受必要性活动过程中环境状况的影响，另一方面取决于居民对社区环境品质较高空间的自主性选择。根据调查发现，居民们的自发性活动主要包括听曲散步、喂猫遛狗、运动健身、种植、静坐以及儿童兴趣活动等，但由于社区物质环境的限制，除了简单的散步、遛狗外，居民大多会驻留在附近的团结湖公园，而在社区内，居民们的自发性活动意愿不高，活动类型也相对单一。

社会性活动主要包括浅层次和被动式接触的社会活动，其产生依赖于其他居民的参与，其出发点不以交往为目的，大多因居民们具有共同的必要性活动或社会性活动而引发更加深入的交往关系，具有一定的偶然性。根据调查发现，社区内的社会性活动较少，主要包括闲聊、跳舞、打拳、棋牌类游戏、儿童群组游戏等，其占比较少的主要原因一方面是社区内的活动空间荒废严重，设施老旧，难以为居民的社会性活动提供场所；另一方面是不同年龄阶段群体的活动时间与活动类型之间的差异，难以触发彼此间共同交往的契机。

根据以上分析，从各年龄阶段群体的活动内容来看，大多较为单调，社区中主要的活动人群为儿童和老年人，主要为日常生活中的必要性活动和自发性活动，在社会性活动中参与较少。特别是中青年人群，大部分时间都属于上班、接送孩子、日常购物等必要性活动。在后期优化过程中要针对居民活动类型完善小微空间的物质环境，加强各年龄阶段群体之间的联系，从而延长居民必要性活动时间，提高居民自主出行意愿，进一步形成深入的交往关系，为必要性活动与自发性活动向社会性活动转变创造条件。

②时间分布上，人群聚集有明显的高低峰变化，8：00—9：00上班、上学的高峰时间段中青年和儿童在社区内活动的人数明显增多；然后逐渐下降，13：00左右到达最低峰；在17：00—18：00下班、放学的时间段迎来第二个高峰期，中青年和儿童在社区内活动的人数逐渐增多。老年人由于其活动时间相对充裕，10：00之前在社区的活动人群逐渐增多，13：00左右逐渐下降至最低点，多为午饭和午后小憩，18：00左右再次逐渐增长至最高峰，多为接儿童放学和饭后漫步。由于社区内公共设施匮乏，除了在必要性活动时间段社区内的人群会有所增加，其他时间段老年人多数会选择在家休息，儿童和青少年则会选择在附近游玩。因此，在后期需要针对时间分布特征，在高峰时期完善相应的功能空间，在低峰阶段提供优质新颖的空间环境，吸引不同年龄阶段人群驻留。

在空间上，各年龄阶段人群的活动聚集以散点状分布在空间中，其聚集行为由于受到物质环境的影响，大多人群都在单元入口、菜市场等功能性聚集。

通过行为观察与记录，发现由于儿童的日常活动离不开家人的看护，聚集形式多为儿童与老年人或儿童与中青年，聚集规模以2～4人为主；老年人由于没有工作限制，在社区的活动时间较多，除了日常对儿童的看护外，大多时间都属于可自行安排的个人活动或邻里活动；中青年群体由于工作、学习较为繁忙，在社区内的活动主要是相对必要的功能性聚集，其聚集形式多以单一年龄阶段群体的活动聚集为主，即便在相同的时间段有类似的活动类型，中青年与老年人之间的聚集也相对较少，彼此之间缺少交流。

楼间空地、道路等小微空间等场所由于空间设施老旧，功能性降低，甚至部分空间已经荒废，难以吸引居民聚集。因此，在后期需要对居民聚集较多的功能性空间进行完善，结合居民活动类型和时间的分布，对荒废的场地进行优化或重构。

③各年龄段人群活动重合度分析

从各年龄阶段人群相同活动类型在不同时间段的分布来看，居民们的活动时间都有重合之处，例如老年人和中青年都会选择在早晨和傍晚进行健身运动，后期可根据不同年龄阶段人群的需求对同一活动空间进行优化，增加不同年龄群体之间的聚集。从相同时间各年龄阶段人群不同活动类型的分布来看，居民们的活动内容在早晨和傍晚两个活动时间的高峰期都有所重合，例如运动与静坐两种活动类型。后期可根据其对应的小微空间功能模块进行复合，增加空间的丰富性和多样性，吸引更多的居民聚集。

（3）各年龄阶段群体需求特征分析

通过对不同年龄阶段群体生理特征、心理特征以及活动特征分析，探索社区各年龄阶段群体对空间活动的需求共性。

由此可见，随着年龄的增长和生活经历的变化，不同年龄阶段群体的需求具有一定的差异性和联系，根据以上信息，将不同年龄阶段群体对空间的需求进行连线，形成多种不同年龄阶段群体组合方式，总结不同群体组合在空间活动中的需求共性，将其划分为全龄通用、包容共享和互动参与三类。在满足全年龄阶段群体通用需求和共享需求的基础上，应侧重实现儿童、老年人、家庭以及邻里之间的互动需求。

除此之外，可以发现目前老年人和儿童与社区之间的联系较为密切，具有一定的依赖性，而中青年群体则很难被社区活动类型所吸引，因此在设计中需要根据不同人群之间的差异化需求，在侧重对老年人和儿童等弱势群体关注的同时，采用丰富多样的活动类型吸引中青年群体。

3）社区小微空间现状分析

（1）道路小微空间

道路小微空间主要指在老旧社区道路流线上以及周边的一些空间节点，主要承载了居民日常的交通出行和休闲健步，是居民进行上班、上学、外出等必要性活动的必经之处。本节针对水碓子西里社区道路小微空间现状，分别从高差节点、连接节点和停留节点三个方面进行分析。

①高差节点

高差节点主要指道路与公共服务设施的衔接处、道路与活动空间的衔接处以及道路与单元入口的衔接处。目前，社区内道路与活动空间的衔接处高差明显，容易在居民进入活动空间时造成磕碰；道路与公共服务设施和单元入口的衔接处则多设置了阶梯，但阶梯踏面老旧，阶梯扶手以及无障碍坡道老化严重甚至缺失。对儿童、老年人以及残疾人等弱势群体的出行造成了阻碍，难以满足全龄群体无障碍的出行需求。

②连接节点

连接节点主要指岔路口、尽端路角落、人行和车行交接处。目前，社区内岔路口较多，没有明显的标识，对空间方向识别困难，加大了出行的难度，难以满足弱势群体对方向识别的需求；尽端路角落杂乱、封闭，无法在社区内形成连贯的车行和人行流线闭环，导致居民在出行过程中容易遇到绕路的情况。除此之外，由于老旧社区的早期建设规划指标里都没有对停车指标作出明确的规定，因此缺少对地下车库的规划，社区只能规划道路停车位来解决车辆问题，因此在人行和车行交接处，由于长时间车辆对人行道路的占用，人行流线断断续续，部分路段人车混行，交界处地面也破损严重，给居民出行带来了诸多不便，难以满足全龄群体对出行安全和便捷的需求，难以提供良好的步行环境。

③停留节点

停留节点主要指在路边可供人群临时休憩和活动的区域，包括健身区域、休闲区域和一些闲置空间。目前，由于社区内的健身区域属于露天场所，大多健身器材脏乱、破旧，且缺乏与之适配的休憩设施，整体空间环境也缺乏特色，难以满足全龄群体对空间丰富性的需求；休憩区域只有简单的靠背座椅，适用人群单一，难以满足儿童和老年人短距离步行的休憩需求；路边的闲置空间大多时候属于荒废状态，有时会被居民进行非法占用，利用率较低。

（2）楼栋组团空间

①第一类楼栋组团空间

空间位于5号楼前，四面都被车行道路包围，东面紧挨社区居民委员会办公室，居民仅可从西面进入空间活动，空间围合感较强。空间功能主要以休憩娱乐为主，空间休憩设施风格各异，绿化杂乱，随处可见居民晾晒的衣物，导致空间缺乏吸引力，难以满足全龄群体对空间趣味性的需求。除此之外，由于在日常的休憩活动中老年人与中青年群体的交流较少，儿童作为老年人与中青年群体之间的纽带，对促进全龄群体之间的交往具有重要作用，但空间内缺少适合儿童喜好和适合儿童尺寸的活动设施，也缺乏与儿童互动的娱乐设施，难以实现全龄群体互动交流的需求。

②第二类楼栋组团空间

空间位于9号楼前，三面被车行道路包围，东面紧挨便民菜市场，居民可从西面和南面进入此空间活动。空间功能主要以休憩为主，但由于空间内的休憩设施较少，且大部分区域被车辆占用，因此空间内几乎鲜有人在，只有在居民买菜或带宠物遛弯的时间段会有少量人群出现，整体空间的利用率较低，难以适应全龄群体活动的时域性特征。除此之外，由于现有的便民菜市场空间较为狭窄，空间功能和售卖的品种也较为单一，难以满足全龄群体的多样化购买需求。闲置的休憩空间与局促的售卖空间形成了鲜明的对比，缺少合理的规划。

③第三类楼栋组团空间

空间位于13号楼前，三面被车行道路包围，东面紧挨理发店、电动自行车库，居民可从西面和南面进入空间活动。空间功能主要以休憩和健身为主，但空间内的活动设施都十分老旧，缺乏吸引力，难以满足全龄群体高质量的趣味健身需求。健身设施也只有简单用于攀爬和引体向上的器材，运动空间简陋，缺乏针对性，难以满足全龄群体的差异化运动需求。

④第四类楼栋组团空间

空间位于15号楼前，三面被车行道路包围，东面有围墙遮挡，空间整体较为开敞，居民可从西面和南面进入空间活动。空间功能主要以休憩和种植为主，空间内的绿化环境破败、杂乱且缺乏观赏性，难以满足全龄群体对安静舒适环境的需求。现有的种植区也早已荒废，人烟稀少，居民缺少参与和维护。

（3）单元入口空间

①大门入口区域

首先，大门入口区域的安全门上随处可见张贴的各项通知，以及残留下来的痕迹，十分影响美观，难以做到真正的便民利民，难以让全龄群体产生归属感。其次，由于各单元的大门入口风格雷同，楼栋标识的位置和设计也不够醒目。因此，难以满足全龄群体，特别是儿童和老年人等弱势群体对识别空间的需求。

②入口设施区域

入口设施区域缺少无障碍坡道设施，台阶踏面及扶手也老化严重，部分设有坡道的入口，其坡度对于全龄群体的使用来说也相对费力，难以适应居民的出行，缺乏对全龄群体使用空间时的尺度考虑。入口处的奶箱、信箱、雨棚等服务设施也十分破旧杂乱，难以满足全龄群体出行归家对便民服务的需求。

③楼前过渡区域

楼前过渡区域大多被车辆占用，十分拥挤，在进出过程中还容易与车辆发生磕碰，使居民无法在楼前停留，难以满足全龄群体与邻里之间的交流需求，同时区域内还缺少相应的休憩、交往设施，难以满足全龄群体多样化的交往需求。

2．全龄友好理念下老旧社区小微空间设计要素构建

1）设计要素构建思路

（1）设计要素构建目标

本研究的主要目的是通过对全龄友好设计的构建来引导对老旧社区小微空间的更新设计。因此，本节从小微空间的特质出发，提出设计要素的构建目标。空间特质即空间对某种行为的支持性。社区居民会选择某一个空间进行日常活动是因为其空间特质具有一定的吸引力，例如持续的空间活力或共享的空间环境。除此之外，由于老旧社区异质人群的结构特征，不同年龄阶段群体具有不同的空间选择。因此，为了构建一个足以支撑不同年龄阶段群体互动的空间环境，需要从各年龄阶段群体在选择空间时的共性出发，以支持全龄友好小微空间的相关属性作为目标层的支撑，对整体的设计要素进行构建。

基于前文对人群全龄通用、互动参与、包容共享的需求共性提出可达性、互动性和包容性三大目标层，以期在有限的老旧社区空间环境条件下，以尊重各年龄阶段群体的差异化需求为前提，以提高友好会面意愿、创造友好互动条件、营造友好生活环境为目标，促进全龄群体与老旧社区小微空间之间的友好关系。

（2）设计要素构建原则

全龄友好设计要素应该客观、全面地反映小微空间不同类型、不同层级的现状，并且满足各年龄阶段群体的需求。老旧社区全龄友好设计要素的构建，应该在遵循全龄友好理念的基础上，同时考虑老旧社区小微空间特性，满足系统性、全面性、层次性、可操作性以及动态性等基本原则，构建实用性强且具有针对性的设计要素。

①系统性：设计要素的构建应该考虑不同层级空间衔接融合形成的相互联系，避免不同空间之间的割裂与脱节，形成一个层次分明但逻辑紧密的整体，保证居民在整个社区内都享有全龄友好的空间环境。

②全面性：对于设计要素的选取，需尽量根据老旧社区的特点全面考虑，基本的物质环境特征包括自然环境和人工环境等；社会环境特征包括建设活动、精神文化、公众参与等；主体行为特征包括聚集性和时域性等。通过对样本空间调研、文献要点梳理、实证案例参考的综合分析，尽可能全面地展示老旧社区小微空间的全龄友好性。

③层次性：根据老旧社区小微空间层级特征，从目标层、要点层、策略层多个层面选择相适应的设计要素，反映各层次空间全龄友好性的环境特征。

④可操作性：设计要素应该是基于一定的理论基础、空间调研、文献分析和案例分析形成的，尽可能提高设计要素在改造老旧社区小微空间更新中的适应性，提高运用时的操作性和方便性。

⑤动态性：老旧社区全龄友好设计要素的构建还应该考虑其未来的更新变化，不局限于现在，也为之后发展的设计要素提供一定的弹性和延续，构建一个动态可持续的多层级设计要素框架。

（3）设计要素构建流程

设计要素构建流程主要分为确定空间对象、明确构建目标、构建设计要素、确定要素层级四个部分。

①确定空间对象：选取老旧社区从道路小微空间到楼栋组团空间再到单元入口空间三类典型的小微空间尺度，按层级对小微空间进行系统的、全面的要素构建。

②明确构建目标：以支持全龄友好小微空间的相关属性作为目标层的支撑，从可达性、互动性和包容性三大目标层展开对设计要素的进一步构建。

③构建设计要素：设计要素的选取主要依据以下三个方面：一是结合对样本社区空间现状和人群需求的实地调研，总结全龄群体友好交往的空间设计需求。二是通过对大量相关文献、实施导则、指标手册等文献的梳理，结合空间设计需求，梳理对应的设计要点。三是分析全龄友好的老旧社区小微空间更新案例，结合梳理的设计要点，整理设计策略，并进行筛选和简化。

④确定要素层级：针对样本社区的三大空间类型，结合目标层、要点层和策略层构建全龄友好的设计要素层级。

2）全龄友好设计要素提取

（1）基于社区调研的设计需求总结

全龄友好的老旧社区改造应当是基于当前空间存量发展的现实情况提出的，根据老旧社区小微空间类型和现状问题调研，从全龄群体的需求出发，结合人群开展户外活动的基本情况，分析小微空间环境现状与人群活动之间的关联性，总结老旧社区小微空间更新设计需求，为后续全龄友好设计要素提供依据。

（2）基于相关文献的全龄友好设计要点梳理

本案例通过在中国知网中对关键词“全龄友好”进行搜索，筛选出相关性较高的文献，并结合联合国儿童基金会提出的儿童友好型城市规划手册《推动儿童友好的城市化》、世界卫生组织提出的《全球老年友好城市：指南》《北京无障碍城市设计导则》等资料，对文献中提出的影响小微空间全龄友好性的设计要点进行梳理。

以老旧社区三类小微空间类型为出发点，结合为可达性、互动性和包容性三大设计要素构建目标，根据小微空间更新设计需求，对梳理的全龄友好性设计要点展开进一步筛选，提出空间安全性、出行便捷性、节点兼容性、空间场景化、空间灵活性、空间复合性、空间多样性、空间识别性、空间共享性、环境舒适性十大设计要点。

（3）基于实证案例的全龄友好设计要素提取

①北京市老旧社区更新改造项目分析

首先选取了北京市“小空间大生活——百姓身边微空间改造行动计划”首批的三处小微公共空间更新案例，分别是以“欢声笑语的院子”“党群共建欢乐之家”“牡丹园里寻牡丹”为主题的老旧社区小微空间改造。改造在社会层面上、专业层面上、政府决策层面上形成了全民参与的氛围，通过以现状问题为导向，对社区进行深入调研、不断征求意见，因地制宜地解决问题，有效弥补了当前社区功能缺失的现象，改善和提升了百姓生活环境品质，重塑场所精神，增进邻里关系，以小投入实现了大收获，真正使百姓的幸福生活得益于小微空间的更新与改造。

其次选取了以“共享客厅”为主题的北洼西里小区8号楼改造项目，项目是中建集团“我为群众办实事”绿色低碳社区更新改造系列实践工程，也是北京市建筑师负责制的试点项目。基于社区的现状问题，项目改造从原有的对物的改造转变为以居民需求为中心的改造，形成了老幼同乐、人宠共存的“共享客厅”人性化活动微空间。

②与“全龄友好”主题相关的更新项目分析

除此之外，文章还选取了建成的四类与“全龄友好”主题相关的空间改造，分别是以老旧社区有机更新为契机，围绕“七有”“五性”补短板，从服务居民、改善民生的角度出发，打造集居民服务和日常交往为一体的兴华东里邻里市集；以延续原有居民生活方式，吸纳更多年轻群体和鲜活力量为目的，以打造一个连接新生活与旧文化且充满记忆纽带的空间，如万州吉祥街城市更新设计；以宋庄城市客厅微景观公园作为切入点，重新连接自然与社区、散落的原生居民与新移民，形成融合着各个年龄段人群共同体的北京宋庄镇小堡村微景观设计；以周边居住区、社区养老院的适用人群需求以及全龄段日常活动需求为重点考虑，以“莹莹邻里乐园”为主题的上海庄行社区花园景观设计。

根据以上更新实证案例在实践中不同的侧重点，对更新过程中与全龄友好相关的设计策略进行总结和简化，提取了全坡化、半开放的交往空间、视觉感知的空间导向、科学智慧的运动方式、多功能的空间组合、连贯的步行流线、近人的空间尺度、人车分流、易识别的空间界面、多样化的交往形式、便捷的服务设施、多元化的空间主题、弹性化的空间形式、多元素的互动装置、文化性的景观元素、多维度的益智互动、趣味性的空间界面、多代复合的功能模块、多样化的参与形式、多方面的环境感知二十项设计要素。

3）全龄友好设计要素层级构建

（1）全龄友好设计要素三大层级

前文通过对可达性、互动性、包容性设计要素构建目标的确立，在坚持系统性、全面性、层次性、可操作性和动态性基本原则的基础上，分别从基于总结社区调研的设计需求、基于相关文献的设计要点梳理和基于实证案例的设计策略提取，对全龄友好的设计要素进行构建。

基于上述分析，将提取的设计要素划分为三个层级：一级设计要素为目标层；二级设计要素为要点层，主要包括场地安全性、出行便捷性、节点兼容性、空间场景化、空间灵活性、空间复合性、空间多样性、空间识别性、空间共享性、环境舒适性；三级设计要素主要包括全坡化、半开放的交往空间、视觉感知的空间导向、科学智慧的运动方式、多功能的空间组合等，有利于系统地认识影响全龄友好的设计要素，为小微空间的更新设计提供依据。

（2）设计要素内容阐述

①提高居民出行意愿的可达性要素层面

可达性主要强调能否满足全龄群体安全畅通的出行目的和便捷抵达各个小微空间的出行需求，其主要包括出行安全性、出行便捷性和节点兼容性。在满足全龄群体安全需求的同时提升居民道路可达的便捷性，为居民的出行创造良好的条件，并在此基础上，对道路的节点空间进行完善，吸引人群的驻留，提升居民的出行意愿。

A. 出行安全性

安全性是全龄群体生产生活的基础需求，也是社区小微空间体现全龄友好性的首要前提与基础保障。

其主要包括交通安全、场地安全、设施安全、社会监督、公共卫生安全五个部分，本案例主要强调社区内的交通安全与场地安全。交通安全主要指全龄群体在社区各个空间来往过程中的安全性，例如人车混行的交通现状或步行地面的破损情况都会影响到居民的出行；场地安全则强调场地自身具有较高的安全保障，比如道路与场地衔接处的高差问题就需要针对儿童、老年人和残疾人等弱势群体需求对其进行无障碍的安全性完善。

B. 出行便捷性

便捷性侧重对慢行系统的规划，主要从串联各个空间连贯的道路系统、适应居民出行距离的空间节点、易于辨识的标识系统等方面，来减少居民出行受到的阻碍，避免因距离遥远或位置隐蔽等情况造成场所的使用频率降低，同时也促使居民能够更加方便快捷地到达空间并停留。

C. 节点兼容性

兼容性强调社区小微空间环境与全龄群体的差异化需求之间能够相互适应，赋予小微空间能够吸引各个年龄阶段群体的多种空间特质，提高空间利用率，增强人群的聚集频率。

②创造友好互动条件的互动性要素层面

互动性强调全龄群体与空间以及各年龄阶段群体彼此之间的友好互动。其中，空间场景化强调加深全龄群体之间的联系；空间多样化强调满足全龄群体的差异化需求；空间复合性强调建立全龄群体紧密的联系；空间灵活性强调为全龄群体的交往创造更多的可能性。通过对小微空间的优化和提升，引导居民参与，在一定程度上激活空间活力，促进居民互动交流行为的产生，创造全龄群体友好互动的条件。

A. 空间场景化：场景化强调基于居民实际的生活现状对全龄群体交往互动的生活场景进行模拟，是基于空间现状，结合不同年龄阶段人群交往之间的需求和联系，对空间界面、空间环境、空间设施等多个方面进行的场景塑造，以此来加深全龄群体之间的联系和互动，建立更加稳固的友好互助关系。

B. 空间多样化：社区小微空间的多样性受社区人群年龄结构多元化的影响，反映了不同年龄群体的差异化需求，包括空间体验、空间功能、空间环境、空间设施等各方面在形式、尺度、色彩、感知等方面的多样化体现，强调在社区小微空间中能够尽可能地满足不同年龄群体的差异化活动需求，让不同年龄阶段群体都能拥有适合自己的活动方式。

C. 空间复合性：复合性强调根据不同年龄阶段人群在空间的使用需求、日常行为活动、生活习惯方式等方面的共性和互补性，建立较为紧密的联系，将适合不同年龄阶段群体的功能空间进行复合，使不同群体的多种行为在互相渗透、组织和融合的过程中形成一个复合的活动空间，在高效利用空间的同时为各年龄阶段人群的交往创造更多的联系，逐渐成为共同生活的联合体。

D. 空间灵活性：灵活性强调小微空间应该是多变的、易于调整的，并且能适应不同年龄阶段群体多变的使用需求。例如多变的空间设施，更容易引导居民对空间进行自定义使用，创造适合自己的功能形式，提高居民的主观能动性，提升空间活力。弹性的空间形式，则可以通过对空间的预留，根据居民在不同时间段对空间使用的差异化需求，赋予空间功能更多的可能性。在提高空间使用效率的同时，还能让不同年龄阶段的人群参与进来，促进全龄群体的交往聚集。

③营造友好交往氛围的包容性要素层面

在整个生命周期中，人的生理需求和心理需求都在不断地发生变化，包容性设计强调在考虑这些变化的基础上，不受年龄或残障的不利因素影响，尽量满足不同年龄阶段群体的环境需求，要素主要从空间共享性、空间识别性以及空间舒适性三个方面进行体现，为全龄群体营造友好的交往氛围。

A. 空间共享性

共享性强调打破物或空间权属的桎梏，创造一种更关注使用权的新关系，在构建共享空间的过程中需考虑不同年龄阶段人群使用空间时的公平性，平衡不同年龄群体对空间使用功能的多样化需求，使居民在共同享有同一空间的过程中加深对彼此的了解，重塑全龄群体之间的关系。

B. 空间识别性

识别性强调针对老年人五感退化以及儿童对文字认识有限等问题，进行全龄群体对空间感知的强化设计。例如，空间标识的可见性、空间界面的差异性、方向信息的视觉引导、空间属性的符号识别、空间环境的记忆加深等方面，以此来增强全龄群体对空间的归属感。

C. 空间舒适性

舒适性是指人在使用空间时通过视觉、体感、心理、生理等多方面对空间进行感知，社区小微空间的舒适程度影响着人们的活动意愿和活动时长，这些都将会反映并影响到空间的活力。其中，舒适的空间尺度、便捷的服务设施、良好的绿化环境以及具有归属感的空间氛围等都可以让使用空间人群的生理和心理感觉到舒适。

（3）“人群、空间、要素”关系构建

小微空间作为老旧社区中数量众多分布广泛的既有空间存量，是居民日常生活和社交活动的重要载体，在带动环境品质提升、激发社区活力方面具有巨大潜力。人群活动则赋予了空间活力和存在意义及属性。要素则是对小微空间足以支撑不同年龄阶段群体某种行为活动空间特质的提取。

不同年龄阶段群体由于其生理需求、心理需求、活动需求、行为习惯等构成的认知结构差异，对社区环境的感知也呈现出多样化的表现。不同年龄群体采取不同的行为方式主导活动的产生并作用于空间，而空间则承载着活动的发生，良好的空间特质则可以为人群提供更加多样化的活动选择。伴随着人群在全生命周期中不同阶段的需求变化，空间也在适应着人群生活方式和行为活动的变化，形成新的足以支撑全龄群体活动的要素，从而提高人群活动的积极性。

本案例首先基于全龄群体，进行符合不同年龄阶段群体需求的系统重构，细化构建多样的年龄组合，并对其行为活动进行分析；其次基于现有空间存量，将老旧社区的更新聚焦到社区较为典型的三级多元小微空间类型中；最后针对小微空间，制定全要素适宜性设计策略，结合样本社区调研、相关文献梳理和实证案例，提取多级设计要素，以配套的设计要素层级为依据制定相应的设计策略，并运用到小微空间的更新中。

3. 全龄友好理念下老旧社区小微空间更新策略

1）设计原则

（1）居民普遍需求与差异化需求统筹考虑

从马斯洛的需求层次理论来看，全龄群体在安全性、便捷性、社交需求等方面都具有相对普遍的基础需求。但由于不同年龄阶段群体呈现出差异化的生理特征和心理特征，其表现在出行方式、出行距离、空间识别、设施尺度、活动喜好等方面的需求也都具有一定的差异。因此，为了营造全龄友好的社区环境，既需要满足居民的普遍需求，也需要统筹、公平地考虑全龄群体的差异化需求，实现全龄群体与空间环境的友好相处。

（2）物质环境改善与社会环境提升相辅相成

物质空间环境的改善，有利于提高社区的环境品质，延长居民在社区内的活动时间，但无论从社交需求还是提升空间活力等方面来看，社会环境的提升都显得至关重要。因此，伴随着物质空间环境的改善，需要同步优化社区的社会环境，发展社区文化，引导居民参与社区建设，为居民提供互动的活动场地，以此来激发全龄群体之间的互动，促进彼此之间的友好交往。

（3）居民生理需求与精神需求的协调兼顾

在老旧社区全龄友好环境的更新中最基本的目的是营造与全龄群体生理需求特征相适应的、满足其基本生活需要的空间环境和基础设施；而更高层次的目的是满足全龄群体日益增长的精神需求，包括促进全龄群体之间的交往交流、互动参与、代际互助等社交需求和自我实现的需求，通过空间环境的营造，对人群活动进行引导，满足“老有所为”“幼有所乐”“全龄互动”的心理需要，营造友好、充实的生活氛围。

2）道路小微空间可达性提高友好会面意愿

（1）打造无障碍出行环境

①全坡化

社区内常见的全坡化处理主要采用路缘坡道和轮椅坡道两种方式。以通用图集《无障碍设施》21BJ12—1为依据，在路缘坡道方面，主要考虑全宽式单面坡缘石坡道和三面坡缘石坡道两种方式，多用于道路与活动场地的交界处，避免居民在前往活动场地的过程中产生磕碰。在轮椅坡道方面主要考虑设置坡道和台阶结合坡道两种方式，多用于单元出入口与公共服务设施出入口处。坡道坡度≤1∶12的前提下，需要根据社区空间现状进行调整。不同尺寸的坡道净宽度可以满足不同的通行需求。在满足以上设计标准的前提下打造与全龄群体出行习惯相适应的缘石坡道和轮椅坡道，可以更好地保证道路的安全性。

②人车分流

水碓子西里社区属于由小区在社区道路上自行划设停车位供居民停车，因此无法避免车辆进入社区内部，适合采用部分人车分流的方式，合理调整社区内的停车空间，释放被占用的人行通道，重新规划全龄群体的步行动线，并在停车区域与活动区域之间设置绿化进行隔离，减少车辆对居民活动的影响，避免车辆与人群之间产生冲撞。

（2）完善道路流线规划

①连贯的道路系统

由于社区内存在尽端路封闭的情况，车行流线和步行流线都存在绕行率较高的问题，环境行为学认为，人在空间环境中的道路选择上具有便捷性的特点，只有非特定情况下（遭遇道路障碍或其他道路出现必要性通行等）才会改变路线选择。因此，需要将尽端路的空间打破，形成连贯的环形道路流线。除此之外，需要强调社区的步道形态与小微空间之间的关系，在环形步道系统的基础上，结合分叉形的步道形态，串联各个活动空间，使整个步道设计具有趣味性的同时增强空间的可达性。

除此之外，由于老年人和儿童受其生理状况的影响，其进行交往活动的可接受步行距离也是有限的。一般步行时间不超过10分钟，步行距离在450米左右，而舒适的步行距离通常间隔为200～300米。因此，需要针对老年人和儿童适宜的步行距离对道路的停留节点进行规划。一方面，对现有的健身区域、休闲区域进行完善；另一方面，结合步行的间隔距离赋予闲置区域新的活动功能，在缩短步行距离的同时，为居民创造更多的交往机会。

②视觉感知的空间导向

由于社区内的岔路口较多，且缺乏与之适配的标识系统，让全龄群体对方向难以辨识。因此，针对老年人五感退化的问题，需要结合适老色彩，采用文字和底面色彩搭配对比较为明显的标识。儿童则对文字的认知相对有限，因此需要采取图文并茂的方式，用简洁有趣的图形元素帮助儿童群体辨识空间和方向。除此之外，结合色彩和趣味图案的地面铺装，也可以为全龄群体提供视觉上的路线引导。

（3）重组道路停留节点

①多功能的空间组合

基于现有的空间现状，对部分现状设施进行保留，结合空间环境，在保留体现居民现有的空间功能的基础上，将适合全龄群体交往互动的功能空间进行组合，满足全龄群体在出行过程中的基本需求，例如在外出归家过程中的临时性休憩闲聊功能、在休闲散步过程中进行健身活动或获取信息的功能等，以此来促进物质环境的提升。

②多元素的互动装置

除了对物质环境的提升，还需要赋予空间吸引居民互动参与的空间特质。由于老旧社区在更新过程中具有一定的局限性，因此采用具有低成本、易维护、高质量等特征的物理互动装置更有利于充分调动居民的参与性。物理互动装置指的是在无多媒体等辅助手段下靠纯物理原理形成互动的形式，其动力来源于居民的肢体接触，体验感始于观众的主动触发。在物理装置的设置过程中融入吸引不同年龄群体的设计元素（色彩、内容、互动形式）。在全龄群体与装置的互动过程中，加深彼此之间对同一事物的交流，创建全龄群体新的交往关系。

3）楼栋组团空间互动性创造友好交往条件

（1）构建多维度趣味空间

①趣味性的空间界面

空间是由底界面、竖界面和顶界面构成的，底界面由水平方向的景观元素构成，例如草地、沙石、地铺等，底界面的变化对不同空间的划分具有一定的限定作用，给人心理上的暗示；竖界面由垂直方向的景观元素构成，例如建筑外墙、构筑物、活动设施等；顶界面则主要是指树冠和构筑物顶面。这三类界面在小微空间中结合多元的设计元素可以组成趣味性的空间景观，吸引全龄群体在空间内进行活动。

②多维度的益智互动

基于以上三类空间界面，结合益智类的设计元素，对空间内不同维度的空间景观进行互动性设计，结合老年人和中青年群体与儿童的陪伴式和教育式互动关系，打造适合儿童成长的活动空间。以儿童为纽带，在老年人和中青年群体与儿童之间的互动过程中，加深彼此的联系。同时，以儿童为主题的空间设计，也为老年人和中青年群体的交往创造了更多机会。

（2）打造多用途空间形式

①弹性化的空间形式

由于居民的活动具有时域性的特征，根据全龄群体不同时间段的活动需求赋予空间更多的功能适应性。将不同活动类型对空间形式的需求进行整合，打造可变性较强的空间形式。在此基础上，一方面，可以采用限时设计，将一些并不是长时间使用的必要性空间，在特定的某一时间段赋予其其他的使用功能，可以更好地提高空间的使用效率；另一方面，可以通过对空间的预留，将空间设计暂停在未完成的状态，预留一定的改造空间给社区居民，并结合可供改造的空间设施，让全龄群体可以按照自己的习惯、喜好和需求，自发地对这部分空间进行多样的使用和维护，使空间可以更好地适应全龄群体的活动需求。

②多元化的空间主题

全龄友好的社区环境在要求为其提供友好物质环境的同时，也强调全龄群体之间的友好交往，因此单一主题的空间设计很难促进他们彼此之间的相互了解和交流。空间设计基于一个整体的功能方向，结合适应不同年龄群体习惯和喜好的色彩、形式、风格等多种元素，将适应不同年龄群体的多种主题活动融入到小微空间中，为全龄群体的交往创建一个多元化的交往平台。

（3）设置多功能运动模块

①多代复合的功能模块

以全民运动作为活动主题，将全龄群体的差异化运动需求和共同需求进行功能模块组合。在此基础上，基于老年人需要家人陪伴和儿童需要家人看护的需求，分别在各自的运动区域融入可供家人休憩娱乐的设施，加深彼此之间的联系，让全龄群体的活动更好地融入到一起。

②科学智慧的运动形式

随着生活品质提升，人们参与运动锻炼的积极性不断高涨，对科学健身服务和智能互动形式的需求也越发突出，“智能化+科学健身”已成为全民运动新的健身方式，为全龄群体的健康生活提质增趣。针对全龄群体的运动需求，进行专业的功能配置为其提供智能化的健身体验，在满足基本健身需求的同时，让全龄群体基于运动健身这一话题，建立更多的共同爱好，形成新的交往关系。

（4）规划多方面空间参与

①多方面的环境感知

知觉体验是人对环境最基础、最直观的感知，主要指人的五感体验，包括视觉、嗅觉、听觉、味觉和触觉。不同年龄群体对同一环境的感知体验都有所不同。对于儿童来说，自然环境是一个充满探索意义的神奇国度，对儿童充满了吸引力，不仅可以让儿童在探索的过程中学到更多的自然知识，还可以在知识的传授过程中加深儿童与家长之间的亲子关系；对中青年人来说，舒适的空间环境，有助于舒缓压力，放松心情，是远离喧嚣城市的一处清净地；而对于老年人来说，自然环境中的色彩、气味、声音、可食蔬菜、种植体验等都有利于调动老年人的感官体验，让老年人在去社会化的过程，再度参与到劳动中来，展现自己的价值，促进彼此之间的交流和互动。

②多样化的参与形式

不同年龄群体对同一类活动的参与形式具有不同的倾向，儿童群体天性自由，不适合对其参与形式进行过多的限定，应该更加贴近自然，在自然中解放天性；中青年群体紧跟时代的发展，对新鲜的事物充满了兴趣，因此他们更加适合不断变化并可以不断创造的参与方式，时刻保持参与活动的新鲜感；老年人对新事物的接受能力有限，对于他们来说熟悉的劳动方式是最可以让他们寻找到价值，感受到归属感的参与方式。在参与过程中，老年人可以向中青年群体传授自己的经验，中青年群体也可以向老年人传输新的方法和理念，为老年人注入新的活力。

4）单元入口空间包容性营造友好生活环境

（1）丰富空间界面

①易识别的空间界面

针对单元入口空间底界面、顶界面和侧界面内的墙面、地面铺装、竖向隔断等景观元素，利用适老化的色彩、适合儿童识别的图案标志和与单元楼栋相对应的标识系统，增强全龄群体对空间的识别性；除此之外，结合空间现状的差异性，采用模块化的方式，打造各具特色的入口空间，以此来打破空间雷同的现状。

②文化性的景观元素

在打造入口空间的过程中，融入体现社区文化的景观元素，采用趣味的表现方式，既可以唤醒老年群体对地域文化的记忆，也可以将社区文化向中青年和儿童群体进行传承，通过历史的联结，加强居民对空间的记忆点，增强空间的识别性。

（2）打造交往空间

①半开放的交往空间

单元入口空间是室内外空间的转换之地，不只是作为日常的交通出行空间，更是对居民独特生活气息和文化氛围的展现，居民在空间中的活动是一段段生活情景故事的演绎。半开放的交往空间打破了原有场地的空旷感和视觉单一感，巧妙地融合了封闭空间的安全感、私密感和开敞空间与环境交流渗透的开放感，有利于为全龄群体提供一个合适的空间氛围，承载居民彼此之间生活故事。

②多样化的交往单元

在半开放的交往空间内，全龄群体不同的活动类型会形成不同的交往单元，例如休憩观望单元、棋牌单元、闲聊单元等，可以对应到单人、双人、三人或多人等交往模式，形成聚集不同规模的人群，为全龄群体的交往形式提供更多的选择。

（3）完善近人尺度

①近人的空间尺度

近人的空间尺度主要强调根据全龄群体使用空间的尺度需求，打造多种适合不同年龄阶段群体的空间尺度。Edward T. Hall在《隐匿的维度》一书中定义了一系列交往行为的习惯距离，从公共空间到私密空间进行了不同层次的划分。由于单元入口空间主要强调全龄群体与家人和邻里之间的交往关系，因此在交往空间的尺度把握上应尽可能控制在0.45～3.75米，采用设施、隔墙、铺装等空间限定方式，打造不同类型的小尺度交往空间。为居民的交往提供适宜的尺度。除此之外，空间内的各类服务设施也应该考虑到不同年龄阶段群体的差异化使用习惯，为居民提供舒适的出行、交往环境。

②便捷的服务设施

便捷的服务设施主要强调满足全龄群体日常需求的公共设施和针对儿童、老年人等弱势群体特殊需求提供的服务性公共设施，体现了人性化的空间设计，保证居民可以舒适地使用空间。

4．北京水碓子西里社区小微空间更新设计

1）项目概况

（1）项目区位

水碓子西里社区位于北京市朝阳区团结湖路52号，与水碓子社区相邻，东至水碓子西里东侧路，南至朝阳北路，西至团结湖路南侧，北至团结湖南路西侧，是北京市2020年首批老旧小区综合整治项目之一，

也是北京市建筑师负责制试点项目之一。

（2）周边环境

水碓子西里社区建设年代较晚，距CBD核心区约1.4千米，距东三环450米，交通便利，社区周边在教育、医疗、商业、市政管理、养老服务等配套设施方面均具备较优质的城市资源，可以满足不同年龄阶段人群的各类生活需求。但社区内部空间荒废、基础配套缺乏，因此需从老旧社区小微空间入手，提升空间环境的全龄友好性，增加不同年龄阶段人群之间的互动以及与城市的互动，充分利用城市资源，发挥区位优势。

（3）建设背景

“水碓子”指的是今朝阳公园东部和东四环附近的村庄，其名源于村内的巨大水碓，水碓是利用水力舂米的器械，沿湖修建，可以日夜加工粮食，供村民轮流使用。水碓子还是清代时满族发放“八旗粮”之地。中华人民共和国成立不久，国家开始城市建设，从20世纪50～60年代开始，在今天的东起水碓子东里，西至水碓子西里，北始团结湖南路，南抵朝阳北路一带开始建设住宅区，名称就叫水碓子，但是和过去的水碓村还是隔了一段距离。当时城市住宅严重短缺，建筑业发展缓慢，我国开始向苏联建筑工程专家学习技术经验，建立并推行“发展标准化生产、机械化施工、标准化设计”的建筑工业化模式。水碓子社区正是当时的试点工程之一。1964年，在水碓子小区试建了两个建筑群，将振动砖板试点工程进行扩展。1981年，与团结湖相邻的水碓子西里小区建成，包含了4栋始建于1960年的预制大板装配式实验住宅。虽然社区在1965年称向阳里，取葵花向阳之意，1977年又易名为金台北里，但在1989年还是重新恢复了“水碓子”的名称。水碓子之西称之为水碓子西里，原为东风乡六里屯菜田。

2）项目总体规划

（1）网络化的道路系统

社区道路系统主要包括车行道路、人行道路和标识系统等。设计根据空间现状以及居民需求，打造了环形的车行流线、串联各个小微空间的人行流线，结合岔路口标识，打造一个网络化的道路系统。

（2）混合式的功能布局

设计根据全龄群体的活动类型和需求，赋予了小微空间党建宣传、益智娱乐、共享服务、休闲观展、集市买卖、公益活动、休憩闲聊、运动健身、游戏竞技、静坐观景、种植体验等多样化的功能，设计在不同的小微空间内进行混合式组合，满足全龄群体多样化的功能需求。

（3）全龄化的空间主题

社区共计6个空间主题和11个活动空间节点。根据水碓子西里社区的3个小微空间层级，打造步行易达的道路流线、全龄互动的组团花园和包容共享的单元客厅。其中，全龄互动的组团花园针对全龄群体的互动关系，打造了以儿童娱乐与亲子互动、居民集市与邻里交往、全民运动与智慧互动、居民苗圃与共建共享为主题的更新设计，为全龄群体的交往和互动提供丰富多样的活动主题。

3）步行易达的道路环线

（1）安全的出行环境

①全坡化

首先，设计在道路与公共服务设施的衔接处设置了无障碍坡道，并结合坡道边缘的绿地设置带有座椅的树池，既可以有效地遮挡坡道侧面，又可以为来往的居民提供舒适的休憩空间；其次，在道路与活动空间的衔接处根据通往活动空间道路的尺寸因地制宜地设置场地缘石坡道，保证居民安全地进出活动空间；最后，在道路与单元入口的衔接处设置楼梯和坡道相结合的无障碍设施，可以满足老年群体乘坐轮椅出行，中青年群体携带行李箱出游，儿童群体使用婴儿车、学步车或游戏车出玩等需求。

②人车分流

在车行流线上，设计将社区道路尽端角落打通与9号楼前的车行道连接起来，形成一个闭环的车行流线。在步行流线上，设计将社区的停车空间重新进行规划，释放被占用的人行通道，并在此基础上沿着社区车行主干道边的人行道、单元入口旁的半开放空间和活动空间内部规划步行流线，采用适老化的色彩和防滑地面铺装，引导居民在步行道路上出行，避免与车辆发生冲撞。除此之外，在步行流线与车行道的交叉处设置文字和图案标识提示，提醒居民注意来往车辆。

（2）便捷的步行流线

①连贯的步行流线

设计用步行流线把各个活动空间串联起来形成小区域的环形步道和整个社区连贯的步行流线，将出行必经的三处小微空间进行完善，并每隔一段距离设置临时的休憩节点，让全龄群体，特别是儿童和老年人等弱势群体在步行过程中可以进行停留休憩，恢复体力。使整个步行流线的功能更加完善，线路更加连贯，为居民提供安全、便捷的出行流线。

②视觉感知的空间导向

在岔路口区域路边设置方向标识牌，采用与路灯相结合的方式，融入“碓”字的文化标识，与社区的适老色彩相统一，根据每栋居民楼的单元色彩设置相应的方向标识。结合活动空间的特性将其简化为色彩图案，与方向标识相结合，更好地指引全龄群体的出行。除此之外，设计根据步行流线在地面铺装上设置文字和图案标识，提示活动空间的方向和距离，为居民提供一个游园式的步行体验。

（3）兼容的停留节点

①多功能的空间组合

设计主要选取了社区内三处入口旁的小微空间进行完善，作为步行流线的必经节点，对其进行功能上的完善和组合，使其能够更好地容纳全龄群体在出行过程中的临时性活动需求，增加居民停留的时间，提高全龄群体相遇的概率。

A. 主入口临时停留节点：设计将休憩节点与入口围墙联系在一起，对入口处的围墙和树木进行保留，采用玻璃顶面和镂空格栅相结合的形式，构建集休憩、交流、党建宣传与门卫登记等功能于一体的节点建筑，为居民了解社区生活、偶遇交流提供条件。

B. 西入口闲置人行节点：将原有杂乱的墙面进行整合，以北京市朝阳区的文化记忆为载体，采用参数化形式与镂空钢板景墙的设计，展现朝阳区的历史风貌，增加休憩环境的文化氛围。结合廊架和自顶端延伸至地面的多种朝向的休憩座椅，为居民闲逛观赏景墙的同时，提供一个供居民寻找记忆和互相交流的空间。除此之外，设计还结合文化景墙做了整体的透光设计，使整个空间呈现出一个温暖的通道空间，为居民提供一个安心的步行氛围。

C. 西入口健身休憩节点：对原有的健身设施和树木进行了保留和规整。延续节点空间的休憩廊架和座椅，打造一个集康养健身、临时休憩和互动观展为一体的节点空间，为居民的聚集提供机会。

②多元素的互动装置

设计针对老年人、中青年群体和儿童分别从内容、形式和色彩灯光三方面设置了多元化的物理互动装置。在装置上采用与历史文化相关的内容吸引老年人前来观看，采用趣味多样的互动形式吸引中青年群体的参与；结合丰富的色彩、灯光效果吸引儿童的注意力，增加全龄群体在活动过程中的接触机会。

4）全龄互动的组团公园

（1）儿童娱乐与亲子互动

①趣味性的空间界面——儿童益智

设计从现有空间的廊架支撑和地面铺装中提取出方形和三角形，结合色彩、图案、数字、英文等伴随儿童成长的益智元素，从“七巧板”拼图游戏中提取灵感，对空间进行复合设计。在空间的底界面和竖界面上设置了七巧板游戏地铺、七巧板英文拼图墙面和七巧板拼图设施，形成趣味性的空间界面，从而吸引中青年群体和老年群体陪同儿童前来活动（图8-1）。

A. 七巧板游戏地铺：设计根据七巧板的形式将地面铺装划分成色彩各异的七个形状，并结合划分的色彩区域和边线，将益智游戏融入到地面铺装中，设计沙坑互动区域的位置和游戏地图的流线，通过在地面划分的游戏形式对空间进行限定，引导儿童参与到游戏中。

B. 七巧板拼图设施：设计将七巧板体块的正反两面刻上阿拉伯数字与罗马数字，将其组合为600毫米×600毫米的方体，并与不同高度的儿童座椅相结合，让儿童可以在七巧板拼图的同时，自由发挥想象力，用七巧板组合成不同的图案，激发儿童的创造力。

C. 七巧板英文拼图墙面：设计将三维的七巧板拼图投射到二维的墙面上，将其组合成不同的英文字母，为全龄群体提供更加丰富的视觉感受，儿童也可以以墙面的英文拼图为参照，在组合的过程中学习图形、色彩和英文字母，为儿童的游戏提供素材。

图8-1　趣味性空间界面设计

②多维度的益智互动——亲子互动

设计结合益智元素设置了不同维度和不同人群游戏规模的互动形式。其中，二维互动形式主要包括数字游戏地图（群体）、跳格子（群体）等。三维互动形式主要包括圈叉游戏（双人）、七巧板拼图（单人、双人或多人）、沙坑探索（单人、双人或多人）等，为儿童提供了丰富的游戏体验，让儿童在与家人和朋友的互动中快乐学习、健康成长。

A. 二维互动形式：数字游戏地图的设计主要是结合场地的入口空间，根据七巧板地面铺装的区域划分，采用方格规划游戏流线，并在方框内融入数字计算、动物图案、动物脚印等元素。儿童可以和家人或朋友一起通过掷骰子走格的方式在游戏过程中共同熟悉数字计算和动物脚印，在游戏中学习与成长。除此之外，还在七巧板地铺中加入传统的趣味游戏——跳格子，在熟知英文字母顺序规则的基础上保持平衡进行单脚跳跃，在群体的互动过程中有利于加强记忆力和锻炼身体。

B. 三维互动形式：圈叉游戏（双人）主要通过立体旋转棋盘对弈的方式增加儿童与家人或同龄人群之间的益智互动。七巧板拼图（单人、双人或多人）主要通过家长引导儿童或儿童自主创新的方式对七巧板进行组合拼图，在创造不同图案的过程中开发儿童的智力、加深儿童与家人之间的交流。沙坑探索（单人、双人或多人）的设计则是结合七巧板铺地的图形对地面进行下沉处理，结合沙坑边缘设计家人陪同的区域，在陪伴的过程中，加深与儿童之间的亲密关系。

③全龄通用的休憩设施——亲子陪伴

设计在场地内结合现状设施和益智互动设施设置适合不同年龄阶段群体的休憩座椅。针对中青年群体，在设计中保留了场地中的原始廊架，将现状的休憩功能与廊架相结合，采用三角的形式进行组合变化，形成休憩座椅和休憩吧台，并将廊架的顶部与光伏板相结合，在廊架的支撑位置设置光伏充电的配套设施，为中青年群体提供一个可供休憩、为电子产品充电的陪伴空间。针对儿童群体，结合七巧板益智拼图设施，根据人体工程学标准设置270毫米、320毫米、440毫米三种不同高度的休憩座椅，方便儿童在游戏的过程中就近休憩。针对老年群体，在场地内设置带有靠背和扶手的休憩座椅，为老年人提供舒适的陪伴环境。

（2）居民集市与邻里交往

①弹性化的空间形式

由于现状的菜市场空间拥挤狭小，难以满足居民的多样化买卖需求，而菜市场背后的休憩空间却因为功能单一，休憩设施荒废等问题导致空间利用率较低。因此，设计将休憩活动和交易活动对空间的需求进行整合，提取菜市场和休憩场地内的立方体元素，将单元立方体进行错位组合，并对立方体的顶面和棱线进行提取，在场地内形成固定的开敞廊架，并结合玻璃和镂空格栅两种顶面形式确保空间拥有充足的光照。

A. 空间预留（自主改造）：在此基础上，设计采用1000毫米×1000毫米×750毫米的预制塑胶单元模块，根据全龄群体普遍的坐高尺寸和容膝空间尺寸进行切割，在棱角处进行圆角处理，形成具有多维度半弧形内凹空间的两类镜像模块。空间在作为集市功能使用时，设计采用地面铺装和方形廊架对售卖区域进行模糊化限定，预留售卖摆台设施空间，让全龄群体根据不同的售卖需求，自主地对方体模块进行旋转和组合，形成高低变化、大小不一的桌椅形式，从而打造独属于全龄群体个人爱好的售卖空间（图8-2）。

图8-2　弹性化售卖空间设计

空间在作为休憩功能时，单元模块的扶手和靠背可以为老年人提供更加舒适的体验。多样化的组合方式，可以吸引中青年群体进行个性化的拼搭使用。结合廊架钢架设置可旋转的单人座椅和儿童秋千，可以为儿童提供一个更加具有趣味性的休憩方式。整个空间一方面在现有菜市场的基础上为居民延伸了一个文化赶集、商品交易的空间场所，另一方面也在闲暇时间为居民提供日常休憩的功能。设计通过这种弹性化的空间形式，既为全龄群体使用预留了较大的改造空间，还兼顾了居民日常休憩和定期交易的需求，具有较大的灵活性。

B. 限时设计（空间利用）：设计利用边缘的停车空间，在场地内结合廊架的竖杆和地面铺装进行空间限定，让停车区域在满足日常车辆停泊需求的基础上，在特定的活动时间内，可以让居民通过后备箱集市的形式，参与到售卖活动中，实现空间的利用最大化。

②多样化的空间主题

这里提到的“集市”，不仅是一个商品集散地，也是民众休闲社交的新平台。社区或居民借用场地的灵活性可以自由地对空间进行组合，从而打造多样化的主题空间，开展适合不同年龄阶段群体的集市活动，方便邻居们下楼结识，创造和睦邻里、守望相助的社区氛围。它的存在满足了更多人个性化的生活追求，展现了不同年龄阶段群体社交的多种可能性。

A. 助老活动（老年群体）：设计将单元模块组合成多种类型的桌椅模式，为老年人和助老工作者提供灵活的服务设施。根据老年人的需求，提供健康义诊、理发、家电维修、旧衣缝补等生活服务。一方面可以切实地帮助老年人解决生活难题，让老年人在家门口就能享受到健康和关爱，另一方面也可以鼓励社区中的中青年群体通过志愿者的方式贡献技能，参与到关爱老人的活动中，向儿童群体弘扬孝老爱亲的传统。

B. 后备箱集市（中青年群体）：设计通过对停车区域的临时性利用，设计了一个交易成本较低、较为自由的后备箱集市空间。通过对廊架支撑框架的提取利用，在区域交界处，设置彩色PVC透明板隔断，并在框架的正面和侧面设置可供替换的透明招牌。在闲暇时间，空间可以进行社区宣传、观展等活动，在作为集市空间时，可以为中青年群体提供一个展示自己，分享生活，促进年轻人创业梦想“软着陆”的机会，在分享交易的过程中加深全龄群体之间的了解。

C. 公益集市（儿童群体）：通过对廊架地面空间的预留，选取防滑的彩色混凝土地面材质，以黄色秋千为标志，让儿童可以根据自己的喜好设计摊位。一方面可以锻炼儿童管理摊位、结交朋友和交流叫卖的能力；另一方面也可以吸引家人作为顾问参与，陪同孩子充当摊主或者顾客等角色，在活动中进行互动，共同为孩子的成长创造友好的社区环境。

（3）全民运动与智慧互动

①多代复合的功能模块

设计将空间划分为中青年竞技区域、儿童运动区域、老年健身区域，用适合全龄群体运动使用的双跑健身环道串联各个活动区域。除此之外，设计还在儿童活动区域设置看护休憩设施，在老年活动区域设置陪伴休憩设施。根据现状场地凉亭形式进行优化，在中青年和儿童活动区域之间设置多个蘑菇形凉亭休憩设施，打造一个多功能复合的运动空间。

②科学智慧的互动形式

设计根据全龄群体不同的活动需求，结合U形单元模块，打造与之相适应的智慧互动设施，在老年人广场舞区域设置了AI广场舞互动屏、在儿童活动区域设置健身游戏互动屏，在中青年活动区域设置智慧健身设施，在全民运动的健身环道上设置AI识别虚拟环形步道，为全龄群体提供更加科学、趣味的健身方式。

（4）居民苗圃与共建共享

①多方面的环境感知

针对老年人身体机能后退、感知能力降低，中青年群体身体亚健康状态的现状，用自然环境疗愈他们的身心，通过视觉、触觉、味觉、听觉、嗅觉给他们带来感知上的刺激，营造一个健康舒适的种植环境。

所有的植物选取都坚持要适应北京的气候环境。视觉上，社区选取了色彩丰富的可观赏性植物，例如绣球花、棣棠、萱草、凌霄花、美人蕉等。嗅觉上，选取了气味清新的香氛植物，例如鼠尾草、月季、芍药、迎春花、玉兰等。触觉上，为老年群体设计了高低位种植池、为中青年群体设计了容器花园，为儿童群体设计了自然探索区域，为全龄群体提供与自然互动的机会。味觉上，设计为居民提供了可以食用的蔬果种子，可以自行获取，在种植收获后食用。在听觉上，设计与种植装置相结合，打造了一个可以蓄水、浇灌的水流装置，不仅可以为居民提供听觉上的感受，还可以为居民种植提供灌溉用水。为全龄群体提供一个健康舒适的环境。

②多样化的参与形式

居民苗圃是对现代健康生活环境的响应，也是促进社区居民连接的共建方式，居民通过在活动中的频繁接触，建立新的人际联系，将种植带回都市、把劳作带进课堂、把游戏带给孩子、把互动带回邻里、把生产带入生活。

A. 苗圃种植（老年群体）：首先，在空间内针对老年人和残疾人提供了不同尺寸的高低位斜向木制种植池，设计结合原有的长方体苗圃形态，将体块切割为高1200毫米、宽1200毫米的L形体块和高1000毫米、宽1400毫米的长方体，根据老年人手臂水平抬高的高度（1.20～1.40米）和轮椅老人所需的容膝高度，对体块进行切割，使老年群体和残疾人都能体验到种植的快乐，重新找到自己的价值。其次，在种植池的旁边还预留了1500毫米的渗水砖步道，可以保证一辆轮椅和一个人正面相对通行。最后，在种植池的周围选取不同的观测角度，设置由社区更新产生的固废原料改造而成的休憩座椅，为老年人劳作后提供一个多角度观景的休憩空间，同时也便于中青年群体在看护老年人的同时观赏苗圃的风景（图8-3）。

B. 容器花园（中青年群体）：设计采用斜切的方体装置用作种植容器的摆放和休憩座椅的使用，将高低不同、方向各异的装置进行组合，并在装置内放置花盆或废弃容器，引导中青年群体利用容器对植物自行搭配，打造丰富趣味的小微景观，形成一个富有美感的容器花园。容器花园的种植形式施工方便、形式

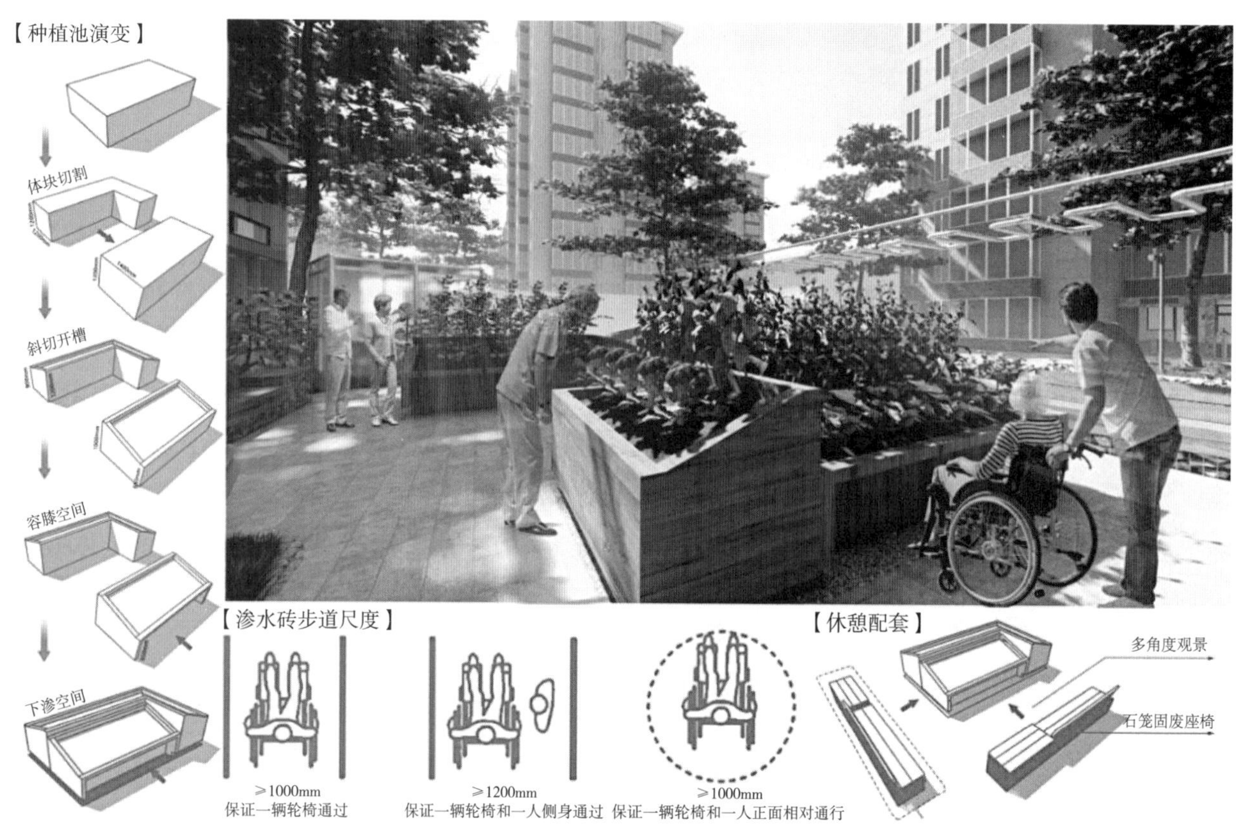

图8-3　苗圃种植设计

多样、空间占用较少，种好景观盆栽也可以让居民带回家，生活繁忙的时候则可以集中放在一起由邻里帮忙照看，方便中青年群体更好地参与到种植中，并在此过程中加深中青年群体与邻里之间的互动。除此之外，设计还延续装置的形式，采用透明玻璃材质，设置吊床等休憩设施，为中青年群体和儿童群体提供一个舒适的休憩环境，可以全身心放松地感受大自然。

C. 自然课堂（儿童群体）：设计在花园的空地处设置了色彩丰富的植物景观装置，引导儿童在地面进行自然探索，同时设计将1米的蚯蚓塔与景观装置结合，将蚯蚓塔打孔的30厘米部分埋入地下，通过"厨余垃圾投放—吸引蚯蚓进食—蚯蚓分解—滋养土壤—养育植物—居民使用—厨余、植物垃圾产生"多个方面，形成可持续的循环过程。让儿童在家长的协助下制作蚯蚓塔，体验整个物质能量循环转换过程，在参与中学习和成长。除此之外，场地内还设置了不同高低尺度的可旋转科普展示牌，为儿童科普花园里的植物信息。

5）包容共享的单元客厅

（1）过渡空间共享性设计

①半开放的交往空间

设计将原有的雨棚延伸出来连接整个楼栋的两个单元，采用木制和玻璃材质间隔的方式，融入凹凸的变化形式，给居民提供更加丰富的通行体验。在此基础上，设计结合镂空木制格栅、无障碍通行设施、休憩设施和绿化景观打造一个半开放的交往空间，满足居民日常偶遇闲聊、休憩观望、临时等候等活动需求（图8-4）。

②多样化的交往形式

设计针对老年群体和中青年群体，设计了单人休憩、双人闲聊、多人交流的休憩模式。针对儿童群体的休憩交往需求，提取碓子的形态建成趣味十足的儿童座椅，吸引儿童和朋友们在区域内休憩或游戏。根据单元入口的空间现状，进行搭配组合，为居民提供一个多样化的交往形式。

（2）入口空间识别性设计

①易识别的空间界面

易识别的空间界面主要从底界面和侧界面进行设计，底界面主要在地面铺装上采用了适合老年人识别的色彩，将铺装与步行流线连接在一起，利用路面的色彩引导老年群体出行归家。侧界面主要包括入口门厅的墙面色彩和门头标识。墙面色彩上，不同的单元选取了独属于自己的色彩风格，在墙面的信报箱上利用矩形方格，结合斜杠图案填充成楼栋的单元数字，更便于儿童进行识别。门头标识部分，设计采用无衬

图8-4　半开放交往空间设计

字体，融入空间界面色彩，与图案化的“碓”字标识相结合，让全龄群体可以更加清晰地看到楼栋标号（图8-5）。

②文化性的景观元素

设计针对水碓子西里社区的“水碓文化”，对水元素和水碓的形态进行提取，融入到半开放空间的支撑隔断中（图8-6）。唤醒老年群体对社区文化的记忆，也让中青年群体和儿童群体更多地了解到社区的由来，营造一个精致的文化氛围，增加居民的归属感。

图8-5　空间界面设计

（3）入口空间舒适性设计

①近人的空间尺度

A. 空间交往尺度：设计根据不同交往行为的距离，与居民不同活动范围内的单元尺度相对应，打造适度的交往范围，尽可能地贴合居民的交往习惯。设置了2米×2米的闲聊空间，适合全龄群体与朋友、熟人、邻里之间的偶遇或闲谈；还设置了1米×1米的休憩观望空间，适合个人或和较为亲密的朋友之间的交流。为全龄群体的交往、活动提供了舒适的空间尺度。

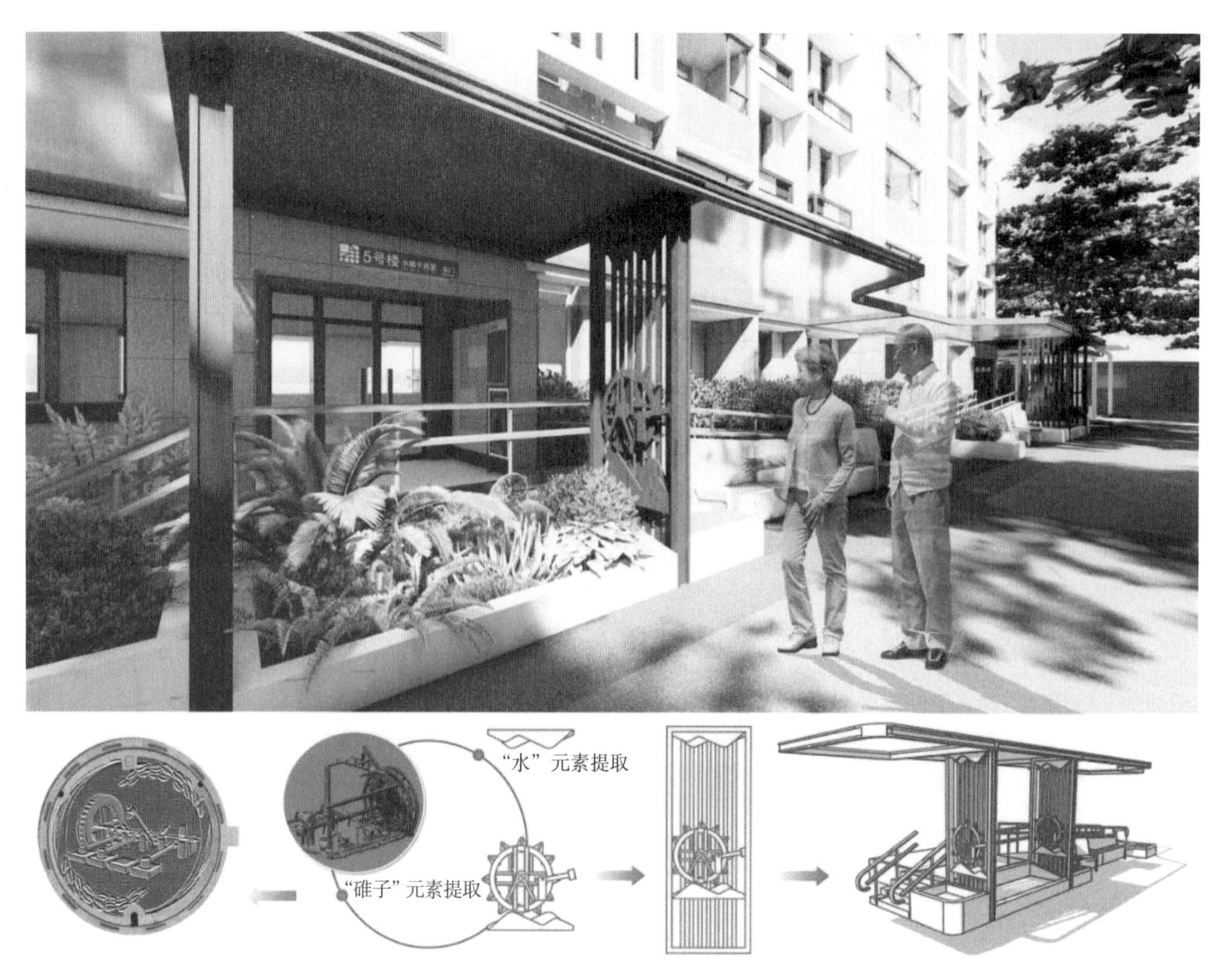

图8-6　文化景观隔断设计

B. 服务设施尺度：为了让居民的出行更加安全便捷，对原有的无障碍坡道进行了完善改造。由于老旧社区楼前空间有限，因此设计选取了1200毫米使用宽度的无障碍坡道，可以保证一辆轮椅和一个人侧身相对通行。除此之外，设计还根据全龄群体的使用习惯，设置了850毫米和650毫米的双层扶手，为全龄群体的出行提供了更加便捷的辅助设施。

②便捷的服务设施

在入口门厅区域将原有的大门替换成人脸识别的门禁系统，避免居民忘带钥匙造成不便。结合门厅墙体打造内嵌式的信报箱、共享雨伞、共享挂钩、紧急救助设施、临时休憩座椅等。基于不同年龄阶段群体的身高差距，在设计过程中还设计了不同尺寸的服务设施，可以在全龄群体遇到紧急情况的时候提供便捷的服务。除此之外，还将原来大门上张贴的通知统一整合到公告栏中，保持整洁美观的同时，方便居民查看。

5．总结

老旧社区因其建成时间较早，环境设施老化严重。随着社区人口结构的老龄化和外籍化，如何平衡不同年龄阶段群体之间的差异化需求，促进彼此之间的代际互动成为老旧社区需要面对的现实问题之一。本章调查研究表明，小微空间作为老旧社区的既有空间存量，对其进行全龄友好的更新设计，既可以促进老旧社区的环境优化，也可以促进各年龄阶段群体的代际融合，为老旧社区小微空间更新提供具有针对性的解决方案。

第9章

文化性

社会美育与城市更新

9.1 社会美育与城市更新

9.1.1 社会美育的含义及其价值

“美育”一词在中国首次提出，源于1906年王国维的《论教育之宗旨》一文。在他看来，精神之能力，包含“真、善、美”三个层次，总称为“心育”。继王国维之后，20世纪初，蔡元培将美育与德、智、体并称“四育”，在全国范围内大力提倡美育，并从理论上进一步提升了美育地位与学术高度，产生了巨大的影响。回望其美育思想，根源在于他认识到中华民族的复兴不仅要在物质层面上开拓强国之路，更应在精神文化层面培育符合时代精神的价值观、文化观。这一理念，直至今日仍具有强烈的现实意义与理论意义。

社会美育是对全社会成员普遍实施的审美教育活动。其目的是通过具体的审美内容、审美路径和方案，统筹建设社会主义精神文明，提高全民审美素质、思想道德素质以及科学文化素质；最终目标是构建和谐社会、文明社会、生态社会，实现共富共美。社会美育是树立和培养新时代中国特色社会主义文化自信和文化自觉的重要内容，是培育社会主义核心价值观的重要路径和手段，实施社会美育工作对国家而言，其价值在于通过具体的文化形态培养共同的文化自信和文化自觉，从而形成共同的文化理想和文化认同；对于社会而言，在于通过具体的文化实践和文化浸润，构建和谐的社会生态文化和人文环境；对个人而言，在于通过具体的人文环境和美育实践，提高社会成员对于美的感受力、鉴赏力及创造力，帮助其树立美的理想、美的信念，发展美的品格、培养美的情操，继而形成美的人格，实现人的自由和全面发展。

9.1.2 社会美育与城市更新

城市发展的新篇章着重于社会美学教育与文化层面的同步提升。这涉及通过城市改造计划，不仅改善物质环境，更要在精神文化层面上进行投资，以培育居民对美的感知和对文化的深刻理解，最终目标是提高城市的文化气质和审美标准。以下是关于社会美育与城市更新的一些要点：

1．**艺术与文化融入城市设计**：在城市更新过程中，艺术与文化不仅是装饰，更是城市身份和精神的核心。通过将艺术作品和文化符号融入城市肌理，既提升了城市的美学价值，又强化了城市的历史连续性和文化认同。

2．**公共艺术品与文化设施建设：**建设公共艺术品、文化展览馆、艺术中心等文化设施，为市民提供欣赏艺术和参与文化活动的场所。

3．**教育与社区参与：**加强艺术教育普及工作，鼓励学校和社区组织艺术课程和活动，培养市民对艺术的兴趣；组织社区艺术创作、展览、表演等活动，鼓励市民积极参与，促进社区文化交流和共享。

4．**城市绿化与美化：**加强城市绿化和美化工作，通过绿植、雕塑等方式打造具有美感的城市景观，提升市民的生活品质和幸福感。

社会美育与城市更新的紧密结合，有效提升了城市的文化品位和审美水平。这种实践促进了居民对艺术与文化深层次的理解和欣赏，同时增强了他们对本土文化的自信和社区归属感。通过营造充满艺术气息的城市环境，城市的吸引力和竞争力得到了加强，为城市的全面发展和社会进步注入了新的活力。

9.1.3　美育政策下的学校空间更新改造设计

在学校空间更新改造中，遵循美育政策的指导原则，通过设计和改造学校的空间环境，以促进学生的审美素养、文化修养和艺术欣赏能力的提升。这意味着在更新学校空间时，将美育理念纳入设计考虑，努力打造一个既具有艺术氛围又具备教育功能的学习环境。这样的设计重视其对学生发展的积极影响，旨在培养学生的创造力、审美意识和文化自信，从而推动学校教育的全面发展和社会进步。以下是关于学校空间更新改造的一些核心观点：

1．**学校环境的文化浸润：**学校环境的更新改造注重文化的浸润，通过将艺术和文化元素融入校园的每个角落，创造出一个能够激发学生创造力和审美情感的学习环境。

2．**学校与社区的协同发展：**学校环境的更新改造也考虑到与周边社区的协同发展。通过与社区共享资源和设施，学校能够更好地融入社区，同时也为社区成员提供学习和参与的机会。

3．**学校环境的安全性与舒适性：**在更新改造中，学校环境的安全性和舒适性被放在首位。通过改善校园的基础设施和增加安全措施，确保学生在一个安全、健康的环境中学习和成长。

4．**教育环境的创新与互动：**学校环境的更新改造注重创造一个创新和互动的学习环境。通过引入现代教育技术和互动式学习空间，鼓励学生主动探索和合作学习，从而提高教育质量和学习效果。

9.1.4 传统美学视域下的学校空间更新改造设计

传统美学视域下的学校空间更新改造设计是指在更新和改造学校空间时以传统美学为理念和指导，旨在塑造一个与古典美学原则相契合的校园环境。这一过程涉及将民族传统与美学价值融入校园设计的每个细节，从建筑风貌到装饰艺术，旨在以深厚的文化底蕴为基础，构建一个既展现历史厚重感又传承文化精髓的校园环境。以下是关于社会美育与城市更新的一些要点：

1．**传统文化传承与创新：**通过建筑风格、装饰元素等设计手法，传承和弘扬当地的传统文化，体现民族特色和地域风情。

2．**注重建筑与环境的和谐统一：**在建筑布局和景观设计中，追求建筑与自然环境的和谐统一，营造出富有诗意和美感的校园景观。

3．**注重材料与工艺的选择：**选择符合传统美学的建筑材料和工艺，如木材、瓷砖、雕刻等，体现传统工艺的精湛技艺和美学特色。

4．**尊重历史和文化遗产：**在更新改造过程中尊重原有建筑的历史价值和文化遗产，保留和修复具有代表性的历史建筑和文物，使其成为校园文化的重要组成部分。

5．**营造学习氛围：**设计典雅、庄重的教学空间，营造沉稳、肃穆的学习氛围，激发学生的学习动力和文化情怀。

传统美学视域下的学校空间更新改造设计致力于在传统文化的基础上创造具有美学品位和文化内涵的学习环境，为学生提供一种具有历史感和情感共鸣的成长空间，促进学校教育的全面发展和传统文化的传承。

9.2 文化性——学校空间更新与改造

9.2.1 案例一：美育政策下当代中学校园空间更新设计研究

刘世勇

1. 美育政策背景下中学校园空间问题分析

1）中学校园空间设计发展与现状

（1）国外中学校园空间设计研究

国外对于中学校园的研究较早，随着研究的不断完善已经有了相当成熟的理论观点，且从校园整体规划到校园细节设计都有所涉及，并非常注重校园空间环境的塑造。其研究的多样化角度使我们认识到：中学校园不仅是教育教学的场所，更是校园师生日常生活交流的平台。其中，研究中学规划设计的部分著作如美国的布拉福德·珀金斯所著《中小学建筑》，深入研究了校园规划等诸多细节在内的基本问题，为中小学校园建设提供了参考。对中学校园多维度研究的论著如美国迈克尔·J. 克罗斯比所著《北美中小学建筑》书中探讨了中小学校设计的多种发展趋势，并对此以案例来比证。探讨校园空间内涵的论著如美国R. Thomas Hille所著《现代学校设计——百年教育建筑设计大观》，收录了从赖特到莫尔弗西斯时期超过60位建筑大师对中学校园的设计思考。并从中剖析了背后的设计主旨，建筑、教育与学习环境之间的关联，以及更多地剖析了校园在设计完成后的实践过程中设计理念和哲学思想对校园持续性的联系。日本株式会社建筑画报社编制的《日本绿色校园建筑》书中，介绍了日本教育改革后，校园建筑在设计中对绿色生态、地域环境的尊重和融合，其中涉及大学建筑、幼儿园及中、小学建筑等学校建筑，对中学校园的建设研究有着一定的借鉴意义。

（2）国内中学校园空间设计研究

国内在中学校园方面的研究由于中华人民共和国成立以前的理论空白，使得我国研究起步较晚，在中学校园空间的研究上没有国外研究得全面和系统。

直至20世纪80年代初，西安建筑工程学院公共建筑研究所李志民教授和张宗尧教授等编写了《中小学建筑设计规范》，为我国在中学建筑设计提供了参照标准，并于20世纪80年代末期，又相继出版《中小学建筑设计》一书，该研究相对全面地从原理、方法和步骤对我国中小学校建筑设计进行论述，为广大建筑师提供了宝贵的资料。此后，李志民教授继续在此方向进行研究，相继发表了《中小学校建筑发展及其动向》等多篇针对素质教育改革后的中小学校园发展方向的研究，并以此成立了相关的课题组。

在此基础上国内的教育教学发展引发了学者的关注和研究，中学校园的理论研究也蓬勃发展，笔者根据知网学术论文总库文献统计了以“中学校园”为主题的期刊论文和硕博论文的相关文献情况，如天津大学刘志杰的《当代中学校园建筑的规划和设计》着重从校园规划层面进行了研究和探讨，湖南大学杨建锋的《基于九年制素质教育模式下中小学教育空间设计研究》和天津大学王军溯的《素质教育模式下的中小学校园设计初探》等探讨了教育改革层面下的校园空间设计研究等大量期刊和硕博论文的研究，这里便不再一一列出。

笔者在对中学校园的溯源研究和梳理国内中学校园的相关不同视域下的理论研究中发现，大部分基于不同视角的研究都普遍从宏观层面对校园空间进行研究。虽然都有其研究的价值与意义，但是忽略了校园空间的本质特征是教育的物质载体，是基于教育而创造的环境，在本质上仍然以育人为目的。而在当下政策背景下对美育提出的“环境育人”重要论述，强调了美育对青少年身心健康发展有着巨大的引导和促进作用，校园作为学生教育学习和日常活动的物质载体，对学生美的认知和感悟有着重要的影响作用。美育的相关理论研究在学术界早已提及，相关的美育观点也有各自的支撑和研究价值，但大多处于宏观层面上的理论研究，而在相关的运用研究上也多偏向于教学学科上的研究，在美育视角下的校园空间更新和介入的相关研究较少，其相关论文有2009年西安电子科技大学硕士研究生常佳钰的论文《生态美学视野下校园美育大系统建设研究》，主要利用生态美学作为研究视角引导校园美育的建设。东北师范大学硕士研究生赵聪在论文《大学生美育的现实困境、原因及其策略研究》中以学生为研究主体从校园输出的层面上分析了学生美育的困境及策略研究。然而校园空间形象的塑造对学生美育的主观引导方面的研究比较缺失，当下背景需求下的中学校园空间该如何塑造校园空间形象及环境，美育相关理论思想该如何介入和引导校园空间形象建设，校园空间形象对校园美育的促进作用和相关影响，还缺乏比较系统的研究。

2）中学校园空间的现状问题分析

（1）校园空间形象单一

在城市的旧城区，由于城市建成年代较早，现有的中学校园多是20世纪80～90年代以来遗留下来的，并且直到今日还在使用中。这类校园通常有着相对悠久的办学历史，但建筑空间及风格基本没有改变。随着城市规模的高度开发，校园逐渐缺乏向周围扩展的空间。由于受当时经济制约和教育理念的限制，校园以满足功能为主。并且建校之初从设计者到校园决策者均缺乏对学生发展需求的思考，忽略了时代的发展和教育理念革新。具体到实际呈现上，在设计实践项目的实地调研和当下存留使用的老旧中学校园的资料调研中发现，这类校园大多和周边建筑风格趋于雷同，且建筑老旧，校园整体形象大多单一化，美感呈现与当下时代审美需求不适配，空间布局呆板，且只满足其功能的需要，开放空间和公共空间与使用者不适应，导致这类老旧中学校园空间缺少美感。如重庆沙坪坝实验中学，建校于1938年，位于沙坪坝区中心城区，因其建设年代久远，且周边高度开发，校园失去了扩张的可能性，其形象呈现和当今时代下对中学校园的审美认知有了很大的差距，校园的空间呈现较为单一，缺乏空间的丰富变化。再如重庆鱼洞中学，建校于1969年，校园整体已相对老旧，从外貌形象到功能形式上都与当下时代需求有所差距。而这类老旧中学校园在各个城市中俯拾皆是，这类老校区经历几十年的发展，由于资金或使用等各个方面的原因难以进行整体化重建，使得校园空间的呈现仍然延续着建校时的风貌形象，同时由于城市的高度开发使得校园失去了扩张的可能性，校园风貌形象的呈现和校园的空间营造已经难以满足当下教育政策和时代背景的需求，校园形象风貌和校园空间亟须更新。

（2）校园精神内涵不足

校园作为文化的发扬地和传播地，本身对美的追求和把握应当是社会的标杆，校园的美学内涵应当高雅和舒适，空间环境应能够洗涤人的心灵，陶冶人的情操。在对老旧中学的实际调研中发现，大部分城市旧城区现存的中学校园在建设初期受规范制度和设计理念滞后的影响，以及缺乏足够的校园建设资金，校园在建设初期只能将有限的资金优先用于满足校园的教学相关功能，其主要注重教学区、生活区、后勤区及活动区的功能需求，校园整体环境主要以绿地为主，导致缺乏对校园环境氛围的营造和视觉美感的塑造，校园环境缺乏作为知识传承所在的人文意境和精神内涵。在校园标志形象的营造上相对薄弱，在校园的校门空间通常只重视门卫室等具备功能性的主体建筑，对校门象征性和精神性缺乏思考和理念传达，导致无法向外界展示学校的校园形象。如重庆珊瑚中学南坪校区，建校于1990年，因建校年代较早，校园整体环境与景观植被以满足校园绿化为主，缺乏人文意境，校门作为中学校园的形象标志难以承载校园悠久的历史文化和校园形象。

（3）校园文化传输薄弱

校园的核心意义在于文化积淀和文脉传承，传播和传承文化是校园的责任与使命。时代的高速发展和信息的传播让我们对新事物目不暇接，盲目追逐时代，忽略了对传统的延续和思考，现代文化对于传统文化的冲击，使得校园的发展过度追求新事物和新思想，缺乏对中学校园精神本质与存在价值的理解，对物质环境过度追求而忽略了人文精神的传承；过度追求速度上的批量化建设而忽视了校园的特色与文化，校园的耐久性不足而导致随着时代和社会结构的转变，校园缺乏深厚的人文积淀与多彩的校园生活，无法展现校园空间的本源价值，文化的传输和承载薄弱。

2．美育政策背景下当代中学校园空间更新策略

1）美育思想的溯源和发展

（1）国外美育思想的形成与发展

国外的学者对于美育的作用做过深入的探讨和研究，并提出了众多经典论题。如柏拉图曾专门就美育的育人功能作出论述。古罗马哲学家贺拉斯在亚里士多德的美学基础上对美学思想有了进一步的发展，提出了著名的“寓教于乐”观点。先贤对美育的研究，引导和启发了美学的研究发展。历经一千多年的探索和研究，西方统一了美育，即育人的重要认知。其中，德国哲学家席勒的著作《美育书简》中提出众多关于美育的重要论述，对美育的发展进程起到了巨大的推动作用。卢梭认为美育应当注重感性，反对理性。国外学者约翰·亨利·纽曼将校园文化与美育相结合，他在作品《大学的理想》中论述了大学在知识传播中的作用。德国哲学家雅斯贝尔斯在他的著作《什么是教育》中，论述了大学是一个有利于学生和学者进行真理研究的场所，肯定了大学在真理研究中的促进作用。

（2）国内美育思想的形成与发展

在中国悠久的传统历史文化中，早已形成了诸多美学思想，如对传统社会影响深远的儒学思想中孔子以西周的教育为源头在教育理念中提出了“六艺”。而在美育思想史上，最早提出“美育”一词的当属王国维，他在著作《论教育之宗旨》中将教育宗旨定义为培养“完全之人物”，对其培育“完全之人物”精神上需具备真、善、美三德，首次于教育中提出教育之事需重视“美育”。

而中国近代美育的奠基人当属蔡元培，他是美育的倡导者和实践者，提出“以美育代宗教”的口号，蔡元培在美育的本质上作了重要阐述：“人人都有感情，并非都有伟大而高尚的行为，这是由于感情推动力的薄弱，要转弱而为强，转薄而为厚，有待于陶养。陶养的工具，为美的对象；陶养的作用，叫作美育。”其认为人的修养和情感是通过美育陶养而逐渐形成。在蔡元培的思想观念中认为美育是实现“完全之人格”的重要方式，蔡元培的美育思想是“五育”思想的开拓者，对中国美育思想发展有着重大意义。

李泽厚作为中华人民共和国成立以来美育思想的践行者，对美育思想在学术上的地位起到了推进作用，其美学思想的发展主要分为三个时期，早期提出了“实践美学”的重要美育思想，中期在其美学思想

的基础上吸收了康德的思想，其思想中强调了人的主体性，后期则在其主体思想上回归了对中国传统美学思想的创新理解，提出了“情感本体”论，认为当下社会已经从“人怎么活”到“活的怎样”的转变，而解决国民温饱后的精神慰藉，应当建构心理本体，即“情感本体”。

在中国美育的思想发展中，还有其他具有较高理论价值的美育研究代表性学者。如蒋孔阳在美育思想中从生活实践强调美与美感的多样性和丰富性，蒋孔阳美育思想认为美学研究应在人与审美关系中思考，提出了“审美关系论”，他认为美育的根本特征和最终理想是自由的审美生活。曾繁仁先后提出了“审美情感教育论”和“人生美育论”，阐释了关于审美教育的任务和目的的众多观点，提出“中和论”的美育思想，对系统纵向研究中国美育思想及理论发展具有重要意义。

2）美育政策的思想解读

（1）美育政策的溯源与演变

在中华人民共和国富起来再到强起来的历史进程中，国家美育教育政策也随之变革发展，要正确认知和解读新时代美育思想，有必要就美育在国家教育政策下的阶段性变革进行溯源研究，从而反思美育政策变与不变下可能的启示。

从中华人民共和国成立到改革开放初期，在教育政策上美育还停留在“要或不要”“用或不用”的讨论阶段，直到1999年国家出台的《中共中央 国务院关于深化教育改革全面推进素质教育的决定》，美育正式进入了发展元年。

进入21世纪后，素质教育的大背景下，美育在国家教育政策上获得了稳定的发展，从《关于教育问题的谈话》到《全国学校艺术教育发展规划（2001—2010年）》等一系列与美育相关政策的颁布实施，美育逐渐确立了在国家教育方针下的独立地位。

在党的十八大中首次提出将美育作为“立德树人”的根本任务等重要论述，于2013年和2014年先后在《中共中央关于全面深化改革若干重大问题的决定》和《关于推进学校艺术教育发展的若干意见》里对美育教育工作进行了地位的巩固和目标的明确。

2015年国务院办公厅出台的《关于全面加强和改进学校美育工作的意见》标志着美育在国家教育政策上的深化改革。2016年12月，习近平总书记在全国高校思想政治工作会议上强调：“要更加注重以文化人以文育人，广泛开展文明校园创建，开展形式多样、健康向上、格调高雅的校园文化活动。”[①]

---

① 高校文化育人的工作原则和实现途径[OL]. 中国教育新闻网，2017-01-20[2024-07-01]. http://www.jyb.cn/zggdjy/tjyd/201701/t20170120_694278.html.

2019年国务院颁发的《中国教育现代化2035》和《加快推进教育现代化实施方案（2018—2022年）》第一次就新时代美育为谁发展、怎样发展提供了明确的指导。2020年国务院颁布的《关于全面加强和改进新时代学校美育工作的意见》为中国特色现代化校园美育体系建设提供了鲜明的指导策略，美育相关政策性文件的高频次出台，解答了美育在新时代需求和社会发展下如何做、为谁做、怎么做等多个方面的问题，对美育的当下实践和未来探索提供了深远的指导。

（2）美育政策的导向认知

纵观美育政策的变迁形势，可以明晰美育在中华人民共和国成立到新时代富强起来这一历史线索下的地位演变，从新启徘徊到重启复苏到调整巩固再到新时代的改革发展，其曲折的发展过程对于当下美育的建设和探索具有重要的指导价值和启发意义。没有美育的教育是不完整的，这一点在中国的教育历史实践上已经得到充分证明。美育在七十多年的发展历程中，结合时代需求和社会发展不断修正，在时代的联系和进程中寻求美育的发展。

就新时代美育的教育工作和发展而言，当下美育的认知无论从深度上、厚度上和广度上都得到了良好的发展，在深度上由“要不要”到成为“立德树人”的根本任务和“全面发展”中必不可少的重要内容；在厚度上由单一的德育辅翼到当下与德、智、体、劳融会贯通，由单一的艺术培养到多元的人文素养、道德人格、情操修养、心灵塑造等情感培养；在广度上由单一的小学美育实践到大中小幼教育，甚至社会的现代化美育教育体系，由单一的美术教育到当下含艺术教育、中华传统文化、地域文化、社会主义文化等多个文化为一体的新时代美育体系。美育政策的蓬勃发展，为当代中学校园空间的呈现形式和风貌形象提供了方向和指导，凸显了校园中“环境育人”的重要作用，指明了当代中学校园更新中青少年对校园空间新形式、新环境的需求和需要。

（3）美育与校园空间的内在机理

中国已经进入中国特色社会主义新时代，校园的作用已经不只是满足其教学功能所需，还应着眼于“以美育人、以文化人”的时代需求和美育政策下校园“环境育人”的重要论述，校园作为美育实施途径的重要场所，而青少年又属于核心价值观建立的关键时期，多方面、多元化实施青少年美育教育培养应当是当下时代校园教育的主要目标。在校园美育过程中，如何充分利用校园显性和隐性资源培养青少年对美的认知、欣赏和创造，如何充分挖掘“德才兼备”“文质彬彬”“谦恭仁厚”等情操修养，如何传承适合当今时代发展的中华美学精神和文化根脉是众多学者和教育者共同思考的议题。

在当今时代，美育的途径不再单纯以课程教育为主要方式，应当以更包容、更融合的姿态发挥其育人的作用。就中学校园空间环境而言，作为学校师生共同生活和学习的场所，其中营造的无形氛围，通常具有良好的育人条件，对青少年审美认知和心灵养成有着积极的促进作用，对行为修养和文化认同有着重要的辅翼作用，着眼于校园美育层面，良好的校园形象作用更为明晰和突出，也更能体现校园的环境育人作用。

如果仅从美育角度出发来探讨校园空间的内在机理，那么其形象塑造不应该只是追求美或是符合某种审美特征，而是应当将校园理念与审美特质相结合，营造校园形象和文化内涵相对应的校园物质环境，真正做到“一校一品”的校园文化品位。校园的环境优美是直观感受，但它的更深层价值在于能够持续不断地发挥校园独特的育人文化功能，校园应当深植校园文化与中华优秀传统文化、弘扬地域文化，不仅展现其外延的形象，更要容纳其内涵的文化并孕育发展。

3）美育政策背景下当代中学校园空间更新策略研究

（1）视觉下的美感熏陶

美育能使人在生活中发现和欣赏美。所有按照一定的美学规律产生的创造性活动，都有美的呈现，法国雕塑家罗丹曾说过：“生活中不是缺少美，而是缺少发现美的眼睛。”审美活动主要从视觉出发使人从审美对象中汲取美的价值和情趣。

美国最著名的美学家和哲学家乔治·桑塔耶那也在《美感》中论证了视觉对于在其审美中的重要体现。他指出：“视觉在人的所有感觉中最卓越，因为事物的形式差不多是美的同义语，而这种形式只能为人的视觉所感知。”美育是以形象思维为出发点，遵照一定的审美意识，以呈现美的物质媒介向受众群体传播美的事物，培育和提高人们发现美、欣赏美和创造美的能力的实践活动，美育首先是形象化的视觉教育。

谈及当下的校园空间，之所以能促进美育，一方面，人是空间环境的主体，当下新建校园中空间环境的美学呈现是人们在当下的美学认知和追求上因主观审美认知和客观呈现规律创造出来的；另一方面，自然环境是人的引导者，长期身处的环境能影响人的身心变化，从而调节和提升自身对美的认知和感悟。因此，人们在本性中有观察美和审视美的倾向，在学习和实践过程中能够从周围空间认识美、发掘美和创造美，从而完善和升华自身对美好生活的认知。一如创建于1890年美国的塔夫特中学，被誉为美国最优秀的私立中学之一，其校园的清新自然环境给人以风景油画般的享受，放眼望去美不胜收，长期处于校园视觉形象下的美感熏陶使得校园受教育者对美有着更高层次的感悟和体会。

因此，在对当下中学校园进行更新的时候，需要将校园放在美学的视角下，通过视觉的感官印象来指引当下校园空间形象特征的呈现。同时，校园作为美育的重要场所，校园形象的美感应与其校园蕴含的教育理念和文化品性相适应，在空间、形式、色彩、质感等考究上都应注重其美学特征和美学呈现。

（2）情感下的意趣浸润

美育政策指出美育可以促进人塑造美好心灵、修养道德人格，但审美意趣的高低有云泥之别，高雅的意趣需要在良好的环境中熏陶培养，长期处于良好的美学环境氛围中，更能养成意趣与雅致的情操，唤起人们对美好事物的追求和向往。历史上的文人墨客，隐于山林之间，寄情于山水之中，感山川之奥妙，赏林泉之清幽，其品德修养和行为养成与其身处环境有着极大的影响，格调高雅的环境能修养人的气韵和心灵。

当下优美的校园环境中蕴藏的意境氛围能促进师生的人文修养和气韵胸襟的养成，传递积极向上的精神，为校园美育的推进和发展提供良好的助力。例如武汉大学珞珈山，古木参天、樱花遍地，给人轻松舒展之氛围；又如北京大学未名湖畔垂垂烟柳、湖光塔影给人宁静豁达之感，这些校园环境在视觉美感之上赋予空间意境氛围的营造，让人在行走间与环境共鸣，心胸为之感染，这正是情感美育的目的之一。因此，美育不仅仅是要倚重于物质，或者说是假借物质，以达到提升精神审美境界的目的。如中国古代儒学中时常歌咏的亭台楼阁，其浸润的儒道精神和文人志士家国情怀，使得它们超脱了其色泽形态的有形的美，呈现出文人的儒雅之美，其意境超脱于物质，达到物质性和精神性的统一。

中学校园空间环境承载师生的日常生活，是培养学生身心健康和审美情趣的最好媒介。因而，当下中学校园环境的意趣营造是十分重要且必要的。不仅应当注重雅致趣味，更应当注重人文意境的营造，以达到环境育人的最终目的。中学校园整体空间环境是校园意趣氛围的导向，节点空间的营造是精神塑造的升华，校园空间的精神意境潜移默化地对学生的人格修养、道德品行、信仰追求等都有促进和熏陶作用。

（3）美育下的文化传承

从当下中学校园环境的营造来看，美育不能止于此、满足于此，美育不仅应注重个人行为品德的塑造，更应当升华到以提升青少年的人文精神、人文情怀为最终目的。在我国灿若星辰的文化宝库中，不仅有着深厚的历史积淀，更有着文化的沿袭与传承。我们有诗词歌赋，有琴棋书画，也有传统工艺美学文化，这些艺术创造中无处不体现着古人的情怀与精神，它们不仅是中华民族的骄傲，更是我们的审美志趣，传承反映中国人的美学追求，弘扬中华美学精神，是当下时代的需求和政策的指引，也是未来美育发展的使命和责任。

中华民族五千多年历史，地大物博，其文化博大精深，古往今来，无数传承保留下来的工艺制品同时展示出了无形的和有形的美，而地域的不同也产生了各自不同的文化与特色，各个地域环境有不同的特色与优势，尊重和传承传统文化特色是文化自信和文化自强的具体表现。

当代中学校园物质文化的主观建构应当是对传统文化的传承和弘扬，是能够起到促进校园美育的重要手段，中学校园物质环境的文化再造应当是对其传统文化的升华和价值重现，这也是中学校园环境能实现其校园文化环境育人的目的所在，它能通过环境所营造的美学发挥无声的教育作用，并以校园记忆根植于师生之中，达到延续和传承文化的目的。一如学者所说：校园是一个场，其中承载了丰富的涵养，不仅仅有人文气息还有历史感动。这样的沉淀是时间的产物，是无法为人力所制造、所改变的。而正是这种来自校园文化的影响力，才使得当下中学校园空间中文化的传承与回归功能有实现的可能性。

当下中学校园与文化的关系应当是双向的，校园本身就是传播文化，传播的同时又能融合创造新文化，文化促进校园的发展与进步，文化的积淀和延续能孕育校园的人文气息和丰富校园的美育资源。传承发扬中国传统美学文化和地区的地域性文化，发展中学校园教育理念文化和独有的校园文化，这些都应当融入当代中学校园的物质环境，根植于校园空间，以中学校园特定空间为载体达到记忆延续和文化传承的目的。

3. 美育政策背景下当代中学校园空间更新方法

1）当代中学校园的空间表征重塑

（1）宏观层面下校园空间形象

校园是众多构成元素的集合体。校园空间形象，指的是视野内能展现校园风貌的校园构成元素。在中国风水典籍中有讲道："远以观势，虽略而真；近以认形，虽约而博"。一如古代传统书院，依山而建，建筑群落映衬于山林之间，层层递进，展示其书院的整体气势。回归当下，学校取址通常归于城市，掩映在城市建筑群落之中，而其中建筑外立面构成了宏观视野下校园空间环境呈现的主要元素，校园的整体形象时刻通过建筑外立面呈现在人们视觉中。当今时代，建筑是具有人文气息的视觉艺术，能体现学校教学理念的同时又兼具时代特征。

而在当下建筑多元文化的时代，全球化、社会的可持续发展、绿色生态理念等新思维、新理念无时无刻不在冲击着我们的思想，现代风格、东方风格、欧式风格等艺术风格呈现的不同视觉形象美感也是不同建筑语言对校园空间形象的诠释和表达。

当今时代是视觉盛宴的时代，建筑外立面呈现的不同的视觉形象美感，都是影响当今中学校园空间形象风貌呈现的主要影响因素，无论是东方传统，或是西方传统，又或是现代风格，都具备承载校园形象的作用，我们既要做到“各美其美”，还应有“美人之美”“美美与共”的文化自信。在当代中学校园形象更新中，应从宏观的视野下对校园空间的整体风貌形象把控着手，对校园空间形象呈现有整体的认知，不应过分拘泥于风格的束缚，应当着眼于校园本身的教学理念所需，当代中学校园所传达出来的视觉形象应当与其校园文化及教学理念相匹配，传达出教学文化的属性。如被誉为“世界级精英人才的摇篮”的伊顿公学，英国最著名的贵族中学，在校园空间形象呈现上，其壮观宏伟的哥特式建筑和庄严的教堂，完美融入了贵族精英教育的理念。

（2）中观层面下校园空间形式

校园空间，具体指除校园教学活动（如教室）和生活场所（如宿舍）以外的校园内室外空间。作为提供青少年接受教育和日常活动的物质载体，校园各类空间时刻出现在青少年日常视野下，但校园空间形象的呈现却往往来源于对周边有形物质（如道路、景观、墙院、连廊、建筑等）的塑造。对空间的释义老子早在《道德经》里就有呈现：“凿户牖以为室，当其无，有室之用。故有之以为利，无之以为用。”在当代中学校园空间更新中，利用空间中实际存在的物质，通过对实际存在的物质运用和打造，从而实现对所需空间的呈现和使用。

当代中学校园空间在更新改造建设中，需遵循空间的形式美法则，空间的形式美能引导视觉的感官体验。形式美法则虽然具有普遍适应性和通用性，但在东西方文化和而不同的今天，对待处理空间呈现的形式美法则也应当持以审慎的态度。文化理念不同，不同风格空间的处理手法上和形式法则上的运用也不尽相同，如西方讲究几何、对称，强调秩序的形式美感；而东方则讲究虚实结合、曲折多变，在于强调意境之美。

在当代中学校园空间形式更新布局中，应依附于宏观视野下的校园形象风貌，对标宏观视野下校园定位，在更新过程中既应做到校园各个大小空间的形式统一，又应在形式统一的前提下制造变化，丰富空间的内容。例如，在传统建筑和欧式园林中常采用的中轴对称法则，利用轴线对空间导向和次序组织，强化主体要素，分配附属要素，既凸显校园空间的视觉中心和视觉主体，又形成了对附属空间统一布局，使空间呈现次序美感。在室外空间和建筑交接处，通过增设架空、廊柱、庭院等处理手法丰富空间层次，或在建筑的某些局部镂空或敞开，或通过连廊围合出天井等。如深圳东部湾区实验学校，在当下教育需求和土地紧缺的矛盾背景下，在有限的空间丰富其空间形式，在校园中多采用架空、高差变化、开敞、镂空等空间处理形式，弱化室内与室外的尺度与界限，让室内空间与室外空间产生柔性连接，让有限的空间呈现出不同层次的形态，丰富校园的空间趣味性和多角度的视觉美呈现。

（3）微观层面下校园空间肌理

早在《考工记》中有提到“天有时，地有气，材有美，工有巧，合此四者，然后可以为良”。此为中国古代造物观的精髓。当代中学校园空间更新过程中不仅应注重形式，更应注重精雕细琢，做到远观言其势，近观显于巧，建筑的装饰造型、环境的细致处理、技艺的巧夺天工、感官的材质肌理等都应当格外注重。纵观各名校所保存遗留的历史建筑，并非因为历史固存而展现其建筑历史感，而是建筑建造之初人在以精细和严谨的匠心，对其装饰细部的推敲和雕琢，建筑所散发的历史感，是时代工艺固存在建筑上的工艺之美。如中山大学康乐红楼，众多历史遗存的红砖建筑，历史虽然随时间固存于红楼之中，但散发出的历史美感是凝聚在建筑上的装饰细部之美和独具匠心的工艺之美，唯美的彩色玻璃窗、红砖砌筑的拱券和拼接的装饰纹样，都散发着历史的装饰之美。又如有着美国最古老中学校园之称的迪尔菲尔德学院，建于1797年，在建筑入口的细部处理上运用了古希腊的建筑样式，三角门楣和爱奥尼柱式，以营造庄重沉稳的形象，其山墙上的图形线条和爱奥尼柱的装饰造型历经时间的洗礼仍然散发着强烈的美感。

中学校园中形、材、质是在视觉艺术上直接影响空间美感呈现效果的三个因素。材、质作为空间微观层面下美的形式表达，是构成形式美的感性外观形态。肌理材质能传达视觉和触觉的感官体验，如石材通常给人以厚重感，能让人感觉到稳重，能承载岁月的侵蚀，玻璃和金属材质通常会给人以科技的时代感，能让人感觉到未来性，砖结构给人以历史感和文化性，让人能感受到文化的承载……不同的材质所呈现的视觉感官也各有差别。而色彩作为建筑外立面的增饰，是构成建筑美学的基础，也是构成视觉美感的直接体现，是空间感官体验最直观的传达，不同的时代不同的地域对色彩的美学原则和审美要求也不尽相同，校园作为文化的传播地，在其色彩运用上应符合时代和地域的审美需要，还应区别于周边的其他类型建筑，体现校园的文化性与象征性。

（4）空间表征下的美感熏陶

时代的需求使得国民对美的追求也与日俱增，实现“中国梦”不仅是当下国民的责任，还需要源源不断的生力军接棒和为之奋斗。青少年作为新时代发展的接班人，需要有美的认知和追求，通过从宏观到微观营造出的优美高雅的当代中学校园空间形象，所呈现的美将直接带给学生以美的视觉感受，融入在青少年的日常生活中。这种直观的视觉美学教育潜移默化地影响青少年对美的认知和感悟，提升青少年的审美层次和审美追求，从而促进当代中学校园美育的多元发展。

而在对校园空间的视觉美营造上美国的中学无疑是最为出彩的，广袤的自然景观和田野大地是其校园最真实的写照。格罗顿中学是美国著名的中学，位于美国东部马萨诸塞州，该校成立于1884年，在《建筑文摘》上有马萨诸塞州最美私立中学之称。校园建立在广袤的田园和密林之间，校园整体呈环形分布，建筑围绕中央的大草场，其高耸的教堂和地域性风格建筑传递给人田园风格之美，建筑围合形成的丰富空间和中央的大草场给人以美好的视觉呈现，其耸立的钟楼和教堂上丰富的装饰增添了建筑的历史美感，阳光洒落，四季变换，时刻呈现出如画般的风景。格罗顿中学所营造的校园美感，给人以视觉的享受和熏陶，将美学呈现在校园的日常生活，促进校园中青少年审美层次的提升和对美的追求与感悟。

2）当代中学校园的空间意境营造

（1）整体空间的设计语境

当代中学校园空间环境散发的视觉审美体验，应当能激发情感和精神与环境的交融，产生愉悦轻松的精神意境，稳定师生心绪和情感，在环境的长期浸润下能提升人文修养和自我意识，开阔胸襟与视野，达到校园环境育人的目的。

当代中学校园空间的意境营造，应该从整体出发，结合校园理念和特点，营造出不同文化理念的意境，当代中学校园环境的人文意境因其教育理念的不同而有所差异，也因其校园建筑整体风貌的具体呈现而有所不同。如西方中学校园强调精英式教学，在教学理念和文化上西方崇尚理性，遵循科学，讲求实证，因此回应在中学校园景观环境上通常植以疏林草皮，以营造开敞广博、清新悠远的意境，创造一种豁达博厚、求真务实的校园文化语境，如美国伊格布鲁克中学，广阔的草坪，四周围绕以密林，建筑四周点缀几棵小乔木，建筑则融于环境之中，完美展示了自由求真、轻松愉悦的校园意境；而东方文化注重感性，讲求精神意境，讲求空间的意会和神似，因而东方意境通常展现曲径通幽、师法自然，体现了东方思维的内敛、含蓄和包容，这点在古代书院中可以一窥全貌。书院通常取景自然，依山而建，前低后高，层层递进，掩映于山林之间，纵观其内，虽无华丽雕饰，却也清幽淡雅、自然宁静，亭台楼阁相互照应，辅植以梅兰竹菊，一草一木，皆寄情于山水自然，完美融入了文人的文化思想和节气修养，将宁静幽雅的美景与自然恬淡的心境完美融合。

因此，当代中学的校园环境营造，更应当从整体设计语境着手，在回应当下时代审美追求的同时注重对校园环境的意境营造，在整体语境的前提下创造各个空间的人文意境，或古木参天，或曲径通幽，或茂林修竹，一地一景更应注重对当代中学校园的受教者能有所熏陶感染，人文精神有所洗礼和提升，以环境达到文化育人的目的。

（2）节点空间的标志象征

空间意境的产生来源于当代中学校园空间环境的营造，那么中学校园中空间节点的标志则是意境的升华和精神的凝结，节点空间应当承载当代中学校园理念和校风校貌。校园节点空间的精神体现主要由于其视觉呈现的艺术氛围和感受，通过空间对比、组合、强调等处理手法使人身处其中时能够产生肃穆、庄严、宁静、公正等感受，从而使人的情绪与之产生共鸣，由此而升华成健康的人文精神。

凯文·林奇在关于《城市意象》的研究中，将城市空间分为五类，分别是道路、边界、区域、节点、标志物，不仅是对城市的解读，也同样适用于对当代中学校园空间的认知。边界限定空间范围，标志指引道路，其中的相互穿插和组织，形成节点空间，而节点之间相互联系组合，形成了校园空间的整体区域，在校园中这五个要素相互糅合，才形成了校园空间的场所精神。节点空间作为构成当代中学校园整体空间的基本空间形态，能营造强烈的感官体验，标志作为节点空间的视觉中心，能寄予中学校园空间的历史文脉和精神内涵。

有着英国顶尖学府之称的伊顿公学，由英法两国国王亨利六世创建于1440年，而其校园主楼前方庭中央树立的亨利六世的塑像，承载了校园的历史文脉和校园理念精神。又如清华大学二校门，一座形似“牌坊”的三拱门构筑，古典而优雅，其始建于1909年，伴随时光荏苒，矗立于校园之中，其形象已成为校园的鲜明标志和品格象征。

校园的标志可以使人产生强烈的印象，激发人的归属感和认同感。在当代中学校园的更新设计中，校门、雕塑、门楼、亭台楼阁、山石寄语等都可以用作为标志的载体，标志可以隐喻校园理念、塑造校园的象征、提升中学校园的意境，标志物的设计和定位应当依据中学校园空间的格局形态在适当位置设置，中学校园节点空间的功能布局不同，对其营造的目的也应当有所区别。

（3）空间意境下的精神塑造

中学校园是治学育人的聚集地，作为传道授业解惑的场所，带有浓厚的学术气息。从功能的角度上来看，当代中学校园空间作为文人气息浓厚的授业之所，不仅应当注重其视觉形象塑造，更应当注重空间环境的人文意境营造，使之能藏修息游、修身养性。

古人讲究意境，意境一词，脱胎于视觉形象却高于形象之上，以视觉和听觉升华到精神状态，日常中沉思静悟、沁润心灵。中学校园环境的意境是校园特色和教学氛围的体现，能寄托人的情感，引发人的回忆往思，激荡人的内心情感迸发。一如脍炙人口的《再别康桥》，诗人徐志摩曾游学于剑桥大学，剑桥大学的康河中蕴含的绝美意境孕育了他的心灵，寄托了他的情感，因此在故地重游，激发了他的往昔回忆，唤醒了他的情感意识共鸣，由此产生了唯美、浓郁、隽永的传世之作，以至于徐志摩予以康桥最高的致敬：“我的眼是康桥教我睁开得，我的求知欲是康桥给我拨动的，我的自我意识是康桥给我胚胎的”。由此可见，校园中空间的意境往往比视觉的美感呈现更能寄托人的情感，陶冶人的心灵和品性，引发人的精神情感共鸣。因而在当代中学校园空间更新中，应当注重意境的营造，以期能做到借景抒情，寄情于景，使其空间蕴含的意境能引起精神的共鸣，以达到对青少年品性的修养和心灵的塑造。

3）当代中学校园的空间内涵传承

（1）传统文化的历史继承

传统文化主要是指历史中不同民族、不同地域、不同思想学派在发展过程中被群体认知并以此产生深刻历史影响的文化成果，传统文化涵盖着诸子百家的文化艺术，各家文化既自由发展，又相互糅合，形成了璀璨的历史文化，为中华传统文化的发展奠定了基础。

校园本身作为文化的传播和发源地，其自身属性下应有其文化自觉，应正确认识传统文化并弘扬发展历史文化。当代中学校园对教育上的文化自觉普遍重视，但在中学校园空间建设和营造上缺乏关注的目光，中华传统文化涵盖方方面面，在当代中学校园空间的更新营造上也应当注重传统文化的传承与延续。

当下时代是对美好生活追求的时代，但人对美的认知程度需要时代来创造和引领，传统美学的传承和发扬首先需要有美的呈现。如故宫文创产品的创意呈现，引发了国民对故宫传统美学的认可和追捧，对其东方传统美学有了文化觉醒。又如校园中传统建筑美学文化的传承上影响最深的北京大学，其中最为经典的北京大学西大门，古典的三开朱漆大门，雕梁画栋，古朴庄严，完美地呈现了中国的建筑美学文化，延续和发展了中国传统美学文化，成为北京大学最具代表性的形象，也在历史的不断演进中传播着中国的建筑美学。因此，在当代中学校园空间更新中也应当注重中国传统文化营造，通过对建筑和环境的更新使中国传统美学的思考得以呈现，以中国传统美学呈现根植于师生生活的现实环境，传承和弘扬中国的美学文化，加深中学空间中的青少年对民族传统文化精髓的欣赏和热爱，才能传承和延续传统文化，实现文化自觉、文化自信和文化自强。

（2）地域文化的理念延续

我国幅员辽阔，不同地区受地域环境、气候条件等因素的影响，其生活方式、人文习俗、工艺美感等都会呈现不同的地域性特点，展现独特的地域性风貌，形成深远的文化韵味。地域性是影响中学校园空间形态及校园景观特色的基本条件，是校园特色呈现的基础，而因校园的文化属性使然。从某种角度来说，中学校园空间的呈现应当是其地域文化的集中体现，能代表地域文化最高审美的物质反映，而地域性文化又影响着生活中师生的地域文化认同和传承。

在当代中学校园更新中，空间的呈现不可能和所在区域历史文化相脱离，地域的气候特征影响着地域化建筑的形态生成和自然环境的时序变化，地域的特色工艺影响着空间材料的运用处理，地域的审美文化影响使得地方民众的审美具有差异性。注重地域环境特征，延续地域文化形态，尊重地域特色工艺文化，才能使校园空间整体自然和谐发展。不同地域环境的校园建筑，往往呈现不同的地域形态，如平原地形的校园建筑因其地势平坦，布局往往呈现规整、恢宏的校园特色；而丘陵地形的校园建筑因其地形高低起伏，布局上往往依山就势，呈现层层退跌的校园特色。因此，在当代中学校园空间的更新营造过程中，应当尊重校园的地域文化特色，延续其校园的地域文化理念并因地制宜地加以强化和升华，使中学校园空间渗透出本土人文精神，孕育地域性的中学校园特色文化，通过师生的文化认可和文化延续，建立对本民族传统文化的自豪感并予之传承。

（3）校园文化的氛围保留

校园文化是每个中学校园最具特色的文化内容，是对美育政策中提出的“一校一品”最恰当回应。中学的校园文化是中学校园在办学过程中经过长期发展和教学实践活动不断孕育和积淀而成的，是中学校园、校风、校貌的重要名片，也是其校园精神的延续。校园文化入乎其内能增强师生的归属感、认同感和荣誉感，出乎其外能传达校园的思想理念和学风校风。在当代中学校园空间更新过程中，校园文化在应当注意延续保留而不是忽视，在校园文化的建设上不仅是环境品质的提升，更应当针对校园已有的文化在空间更新上予以回应，创造和设计提供文化生长和沉淀的文化载体，恰当巧妙的空间布局以营造校园的文化氛围，在空间设计的考量上也应以长远的目光审视校园文化在时间侵蚀下能够意蕴犹存，并因地制宜地保持校园文化的延续和发展，再现校园的文化价值。

中学校园中，师生长期发生在固定空间的活动行为能孕育出特有的文化习俗，这种长期根植于校园日常生活且在特定场所发生的行为正是有别于其他校园独有的校园文化。在当代的中学校园空间更新中，针对这类承载校园特色文化的空间场所，在更新中更应当予以重视和考量，如何通过空间的构成让其在校园空间中延续和发展，如何保留和铭记校园独有的文化记忆，这种对记忆感的保留不仅能增强师生对校园的认同和归属，也能促进校园文化的积淀和传承。

4）空间内涵下的文化传承

文化是一个广泛的概念，它体现了其多层面、多元素、多族群等复杂内容的糅合。但民族和地域的限定弱化了文化的杂糅性，不同的民族和地域文化结构造就了人们对文化的共同认知，文化的传承也凝聚了不同层次下所形成的雅俗共赏，是时代产物下普遍共识的意识形态，这就需要我们在当代中学校园更新中尊重文化和传承发扬文化，在校园空间环境中引领青少年达到文化共识的意识形态上。在对当代中学校园空间的更新设计中，在对表征形象和环境人文意境的考量上更应当带有对文化的引入和思考，浓郁的校园文化氛围更胜于建筑环境对青少年身心修养所带来的育人效果。在当代中学校园空间环境中根植和沁润传统文化、尊重并延续地域文化、保留并发扬校园文化，能够丰满校园文化，增添中学校园的空间内涵，在实际生活中能潜移默化地引导青少年的文化共识，以达到文化传承的最终目的。

4．美育政策背景下当代中学校园空间形象提升实践——以重庆八中宏帆初级中学校校园更新为例

1）项目概况

（1）校园背景

重庆八中宏帆初级中学校（以下简称宏帆中学）校园建设于21世纪初期，于2008年投入使用，该校原名重庆八中宏帆初级中学校，原为重庆市第八中学校和重庆启慧教育发展有限公司联合开办的初级学历教育的民办学校。学校秉承重庆八中的“诚、勤、立、达”为校训精神，为国家和社会培养了大批的高素质栋梁之材。宏帆中学经过学校全体师生的共同努力，从无到有，短短几年时间内跻身为重庆最优质的中学名校行列。宏帆中学的校园空间形象随着时代的发展已经不能承载校园教育理念的传承，基于此前提，宏帆中学校园形象需重新塑造以支撑校园在当下时代条件下的未来发展。

（2）现状分析

宏帆中学建设于中国城市化进程高速发展的初期阶段，校园所呈现的空间形象与所处时代下建设的，与其他中学校园所呈现的形象问题一致，因此对宏帆中学的形象研究具有普遍适用性。

宏帆中学位于重庆市江北区，整个校园空间以“三体、三轴、一空间”为校园主要布局，“三体”主要指整个校园的主体建筑由教学楼、综合楼和生活宿舍三部分组成，“三轴”主要指校园空间的三条重点轴线，第一是校门轴线，位于校园北面，教学楼侧临校门位置，为校园风貌呈现的主要视线节；第二为教学楼轴线，其教学楼呈“U”形，与教学楼围合的广场空间形成校园空间的主要轴线；第三为综合楼与教学楼之间的轴线空间，是进入校园转角后的校园第二印象。“一空间”为校园主体广场空间。整个校园建筑因地制宜，保留了山城的地形地貌特点，校园文化氛围浓厚，交通流线组织分明，活动动线清晰，其教学空间在功能上基本满足当下教育教学所需。

通过对校园的溯源和现状调研中发现，宏帆中学在其时代背景下主要以满足教学功能和中学建设规范为主，而在形象上的呈现与其所处的时代背景有关，随着时代的发展和相关学者对中学校园环境的深入研究，宏帆中学在形象上所暴露出来的一系列问题已经不能满足时代对美的需求。宏帆中学在整体校园外立

面呈现与周边其他住宅用房融为一体，无法凸显校园形象；校门形象无标识性，且交通功能混乱；校园内部空间形式单一，无法体现其校园氛围；校园绿化尚佳但缺乏美感等。总体来说，宏帆中学在建筑外立面和校园空间呈现上缺乏当代中学校园应有的文化形象，校园内部空间环境缺乏校园的人文意境氛围，校园缺少必要的文化承载空间。

2）设计理念

（1）设计理念

当代素质教育背景下，宏帆中学校园空间已不仅仅是教育教学的载体，因此在校园形象上的重塑上，不应是当下大部分城市更新中的“穿衣戴帽”，而应当深挖校园内涵，找准其校园的形象定位，通过校园空间形象的重塑传达校园的教育教学理念、营造和传承校园文化、活化和丰富校园空间、挖掘和创造校园美育资源，以期达到环境育人的设计目标，从而促进青少年的审美素养和精神追求提升。

（2）设计策略

在对宏帆中学的现状调研中发现，校园在多年的办学中已经形成了相对完善的交通路径和场地的活化利用，并且校园经过多年的教学实践让校园空间的利弊和隐患明显地呈现。这种类似于使用后评价的模式使得在设计过程中能够精准地定位校园的功能需求，自下而上地对校园进行功能组织优化和结构梳理，避免了新建校园自上而下设计的错位灌输。

因此，在更新设计上充分尊重和保留校园使用者对校园空间交通组织和空间结构的诉求，在满足其功能需求和对校园已有的校园行为习惯保留的基础上，提出以重塑校园的空间形象为设计原则，以营造校园文化内涵为设计理念。在设计思路上，着重更新校园建筑面貌形象、丰富校园空间形式、更替校园材质肌理来凸显校园鲜明的外貌形象；通过梳理校园的整体环境、塑造校园重要节点空间的标志象征来提升校园的精神内涵；通过置入校友文化长廊、营造承载校园历史行为习惯的趣味空间、增设文化雕塑小品来营造校园的历史人文积淀。通过对校园外貌形象、精神内涵、历史人文积淀的更新来营造符合当下教育方针和时代背景需求的特色校园空间。

3）宏帆中学校园空间形象更新

（1）建筑外立面形象面貌提升

建筑作为校园空间中最核心的构成元素之一，其外立面形象的呈现通常给人以最直观的视觉感受。宏帆中学建筑以满足功能需求为主，建筑形态单一，外立面以重复规则的窗户排布为主，原建筑形象和材质肌理在校园建造时与周边其他民用建筑统一设计，为大面积蓝白相间的外墙砖，与周边民用建筑融为一体，建筑的标识性差，且随着时间的更替，外墙砖已局部出现脱落，整个校园建筑普遍呈现建筑老旧、形态美感陈旧的现象。

在对宏帆中学建筑的更新过程中，考虑建筑主体结构较新，在设计中只对建筑外立面做装饰设计，在整体风格面貌呈现上尊重并结合宏帆中学的办学理念和模式，定位为厚重感较强的欧式风格，并在整体形态上运用了沙利文的“建筑三段法原则”，即底座部分、中间的标准层和顶部的出檐楼阁，通过增设线脚和不同材质的转换将建筑分成底座、中间层和顶层阁楼三段（图9-1），校园各建筑外立面保持协调统一，以校园的整体性为基本原则，对形态和肌理做统一协调。在对影响校园风貌呈现的教学楼立面处理上，底层采用花岗石作为基座部分提升其厚重感，对基座部分廊柱作细化处理，优化其空间形态，增设入口门廊及装饰细节，提升建筑可接触面的立面品质；对中段标准层部分采用红砖肌理，在局部窗框部分增设窗檐，统一窗框造型，提升建筑的整体形象面貌；在顶层部分增设连续性窗洞，在满足其功能需求的同时增强其序列感，保证建筑外立面整体性的同时丰富了建筑外立面的形态和层次关系。

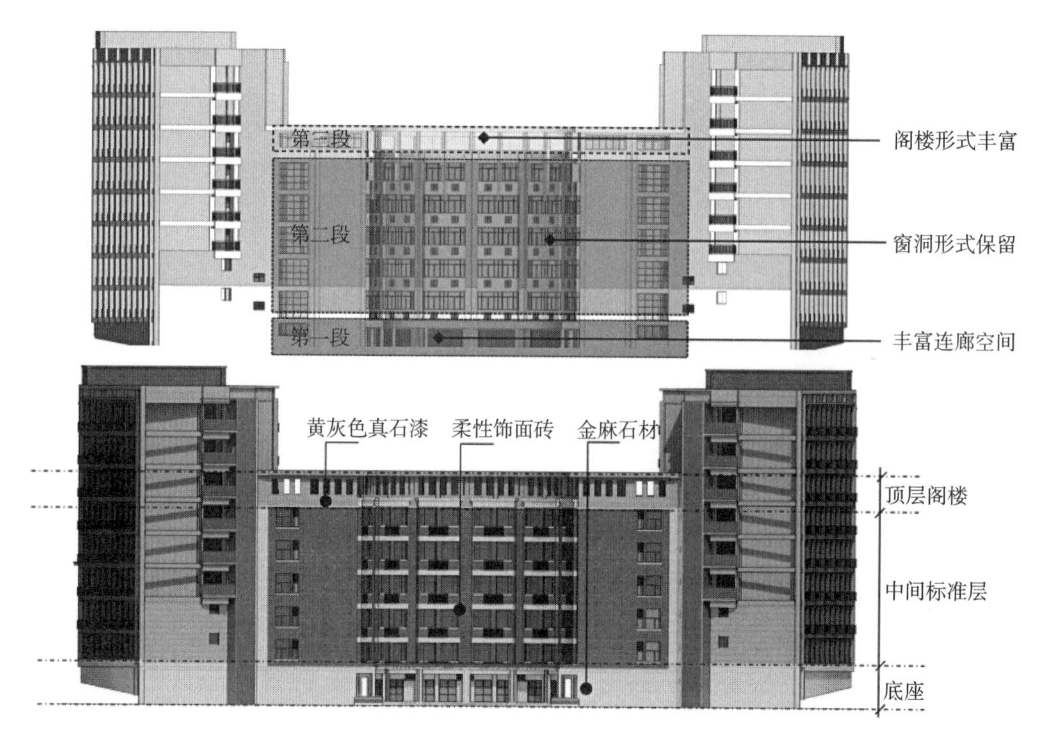

图9-1　建筑立面三段式风貌更新手法

（2）校园空间连廊互相渗透

校园空间的丰富性是校园呈现空间美感的重要影响因素，空间的形式处理遵循着形式美法则。宏帆中学因其建筑布局和地形地貌形成了大大小小多个空间，但其空间大多依附于建筑而存在，而建筑的单一形态使得空间单调、缺乏特色和空间趣味，特别是校园两个主要轴线上的空间无法呈现校园特色和空间美感，使得校园空间形象大打折扣。因此，在对校园空间形象的更新设计中，首先对教学楼和校门两个轴线的空间形象作了重点梳理，以轴线为导向对空间次序重新排布，对视线节点作形象上调整，提升空间形象的视觉主体，强化其空间形式上的主从和重点。

在校园其他空间更新中则运用节奏韵律、层次渗透、过渡等多种形式美法则，丰富空间的层次与形态。如校园中综合楼外部空间处理上利用了此原则，综合楼功能为学生食堂，原综合楼建筑与外部空间交接生硬，室内外空间缺乏缓冲，在更新设计中，植入了一个3米宽的连廊空间，空间既能满足其功能需要，使室内和室外的过渡上有一个缓冲，又丰富了室内外的空间层次，在综合楼一侧的新建食堂，重复了综合楼的处理手法，并在两建筑之间植入拱廊作为连接，因此在两食堂之间形成了天然的天井空间和主要入口引导空间，形成了带有节奏韵律的连廊空间，丰富了空间层次，柔化了建筑和外部空间的直接联系（图9-2）。在

图9-2　综合楼连廊效果图

针对综合楼立面走廊空间处理上，原综合楼立面长廊空间形态单一，在更新设计中增设了连续性拱廊，通过序列的拱廊形式，形成了虚实结合的连廊空间，既增强了连廊空间的韵律感，也提升了建筑整体形象。

（3）校园空间形色质协调搭配

建筑的细节直接决定着空间整体的视觉感受和品质呈现，细部处理得当不仅能体现空间整体美感，也会使其散发出工艺之美，能承载时间的雕琢，经久不衰。其中包含着细部的形色质，也包含着装饰造型的细部处理。

材质色彩肌理往往传达着校园空间的风貌，因此在对宏帆校园更新的色彩上以红砖作为主要色彩呈现来营造校园整体形象，主要考虑在校园源远流长的历史文化中，红砖作为历史名校中通常会用到的一种材质，东西方校园文化中共同造就了红砖建筑的图式认知，其材质和色彩代表校园文化建筑似乎已经约定俗成，它在校园的建设中呈现精细的工艺，已经构造出一种建筑话语。在建筑外立面材质选择上运用了金麻石材作为主要材质，视觉上提升校园色彩的明亮度，感官上提升校园的厚重感，对具有象征性构筑的处理上更多地考虑其历史性，如在校门标志建筑上采用大块汉白玉石材砌筑，并对材质肌理做旧处理，在校门的表皮材料上选用了混凝土修复剂处理等，都是从材料肌理的长久性考虑，以能承载校园的历史雕琢而持续散发美感。在一些入口的细部处理上，增设了门头和线条线脚，以强化入口的功能，提升入口的视觉美感。

4）宏帆中学校园空间环境塑造

（1）中轴广场整体环境营造

在新时代教育理念背景下，人们对校园环境的要求已不仅仅是对功能配置上的满足，更多的是对精神层面的情感触动和校园意境体验。校园的环境氛围营造很大程度上受植物配置和空间布局的直接影响。植物的内涵象征、高低疏密、四季变化；植物搭配下的疏密关系、层次分割、色彩搭配等都是校园空间意境呈现的直接影响因素。

宏帆中学校园环境中多为常绿型大小乔木，校园绿植覆盖尚佳，但缺乏层次和色彩变化，空间因多为乔木科使得整体空间略显沉闷，缺乏通透性和疏密变化，使得校园空间缺乏感官刺激和意境氛围。在校园空间环境分布上，其主要由校园车行道路和教学楼中央广场两部分空间构成。在改造更新中针对整体环境提出“大树保留、小树移植”的整体策略，针对树径超过300毫米的古树保留其营造的校园记忆和氛围，如在车行空间保留列植的古树，再依据群落关系栽植部分具有文化寓意的树种如竹、梅、桃、李等，调整空间中植物的疏密层次、色彩搭配、四季变化，使人在空间行进中既能感受到处处是景，又能体会到蕴含厚重历史的校园意境。

图9-3　广场空间效果图

针对校园独立的中央广场空间，则对广场周边的植被群和古树进行保留，在中央广场保留其开敞的视觉感官，通过周边密林空间与开敞空间的结合，能在行走过程中的空间感受变化，形成一种豁然开朗的视觉意境。在对中央广场的空间意境营造中，多植季节变化的灌木树种，以观花观叶为主，避免视线的过多遮挡，营造一个清新明快、悠远开敞、引人思考的花园意境，在广场空间中结合植物营造多个半开敞的小空间，营造一些轻松愉快的环境（图9-3）。

（2）校门及钟楼精神象征

校园空间作为文化教育场所，应在校园标志构筑中对其文化理念进行根植，从而提升校园空间的精神特性。校门作为校园的第一形象，是校园精神面貌的呈现，也是校内、校外两个不同空间的分割和界定。宏帆中学大门面貌与周边街道融为一体，且功能上人车道路混乱，其大门形象难以展示校园的标识性。在大门的更新设计中，因其结构问题需对其主体框架做部分保留，所以在原有的基础上提出了增设校门的地标形象，强化校门的独有性和标识性，在其设计理念上参照“清华门”的方式，强调其校门的形象标识和象征意义，通过运用大块石材砌筑的方式在校门轴线上树立一个形象标志，既能从功能上将空间的人车分流，在形式上也能提升校门的标识性和独特性，承载校园的精神面貌（图9-4、图9-5）。

图9-4 校门空间更新效果

图9-5 校门更新前

在校园南边以教学楼和综合楼形成的空间轴线上，原空间为绿植覆盖，空间视线散乱无视点，空间层次单一，在更新设计中对部分植物进行清除，拓展场地的通透性和强化空间的轴线关系。由于宿舍依据校方功能需求增设了一个竖向交通体，且该交通体位于其视线节点上，因此考虑在宿舍扩建交通体的基础上将楼梯转角空间做形象塑造，在设计过程中依据现有结构形态将钟楼植入校园，引入其时间轴概念，旨在树立宏帆中学的精神形象。在空间中做到了既强化了空间轴线视点，又起到了树立校园精神形象地标的作用。

5）宏帆中学校园文化空间植入

（1）雕梁画栋传统文化延续

传统文化作为中华民族的历史积淀，其文化和技艺散发着优美的东方美学的文化韵味，传承和发展传统文化能提升校园文化的品位，提升校园的文化氛围。中国的古建筑文化是我国悠久历史文化中的瑰宝，在世界建筑史上占有重要的地位。随着时代的演进和技艺的变革，中国古建筑也逐渐淡出了建筑的视野，只能在装饰构件和一些构筑物上看到残留的影子。而由于社会背景和时代背景的原因，亭台楼阁的粗制滥造使得古建筑难以呈现其工艺美感，中国建筑传统文化存在没落的隐患，因此在校园更新中通过因势利导根植和重现建筑传统文化，以实现校园的文化传承和延续。

在宏帆中学的广场景观更新中，广场东面有教学楼围合空间，而西面缺乏围合使得广场缺乏协调和均衡。因此，在更新中考虑增设连廊围合广场空间，以达到空间的均衡。

在设计中以苏州园林的半边廊为灵感，在广场中植入传统中式连廊，赋予学校文化长廊的功能，形式与功能相结合，在构筑物的空间和结构上还原中国传统古建筑的形式美感和工艺之美，将传统建筑文化的雕梁画栋、红墙黛瓦呈现于校园空间，让传统建筑美学文化得以延续。

（2）依山就势地域文化根植

地域文化是校园空间呈现方式的基础和影响因素，地域性影响着人们的生活方式和行为习惯，是长期受气候条件、地形地貌、生活习惯等所影响下形成的。宏帆中学受重庆地域环境的影响，建筑的建造上依山就势，空间层次丰富，具有强烈的地域文化特色。因此，在宏帆中学的更新设计中，遵循校园的地域文化特色，在新建建筑上运用层层退台的形式，通过挖填平衡与地形地貌相结合，丰富空间的多样性和趣味性；在景观更新上，保留空间形态上的地域特征，在不破坏地形地貌的情况下丰富景观空间层次，随形就势形成梯台、坎坝空间，通过对地域文化的挖掘，凸显山地氛围的空间环境，将地域文化根植于校园。

（3）人文底蕴校园文化承载

校园的长期发展会孕育校园的习俗文化，校园文化根植于校园空间环境，这些校园文化所保留的习俗文化是校园的特色，也是丰富校园文化的重要组成部分。场所的变更往往会导致其文化的消逝，因此在校园更新过程中，应对未来的校园场地运用作充分考虑，尊重原有场地的场所精神，对有特殊含义的空间应对其保留并在此文化背景下挖掘和补充，根据实际情况对空间作微改造，以保留和承载空间中蕴含的文化精神。如在对宏帆中学的更新改造中，西侧场地空间原为列植乔木生长形成的林下空间，因学生长期在此进行传统乐器的演奏和文化演讲，此空间弥漫着浓郁的文化氛围，形成了独具特色的校园空间。因此，在设计中依据现场实际情况，从功能动线着手，对形成的林下空间作了梳理和调整，并依据空间形态增设了表演舞台，提供了活动的场地空间，保留其空间的场所精神，延续校园特色文化的发展；在针对校园的教学楼主入口营造上，考虑了教学楼主入口的文化性，在教学楼轴线位置植入校园教学理念，并设立名人雕塑头像基座，以供校园后续名人雕塑文化补充；在景观广场设立围合性文化长廊，以供校园后续文化的生长和承载；在景观广场中轴设立建校纪念柱，追溯校园的建校历史；景观广场轴线端点设立景观构筑大门，作为校园文化节点，通过对校园多个节点空间的文化载体的植入，强化了中学校园空间中文化的建设，为中学校园文化的生长与延续提供了载体。

5．结语

中学校园作为青少年教育学习和素质养成的重要场所，在历经20多年教育理念和时代变革的高速发展下，极大地提高了国家对青少年培养的能力。但在多年来的井喷式发展下，也产生了诸多新的问题，随着新时代社会需求的改变和教育理念的不断变革，对校园的既有模式也有了更高的要求。在存量背景下，中学校园的发展进入以存量更新为主要模式的新阶段。

本案例以当下时代和美育政策导向下的需求为研究的切入点，基于当下时代需求对21世纪初社会背景条件下建设的中学校园进行问题分析，通过对美育政策的解读认知提出符合当下时代需求的更新策略框架，并基于校园空间提出针对策略的具体更新方法，最后对实际完成案例进行了理论论证，形成了具有一定可实操性的中学校园空间更新策略框架，对中学校园在当下时代和政策需求下的更新设计有一定的参考价值。

9.2.2　案例二：传统美学视域下适合纹样在中学校园景观中的应用研究

杨玉梅

1．适合纹样在当下中学校园景观中的价值

1）适合纹样作为文化符号运用的意义

符号学家尤里·洛特曼曾写下："文化符号被认为是人类文化模式得以实现的'连续体'，是文化存在的条件，也是文化发展的结果。"由于文化符号作为一种媒介，是人们认识事物和表达感情的一种手段，它的形成是由多方面的因素组成的，结合文化、历史、艺术等。常见的文化符号，如"雨"，代表着悲伤、朦胧；"绿色"则代表着希望、和平。适合纹样作为文化符号的一个载体，也在具体的图像中蕴含深刻的思想内涵，许多图像元素都有着明确的指向性。根据应用场景，在适合纹样的造型过程中选择恰当的图像元素进行合理安排，有助于整体艺术效果的完善，除装饰目的外，还可以帮助促进多种功能需求。

关于适合纹样作为文化符号运用到中学校园景观设计中，可以有效地发挥它的文化价值、审美价值和情感价值，其主要体现在以下三个方面：

（1）文化符号作为精神文明的产物，适合纹样中许多图案元素凝结着古人的智慧。对作为以育人为目的的中学校园景观来说，通过日常熏陶和滋养，不仅增强了校园的文化内涵，还凝聚着民族精神，对培养

学生的民族文化自信至关重要。

（2）适合纹样转化而成的文化符号具有较高的艺术审美价值，对提升中学校园景观的艺术底蕴有着重要作用。孔子在《论语·述而》中提到“志于道，据于德，依于仁，游于艺”，其中谈到广博学识的重要性，以此探讨审美与艺术、与人的人格修养之间的关系。以适合纹样为校园景观的文化载体，可以培养中学生对民族艺术理念的认知，提高其审美能力。在增添校园景观的层次美感和观赏价值之外，师生也能同时受到艺术熏陶，进而提升自身审美。

（3）文化符号的产生与历史的发展密切相关，了解文化符号，就是在了解历史的侧面。只有从小受传统民族文化的洗礼，才能在内心对传统文化产生深深的归属感与共鸣。校园景观利用文化符号与学生之间建立情感桥梁，达到对具体适合纹样所代表的民族精神的共情与认可。

文化符号在当下最大的特点就是它的新旧交融性。对于文化符号在当代中学校园景观设计中的应用，我们应该牢牢把握住适合纹样中的优秀传统文化精髓，取之真、用之华，在以“扬弃”为方法的传承中找到符合当代审美的表达路径。这是一次历史文化之旅，是一场古今的“文化盛宴”。

2）适合纹样作为文化符号在现代景观中的运用

对文化符号的认识与理解，有时代差异、地域差异和个人差异三种。随着时代发展，社会经济、生产力的提升，人们的文化水平与个体经验累积也随之正向变化，对文化符号的认识也更为全面与深刻。在当今社会背景下，适合纹样作为文化符号在现代景观设计中运用，除了传统底蕴，还应被赋予新的价值和意义，以适应时代不断发展的需要。

适合纹样作为文化的形式载体之一，目前这种设计手法在景观设计中并不算很常见。适合纹样作为中华优秀传统文化的一部分，在景观设计中应用具有以下两点优势：一方面，适合纹样是中国古代流传至今的艺术形式，它在景观中的应用也是对传统文化的总结和提炼；另一方面，适合纹样在景观中的合理运用，提供了校园景观设计的新方法，也开启了国内历史文化在景观设计领域应用的新篇章。将中国传统文化进行抽象的符号化表现后，合理地运用于现代的景观设计中，对文化的传承和景观中人文精神的塑造具有重要意义。适合纹样在景观中，不仅能够增添景观的外形之美，还能填补现代主义景观中的精神空缺。

历史传承是艺术发展的一般规律，它体现在对思想内容、艺术形式、艺术类型、艺术创作方法的继承上，发展则是继承过程中的革新。在景观设计中，文化符号要在设计中做到继承和创新两点，让时代背景与传统文化相融合，赋予景观设计更多的可能性，使设计作品成为文化符号，并成为人们之间进行交流、传播和互动的媒介，让景观设计呈现出新的发展方式及新的视觉表现效果。创作过程中要注意对艺术形象主观与客观、个性与共性、形式与内容、感性与理性之间关系的把握与主动引导。这样，既可以为传统文化的发展与传播开辟新的推广思路，也可以有效地帮助景观设计的发展更具多元化，让人们能够在接触设计作品的同时产生内心共鸣，从而体验到传统文化的独特魅力。

3）适合纹样在中学校园景观中的美育价值

（1）绘“象”：校园景观的形象塑造

中国传统美学分析探讨的对象并非“美”，而是“意象”，其根源来自于“象”的确立。先秦时期，老子论“道”“气”“象”；《系辞传》认为立“象”可以尽意，即言语不能够表述清楚的时候，形象在某些时候则可以传达得更清楚。这里的“象”是指具体的形象，在更多的时候，我们对“象”的观照，是“取之象外”。唐代司空图在《二十四诗品》中，揭示了“意境”的美学本质，提出“象外之象，景外之景”，“象”意为“物象”，乃天地万物确定的外在形貌特征，而“象外之象”不只代表视觉上的感官，也是从“象”引发的内在联想与思考，可以反映人的审美修养。这种“象外之象”就是“视觉”隐藏在大脑中的心灵之眼，产生美的领悟。

所谓绘“象”，实际是对“象”“象外之象”的两方面观照。其中，“象”是“象外之象”的存在基础，所以在具体的创作过程中，首先应运用适合纹样进行设计与安排，利用适合纹样视觉情感化、文化可视化，围绕着中学校园景观中文化形象的塑造来展开的。根据具体学校的具体情况，拟定合适的预设需求，选择恰当的素材，通过精心加工创造出真正能够促进美育的校园环境。席勒在《审美教育书简》中谈到“感性冲动”与“形式冲动”，前者注重物质存在，后者注重本义与引申义的形象，认为其必须通过文化教养，才可能充分发展，最终结合起来协同作用。这与绘“象”的目的如出一辙，通过对中学校园景观外在形象的打造，实现对文化形象和意象的观察品读。

利用好具体的适合纹样，于师生个体而言可以唤起一所学校的记忆，于校园承担的美育职责而言能够揭示漫长的历史变迁，将中学校园景观精神文化价值进行传达。运用设计将中学校园景观中的“象”向“象外之象”引导飞升，从而实现校园精神文明塑造与物质建构的共同发展。

（2）造“境”：校园环境的意境提升

上文谈到“意象”，意象的发展历程中，“境”是不可忽视的重要存在。唐代王昌龄于《诗格》中第一次提出将“境”作为美学范畴，并分为“物境”“情境”“意境”；明清时期对“意”与“境”的关系进行了深入讨论，明代藏书家朱承爵提出“意境融彻”，将其作为品评文艺作品的一条参考标准。总体来说，“境”是在“象”的基础上发展而来，二者存在紧密联系，在做好校园景观绘“象”的工作后，造“境”就显得格外重要，对“境”的观照就是在“象”与“象外之象”基础上展开的，即“境生象外”。

造“境”不仅是创造一个宜人的环境，更是把自然与人文的混沌结合起来，“取之象外”，在形象的启发下，展开思考与联想，最终完成对环境中文化符号的破译。故而，笔者认为，造“境”，一为“环境”，二为“境界”。对于校园环境的营造是人、校园、文化与自然的和谐统一。“我们在观察世界的同时，也感知世界。设计是我们观察世界与感知世界所创造出的产物，其目的是创造出更好的生活环境，为人们的感知提供新的对象”。据孔子杏坛讲学之典故，就可以看出固定的场所对于教育效果的影响，现代学生接受知识，都是在校园中。而学习知识仅是读写与记忆远远不够，对既定知识的理解与灵活运用才是学习的最终目的。在学习的过程中校园文化建设起着重大作用，不但能体现出校园景观独特的场所精神，更能彰显校园环境的整体精神面貌。

校园环境中的适合纹样，由“象”入“境”，从简朴的形状图案，到与传统文化的联结，由形象识本义，再到引申义，最终结合起来，将观者送入全新的审美境界。在这一过程中，学生能欣赏到传统文化色彩、内涵与魅力，在浓厚的文化艺术氛围中培养出学生对兴趣的培养、对美的认识，甚至是对人生的理解。这样一来，在日常学习生活中，通过潜移默化地影响，学生们会变得更加有趣、热爱生活和充满创造力，提升个人胸怀和视野，培养出更高尚的品格，从而实现美育的目的。

（3）塑“心”：校园空间的文化营造

马一浮先生曾说：“国家生命所系，实系于文化。而文化根本则在思想。”柏拉图也认为，教育的本质在于“引导心灵转向”，主张引导心灵远离事物存在的表象，去看内在真实的事物。宋建明教授认为“设计，首发于心，心有所想，心有所欲，心有所感。心是艺术创作研发心动的场所。同时又是感悟之所。‘心’的感悟，最终决定人们的审美趣味。”由此可见，对于心灵的引导与塑造至关重要，而这恰好是学校的职责之一。

上文中的“境”指向一种主观感受，由心出发。清代画家方士庶总结前人经验，提出“因心造境”，认为“心”是“境”的本源。“万法唯心造，诸相由心生。”所谓“心”，是人的情感、认识与价值判断的起点。陆王心学谈道心灵之于人生时，有命题为“人同此心，心同道同”，内在的心灵与外在的宇宙万物同等重要，“心即理也，物我合一，致良知”。作为校园中无形的文化力量，一直默默地影响着人们。

中学校园精神文明的核心价值在于塑造心灵，培育良知，知行合一，是凝聚师生思想、激发凝聚力和积极性的价值取向。在《设计中的设计》原研哉提到“精神”的设计。他认为，设计是一个容器，不能仅靠“物质”来解决，“精神”在其中才是最重要的解决方法。容器是人类的工具。“精神”的设计就是要在人心中塑造一个具有原则性的形态，虽然物质不过是它的痕迹而已。但是最终还是要通过物质的形式来展现，在人脑中形成“信息的建筑”，在这个时候，适合纹样就以这样的身份进入到了校园文化空间中。通过将适合纹样的文化内涵转化为物质，从而提高校园景观的精神文明和价值观的同一性，最终实现促进美育、塑造心灵的作用。

2．传统美学视域下适合纹样在中学校园景观中的应用

1）适合纹样在中学校园景观中的造型原则

（1）严谨工细的形制特征

谈到形制特征，需要从两方面把握，一是适合纹样本身遵循的形制特征，二是适合纹样在中学校园景观中应遵循的形制特征。

首先，是适合纹样本身的形制特征。适合纹样外框形态的表达是极度单纯的，在造型的原则上“求全、求精、求活、求美”。其造型特征可以归纳为以下三种：

①强调骨骼线，起到确定形象的位置、方向、大小和排列顺序的作用，在具体的应用实例，还能形成不同层次的视觉效果。例如，唐代“三兔团花藻井”。

②镂空效果，多应用于复杂精细的组合构图，目的是将背景与形象的层次分离开来。典型的镂空方式就是民间剪纸，印花蓝布、皮影、建筑彩画等。例如，剪纸“三阳开泰”。

③点状形象，在对物体的观察时，用较小的点状进行视觉引导。其有两种含义，分别是单个的点反映出来的可视性，起到重点提示的作用；多个点状形经过有序组织后，利用点的排列出现明显的律动效果。例如，敦煌85窟中的“狮子卷瓣莲花纹藻井”。

在中学校园中使用适合纹样展开的校园景观设计，在适合纹样本身的形制特征上，还需注意因地制宜，符合空间功能需求。西汉大儒董仲舒在《诗名物疏》中说，“故室适形而止”，对中国古代建筑产生深远影响。而今天，这条法则仍然适用，在校园中适合纹样的应用也应注意“适形”，在设计时还应考虑到师生的日常生活中对实际应用的影响；同时在一定的程度及时选择“而止”。

同样类型的造型手法在苏州园林里就得到了充分体现。古时的匠人取其大自然中的形态，在遵循原始形态的基础上有规律、有秩序地将其运用于景观之中，且对整体形态的度把控也非常严谨。

综上，适合纹样在中学校园景观中的应用，应该在遵循适合纹样本身的形制特征基础上，遵循“适形而止”的营造法度。

（2）清晰流畅的结构条理

关于适合纹样在中学校园景观中的实际运用，是一个复杂的问题，需要多维度考量创作对象与创作主体。纹样之于景观，不只是形与空间的应用问题，还需要保持清晰流畅的结构条理。

首先，是适合纹样本身的结构条理，这里的结构就是指适合纹样的内部空间条理，它限定图案的大小、形态特征及存在的位置与方向。适合纹样有均齐式和平衡式等构图手法，在适合纹样的内部结构中是十分注重强调骨骼线的，同时内部的纹样要做到舒适自然。一些特殊的适合纹样结构的出现并不是完整地存在于框架结构范围内，而是部分被框架结构所切割。有趣的是，这样形成的空间并不会因此失去构图的完整性，如中国传统古建筑中的“雀替”。虽然适合纹样的造型在不断地变化发展，但在内部结构上的表现手法却无甚差异，它主要以平面形式呈现，并保持整体构图的对称与均衡、对比与调和、变化与统一等形式美法则。其次，在创作过程中，创作主体需要时刻保持头脑的逻辑清晰。面对适合纹样的图案素材，要匹配中学生的思想维度、学校职能、所在地区等，然后进行筛选。对具体纹样的造型与位置安排也须严谨，保证最终实现促进美育的目的。

运用清晰、流畅的结构，可以保证设计的有效性，在中学校园景观设计中可以带给人们视觉感受上的舒适感，可以逐渐影响着学生的生活和学习。

（3）深厚广博的文化内涵

图案的发展与早期的图腾崇拜、自然崇拜以及儒、释、道的传统美学理念有着紧密的关系；其内容可概括为动物、植物、鸟类、自然等。适合纹样意蕴深厚、内容丰富，是中华民族几千年沉淀下来的优秀传统文化。传统装饰纹样在历史的发展中始终遵循“图必有意，意必吉祥”的原则，借由具体的装饰图案，或直白、或复杂地培养着我们对宇宙万物的认识与理解。例如：“子孙万代”，画面绘葫芦、蔓、叶相互缠绕。葫芦象征多子，枝、蔓有连续不断之意，“蔓带”与“万代”相通，故寓意子孙万代，连绵不断。

我们在设计中不能只直观地去理解这个物体的表象，而是要通过这个表象去深挖蕴含在适合纹样中的文化内涵及审美，将它们的文化内涵提取出来再加以筛选，恰当地运用到中学校园景观设计中，让传统文化与时代需求达到一个平衡点，形成一个有内涵、有格调的中学校园景观文化空间，实现中学校园景观文化空间建设的格局。

2）适合纹样在中学校园景观中的图形创新

（1）取其形：分解与重构

“形”指外形、形象，取其形，并非对形象简单挪用，而是在不影响功能需求的基础上对适合纹样的形进行再创造。适合纹样的造型丰满，手法多样且灵活，基于当下中学校园景观的时代需求，对适合纹样的元素进行分解与重构，赋予新的时代特征。除此之外，可借鉴已有的适合纹样造型，选择一个适合纹样的图形，然后在整体的基础上选取具有应用价值的元素，将其进行合理分解，被分解的元素不仅能够得到新的造型结构，图形的整体呈现还能有调整冗余，形成图形的内在美。事物总是在变化中才能得到发展，这样的分解重构，能让适合纹样在中学校园景观中的运用得到新的突破，也可以增强图形符号的意义。这一设计过程能够赋予适合纹样在作品中生成新的文化内涵，更加符合大众物质与精神层面的追求。例如“水”，不仅能以“雾气”的形态存在，也能凝固成为“冰”，这就是造物转化演变的一种过程，对艺术创造和教育景观来说都有着很好的启迪作用。

同类型的图形创新手法在今天景观设计中，如德国·圣母大教堂前新市广场，被人们称作“承载记忆的石材地毯”。新市广场位于著名的圣母大教堂前，布商大厦曾是16世纪新市广场上的代表性建筑。新市广场的设计概念源自布商大厦，当年布商大厦销售的布料主要来自意大利、土耳其、英国及德国、捷克，所以场地的铺装也特意选用世界各地区的石材，并且按照各国布匹的纹路进行模拟排列。

通过以上案例可以得出，图案元素的分解与重组可以看作造型结构的一种转化过程，而不是对其结构进行破坏。分解到重构的过程也是新属性形成的一个重要过程，目的在于挖掘了解元素之间的内在联系。分解重构不是简单的拼凑，而是通过独特构思，吸引受众的关注。

（2）延其意：简化与提炼

适合纹样的造型之所以受到人们的喜爱，与中国传统美学中所倡导的“意”是牢不可分的。“意”指向“表意”与“寓意”，更指向“意境”。“适合纹样简洁、凝练的外形特征很符合当代人的审美观念，为大众所喜闻乐见并广泛流传，将它与现代工艺技术相结合才能更好地被合理应用”。在中学校园景观设计中，要充分汲取适合纹样中的寓意并结合现代设计理念进行创作，如“八吉祥纹”中的“盘长”形态是古代适合纹样的典型代表之一，今被用于中国联通的标志，充分延伸出了传统美学之“意”，代表着生命力的旺盛。

葡萄牙自由大道的地面装饰纹样，设计师也是采用了类似手法进行设计。自由大道位于葡萄牙首都，长1200米，一向被称为里斯本的“香榭丽舍大街”。其由深色马赛克拼贴成各种美丽的装饰纹样作为地面装饰，为里斯本的街道增添了生动性和趣味性。其装饰纹样来源于葡萄牙传统的装饰纹样，设计师旨在将历史的记忆与本民族的文化传承下来，为当地的人们提供一条“原汁原味”的记忆街道。最终经由设计师对其传统装饰纹样进行简化与提炼，从而形成了如今所见到的图形。

由此可见，在创作时需根据设计的意图，有目的地去挖掘适合纹样中蕴含的文化寓意，并对其提炼与总结，在提炼与简化的过程中保留适合纹样原有意蕴的同时，也要根据中学校园景观的实际因素进行延展创新。这是由于适合纹样种类繁多，且部分纹样形式烦琐，所以需要对其进行简化提炼，才能更好地应用在中学校园景观设计中。另外，从适合纹样中摄取一些形态进行意向组合，通过形态的提炼来表达本身所蕴含的象征意义，由“图像并置”带来“意义重构”。将其运用在中学校园景观中不仅可以提升整体校园景观空间的意蕴，还能丰富学生的想象力和创造力。

（3）传其神：虚构与幻想

以“形”衍“意”，最后方能通“神”，只有步入“神”的境界，才能挣脱表现形式的束缚。东晋顾恺之的《论画》，认为“传神”是人物画的最高境界，此后诸代都将“神”作为对优秀艺术作品的评价，乾隆皇帝就曾在《快雪时晴帖》上题“神”，表达对该作品的赞美与喜爱。“神”，作为中国传统美学中的一个重要命题，在适合纹样的应用中也有着举足轻重的意义。

激发人的联想与思考是通“神”的重要条件之一，比起常见之物，人们更喜欢陌生化的熟练，即知觉的“差异原理”。在创作手法中，虚构与幻想可以较为容易达到这种陌生化效果。同时，也充满了对浪漫和美好未来的憧憬，是一种“变”的创作手法，将虚构与幻想的创造手法应用于适合纹样，是一种特殊的表达形式，如“秦代青铜器兽面纹”虚构与幻想的手法。适合纹样的应用要紧贴校园景观的实际现状，因为创新必然会改变旧貌，但创新又不能离开实际生活与本源，不然就成为“无源之水”“无本之木”。

例如，中国申奥的标志，是由国内著名的几位设计师不懈努力创造出的具有东方魅力的形象，生动地展示了中国传统文化的魅力。

又如葡萄牙罗西奥广场，一直被誉为“里斯本跳跃不息的心脏”，同时也是里斯本重要的交通枢纽。其周边建筑曾因地震遭到大面积毁坏，所以导致罗西奥广场后来被重新修建。“将平凡的事物装扮得极为漂亮和吸引眼球，这正是里斯本市所运用白色石材与黑色玄武岩，进行双色地面铺装所达到的效果。”靠航海发迹的葡萄牙人对大海有着特别的情感，罗西奥广场的铺装图案就是最好的说明，深色石材的波浪图案象征着对大海的向往，这是一种理想与幻想并存的表达手法，更多的是对人们内心情感的满足。时至今日，它们依然在优雅地讲述着那些耐人寻味的历史。当葡萄牙人在澳门建立交易所时，他们采用了与罗西奥广场具有同一高辨识度的波纹图案。当水手和贸易商经海路从里斯本抵达这里，看到与他们出发之地相同的铺装图案时便会有回到家乡的感觉。

综上所述，如何将中学校园景观的文化形象塑造好，“关键是在‘变’字上下功夫，运用‘虚构与幻想’的手法变化成数个甚至数十个不同的艺术形象来传达传统文化，这就要我们发挥其自身的创造精神”。

将适合纹样运用到具体的中学校园景观设计须取合适之“形”、表恰当之“意”，最终才能观照到潜在之“神”。“形”“意”“神”，三者相辅相成。结合好三者之间的关系，有助于在实际设计中帮助创作主体，更好地实现创作。

3．设计案例实践——以重庆八中宏帆初级中学校园景观设计为例

1）项目概况

重庆八中宏帆初级中学（以下简称宏帆中学）位于重庆市江北区，毗邻江北农场，南邻沙坪坝区。学校总占地面积58100平方米，其中景观面积15400平方米。秉承着“诚、勤、立、达”的校训精神，以建设成“具有精神感召力和教育原创性的高成就学校”为办学理念，以涵养学生底蕴、培养学生创新思维为目标。宏帆中学校园景观现存的问题较多，整体校园景观的形象与办学理念相差甚大。例如，整体景观缺乏层次感与连续性，功能不足且参与性不强；校园景观的风格和标识性不强，现有场地利用率不够，设施形象较为混乱且需要梳理空间的合理性，没有最大化地利用空间，尤其是缺乏赖以立足的文化信念和精神意识形态。

2）设计定位及策略

（1）设计定位

通过实地考察，为将宏帆中学与其他中学进行区分，避免校园建设的同质化，宏帆中学的定位尝试走“校园文化空间建设”的方向，将传统文化融入进中学校园景观，树立校园自身的文化形象。

（2）设计策略

①校园形象确立

根据前文的综合研究，宏帆中学校园精神文明的建设迫在眉睫，而宏帆中学校园景观作为体现校园文化的一面镜子，则首当其冲。运用中国传统美学理念下适合纹样中的文化内涵及审美，结合形、意、神的表现手法，加上绘“象”、造“境”、塑“心”的设计理念，将传统文化融入到宏帆中学校园景观中，塑造一个良好的校园文化环境。

②整体结构布局

在总体结构设计上尊重宏帆中学原有场地，整体景观结构运用辐射式的构图手法，形成规则的中轴对称布局形式。在规整的中轴对称布局下，实现空间大小、方向的变化，形成自然有序、统一和谐的布局形态。打造“三环一线”的景观结构布局，形成功能不同、形式各异的校园景观空间。宏帆中学地形高差较

大，为视觉空间的营造创造了有利条件。利用收放的手法进行景观的功能划分，使校园景观在原有的地形上更富有节奏变化，同时还能满足不同使用者对空间的使用需求。

3）适合纹样在宏帆中学校园景观中的呈现

（1）形象空间的展现

立足于传统美学视域，将适合纹样的文化寓意在校园景观中可视化，主要是给予视觉上的满足感。“形象”本身就是从符号中创造出来的，而创造出良好“形象”的同时，又代表着一个新的文化符号诞生，周而复始，共生共融。宏帆中学校园景观中形象空间表现的主要位置在中心广场（图9-6）、休闲廊道（图9-7）。

（2）意境空间的传达

“心”是“境”的本源，在宏帆中学校园景观中所呈现出来的则为“写意造境”。这是美育的一种另类表现，即人文教育。意境空间就是将自然、人文融合构建，不仅使校园景观中弥漫着浓郁的艺术氛围，还能培养学生的审美情怀及宽广的胸怀，对培养学生健全人格有较大的帮助。意境空间主要体现在整体校园景观空间中。

（3）文化空间的表达

校园文化空间的营造是宏帆中学校园景观中最重要的一点，将适合纹样通过“文化符号”的手段融入校园空间，又以校园景观为物质载体将适合纹样本身的传统文化内涵展现出来，在人们头脑中形成“信息的建筑”。通过无意识的精神设计，将传统文化的精神传达给师生，营造一个浓厚的校园文化氛围，建立一个属于宏帆中学自己的文化校园。文化空间在设计中主要表现在整体校园景观及景观节点，例如文化地标、校友廊（图9-8）。

4）适合纹样在主要景观节点中的应用

（1）公共导向系统

导向系统设计存在于公共空间，一般运用图形或文字来传达信息或识别形象。

宏帆中学校园景观中的公共导向系统设计主要是考虑到了受众人群的实际情况再来进行的设计，将适合纹样元素通过“取其形，分解与重构”的手法进行纹样提炼，在不破坏适合纹样形式美的基础上，将适合纹样的传统美学精神及优秀传统文化的内涵和意蕴保留下来。

（2）文化长廊

校园文化长廊是校园景观中精神文化的重要象征，对学生具有启迪、陶冶情操等重要作用。校园文化长廊不仅可以展示学校办学特色，还可以树立校园文化形象和提升校园精神面貌等。

图9-6　中心广场

图9-7　休闲廊道

图9-8　校友廊

宏帆中学校园景观中的文化长廊是文化符号的一种体现手法，结合适合纹样的应用，将中华民族的优秀文化精神融入到文化长廊之中。在文化长廊中采用的图形创新手法是“提炼与转化”“虚构与幻想”相结合，首先明确廊内各个空间的表现形式及功能，然后结合相应的图形创新手法，将适合纹样进行创新设计，将文化长廊作为展现校园文化精神的重要景观节点。

（3）景观小品

通过不同的景观小品提升宏帆中学校园景观的文化性及趣味性，小品虽然体积不大但在景观中起着画龙点睛的作用，是一种立意的表现手法，也是校园文化呈现的又一重要途径。

景观小品强烈的感染力是一种独特的艺术语言，三维的立体形态，在宏帆中学校园景观可以多视角地表达传统文化内在的含义。

（4）硬质铺装

景观空间中的铺装尤其重要，不仅为人们提供良好的休憩环境，更重要的是具有组织交通与引导游览的功能。同时，优美的地面景观也能营造良好的景观氛围。

宏帆中学校园景观设计，在满足基本功能的同时，采用“提炼与转化”的设计手法，将适合纹样中文化寓意的主题元素应用在铺装中。采取不同的构成形式，增添宏帆中学校园景观的丰富性和趣味性。根据环境和功能的不同，设计相应的图形元素，将象征意义与传统文化的隐喻延伸到宏帆中学校园环境中，起到划分空间、组织空间和调节整体空间氛围的作用，烘托出宏帆中学校园景观的整体文化形象。

（5）景观植物

植物是景观空间中展现活力的最常见方法，也是唯一具有真实生命力的要素。现代景观中的植物造景手法都是从不同的角度去营造的，比如，空间、质感、韵律等，以此形成可供观赏的美景。例如我国古典园林的植物造景手法，素来讲究“诗情画意”，将人所具有的高尚品德通过植物的“姿”与“韵”表现出来。植物景观的最大特征是欣赏性，植物呈现出来的形态，使人产生内心的共鸣，进而达到从“悦目”到“悦心”的理想境界，体现出了人们的情感寄托及借物寓意。植物本身具有生命力，用植物来创造景观的意境美与表达情感，更能使大众所接受，这都源于中国人对自然的热爱与追求。

4．结语

本案例首先分析了研究背景，对中学校园景观的现状及发展趋势进行阐述，发现现有中学校园景观存在着文化内涵贫阙、精神意识形态薄弱等问题，其校园文化形象与审美情感也有待提升。以古典美学与现代美学的相互贯通原则作为指导思想，从适合纹样的概念入手，详细介绍适合纹样的分类与构图方式、造型特征等方面的艺术特征与形式规律，通过分析适合纹样的美学价值与优秀传统文化内涵，奠定适合纹样在当代中学校园景观中的应用价值。

以传统美学视域为切入点，展开有关适合纹样与中学校园景观结合的具体研究，既是对传统优秀文化的学习与传承，也为现代设计引入历史视角，让设计突破单一视角，实现全面观照，保证研究结果的全面性与准确性。用设计表达文化，用文化塑造心灵，用系统建构方法，将传统美学视域下适合纹样的传统文化内涵融入进中学校园景观。一方面，为学生创造一个优美的外部环境，帮助其更好地学习和生活；另一方面，以校园的精神面貌和校园形象为依托，因地制宜地设计出具体细节，致力于打造出承载美育作用、促进学生身心健康的校园景观。期望未来，学生在回想中学时期的母校时，留有更多美好回忆。

倾听发

第10章

总结与展望

10.1 跨学科合作，推动城市更新环境设计理论和实践的综合发展

跨学科合作在城市更新环境设计中扮演着至关重要的角色。城市更新环境设计不再局限于单一学科的范畴，而是需要多个学科领域的交叉与融合，以应对日益复杂的城市需求和挑战。建筑学的专业知识可以为城市更新提供空间布局、建筑形态等方面的专业支持。规划学则可以为城市更新提供整体规划、土地利用等方面的理论指导和实践经验。景观学的视角能够注入更多关于城市绿化、公共空间设计等方面的思考和创新。而人文地理学则关注城市与人的关系，从人的角度出发，探讨城市更新对居民生活、文化传承等方面的影响。这些学科之间的交叉融合，可以使得城市更新环境设计更加综合和全面。

通过跨学科合作，不同学科领域的专家可以共同参与城市更新项目，各自发挥所长，共同解决城市更新中的各种问题。比如，在规划城市更新时，建筑学专家可以提供关于建筑风格、结构设计等方面的建议；景观学专家可以提出关于公共空间、绿化设计等方面的意见；而人文地理学专家则可以从人文历史、地理环境等角度出发，为城市更新提供更深层次的思考和指导。这种跨学科的合作模式，可以使得城市更新环境设计更加符合城市实际需求，更加贴近居民生活，更加科学和合理。

此外，跨学科合作还可以促进理论和实践的相互借鉴与融合。不同学科领域的专家在项目中的合作交流，可以促进各自理论的互相借鉴和融合，形成更加完善和系统的理论框架。同时，实践经验也可以为理论研究提供更多的案例，从而推动城市更新环境设计理论的不断深化和发展。跨学科合作不仅可以推动城市更新环境设计的综合发展，也可以促进相关学科领域的交流与合作，推动整个学科的发展和进步。

10.2 创新技术应用，为城市更新环境设计注入更多创新和活力

随着科技的飞速发展，城市更新环境设计也迎来了新的机遇与挑战。创新技术的应用成为推动城市更

新环境设计的重要动力之一。首先，虚拟现实技术的应用为城市更新环境设计带来了全新的体验和可能性。通过虚拟现实技术，设计师可以在虚拟环境中模拟出真实的城市场景，居民可以通过虚拟现实的设备亲身体验未来城市的样貌，不仅可以提高设计的沟通效率，还可以为城市更新提供更直观、更具体的设计方案。

其次，人工智能技术的应用也为城市更新环境设计带来了新的思路和方法。通过人工智能技术，设计师可以对城市更新项目进行大数据分析，从而更准确地了解居民的需求和偏好，为设计提供更科学、更合理的依据。同时，人工智能可以用于设计过程中的自动化和智能化，提高设计效率，减少人力成本，还可以通过算法优化城市空间布局，实现更优质的设计效果。

除此之外，大数据技术的应用也为城市更新环境设计带来了新的可能性。通过对大数据的收集和分析，设计师可以更好地了解城市的发展趋势和变化规律，从而为城市更新提供更科学、可持续的设计方案。同时，大数据技术可以用于城市规划和设计过程中的智能决策和优化，帮助设计师更好地解决城市更新中的各种复杂问题。

创新技术的应用为城市更新环境设计注入了新的活力和创意，为设计师提供了更多的可能性和机遇。随着科技的不断发展，相信在未来的城市更新过程中，创新技术将发挥越来越重要的作用，为城市更新带来更多的惊喜和变革。

10.3 社区参与与可持续发展，符合社区实际需求和发展方向

在城市更新环境设计中，社区参与和可持续发展是至关重要的因素。社区参与不仅是一种行政手段，更是一种理念，是将城市更新的决策权交给最终的受益者——社区居民，让他们成为更新过程的参与者和决策者。通过社区参与，设计者可以更好地了解社区居民的需求和期望，从而制定出更加贴近实际的设计方案，增加方案的可接受性和可持续性。

社区参与的方式多种多样，可以通过召开公民论坛、座谈会、问卷调查等形式，让社区居民充分表达自己的意见和建议。在设计阶段，可以邀请社区居民参与到设计的讨论和决策中，让他们成为设计的合作者。在实施阶段，可以通过组织社区居民参与到项目建设中，让他们亲身参与到更新过程中，增强他们对项目的认同感和责任感，提高项目的可持续性和成功率。

除了社区参与，可持续发展也是城市更新环境设计的重要目标之一。可持续发展要求在城市更新的过程中综合考虑经济、社会和环境等多个方面的因素，实现经济效益、社会公平和环境保护的统一。在经济方面，要注重项目的长期收益和社区居民的经济福祉，提高项目的经济效益。在社会方面，要注重社区居民的生活品质和幸福感，提高项目的社会效益和社区的和谐稳定。在环境方面，要注重资源的节约和环境的保护修复，提高项目的环境效益和生态可持续性。

社区参与和可持续发展是城市更新环境设计的重要内容，需要设计者在设计过程中充分考虑和实践。只有通过社区参与，才能确保更新方案符合社区的实际需求和发展方向；只有通过可持续发展，才能实现城市更新的经济、社会和环境的可持续发展目标。

10.4　未来发展趋势和挑战展望

未来城市更新环境设计领域面临着巨大的挑战和机遇。随着全球城市化进程的加速，城市更新环境设计面临着诸多挑战。首先，城市化进程的加速使得人口大规模涌入城市，城市人口密度增加、资源消耗加剧、城市基础设施不足等问题凸显。其次，资源环境压力增大也是一个重要挑战，包括土地资源的有限性、水资源的短缺、空气污染等环境问题，都对城市更新环境设计提出了更高要求。另外，社会经济发展不均衡也是一个挑战，城市内部的贫富差距、区域之间的发展不平衡，不仅影响了城市的社会稳定，也对城市更新环境设计提出了更多考验。

然而，与挑战并存的是丰富的发展机遇。科技创新是其中最重要的机遇之一。随着科技的不断进步，城市更新环境设计可以借助新技术的应用实现更多创新和突破。例如，虚拟现实、人工智能、大数据等新技术的应用可以为城市更新环境设计注入更多的创意和活力，提升设计效率和质量。此外，城市治理体制改革也是一个重要机遇。通过体制改革，可以优化城市更新的管理机制和流程，提高政府和市民的参与度。

在面对未来的挑战和机遇时，我们需要采取一系列措施，促进城市更新环境设计领域的不断发展和进步。首先，需要加强研究和学习，不断提升设计者的专业水平和创新能力。其次，需要加强跨学科合作，充分利用各个学科的优势和资源，实现理论和实践的有机结合。再次，需要注重社区参与和民主决策，确保城市更新的方案和过程符合社区的实际需求和利益。此外，还需要加强政府的引导和支持，为城市更新提供更多的政策支持和经济投入，推动城市更新环境设计的实践和创新。最后，需要加强国际交流与合作，借鉴和吸收国外的经验和教训，促进城市更新环境设计的国际化发展和交流。

总的来说，未来的城市更新环境设计领域既面临挑战，也充满机遇。我们需要以积极的态度和创新的思维，不断学习和实践，不断探索和突破，以应对挑战、把握机遇，推动城市更新环境设计领域的不断发展和进步。通过合作与努力，我们相信未来的城市更新环境设计一定能够迎接更加美好的明天。